水体新兴污染物检测技术

广东粤港供水有限公司
城市水资源开发利用（北方）国家工程研究中心

著

清华大学出版社
北 京

内 容 简 介

本书分为通识篇和检测篇。通识篇对新兴污染物的基本概念、分类、污染现状、水处理技术,6 类常见新兴污染物的理化性质、危害、来源、国内外相关标准方法,样品前处理技术,检测技术等内容进行了详细阐述。检测篇详细介绍了研究团队十几年来针对热点新兴污染物检测方法的研究成果,汇编了潜在风险较高的 200 多种新兴污染物检测的新方法,涵盖异味物质、消毒副产物、内分泌干扰物、药物和个人护理品、持久性有机污染物、农药等新兴污染物以及综合评价指标。针对水体异味问题,重点介绍了国内首个完整的异味物质筛查技术体系,包括采样与运输、感官分析、定量分析、半定量分析、定性分析及结果判断等整个流程,同时详细介绍了研究团队自主研发用以辅助水体异味感官分析的连续式嗅闻仪和便携式嗅闻仪。

本书对环境检测机构、水务行业从事水质检测的技术人员和研究人员具有较高的参考价值。

图书在版编目(CIP)数据

水体新兴污染物检测技术/广东粤港供水有限公司,城市水资源开发利用(北方)国家工程研究中心著.—北京:清华大学出版社,2021.7
 ISBN 978-7-302-57471-2

Ⅰ.①水… Ⅱ.①广…②城… Ⅲ.①水污染物-污染测定-研究 Ⅳ.①X52

中国版本图书馆 CIP 数据核字(2021)第 022731 号

责任编辑:袁 琦
封面设计:何凤霞
责任校对:刘玉霞
责任印制:刘海龙

出版发行:清华大学出版社
  网   址:http://www.tup.com.cn,http://www.wqbook.com
  地   址:北京清华大学学研大厦 A 座   **邮   编:**100084
  社 总 机:010-62770175   **邮   购:**010-62786544
  投稿与读者服务:010-62776969,c-service@tup.tsinghua.edu.cn
  质量反馈:010-62772015,zhiliang@tup.tsinghua.edu.cn
印 装 者:三河市君旺印务有限公司
经   销:全国新华书店
开   本:185mm×260mm   **印   张:**19.25   **字   数:**462 千字
版   次:2021 年 7 月第 1 版   **印   次:**2021 年 7 月第 1 次印刷
定   价:76.00 元

产品编号:090616-01

编　委　会

主　　任：李文锋

副 主 任：林　青　赵　焱

主　　编：郑航桅

副 主 编：林　青　赵　焱　王　樊　杨创涛

　　　　　杨　颖　彭　鹭　路晓锋

编委成员（按姓氏笔画排序）：

　　　　　王　樊　韦雪柠　邓　雷　孙国胜

　　　　　杨　颖　杨创涛　吴　凡　林　青

　　　　　郑航桅　练海贤　赵　焱　秦旭东

　　　　　黄慧星　崔　浩　彭　鹭　路晓锋

　　　　　谭奇峰

水是生命之源,获得安全的饮用水是人类生存的基本需求。饮水安全问题直接关系到人类身体健康,世界卫生组织调查发现,发展中国家有8%的疾病是由饮用不安全的水而导致。随着工业的迅猛发展,大量含有复杂有机物组分的废水排入水环境中,给水环境带来严重污染。

近年来,在化学需氧量(COD)、总氮(TN)等常规指标得到控制后,一些新兴污染物的出现引起社会的广泛关注。新兴污染物在水体中的浓度通常较低,但是对生物和人体的健康风险却很高,如内分泌干扰物、持久性有机污染物等具有脂溶性高、生物降解难等特点,通过水体传递和生物富集等对饮用水的安全构成严重威胁。

进入21世纪,我国在水污染防治方面做了许多工作,城市供水能力和技术水平也显著提高,城市供水的战略重点由增加水量逐步转向改善水质。目前我国水厂和环境监管部门广泛执行的是国家2002年发布的《地表水环境质量标准》(GB 3838—2002)和2006年发布的《生活饮用水卫生标准》(GB 5749—2006)。这些标准中包含的新兴污染物指标十分有限,有些危害性较大的新兴污染物,如二氯乙腈、二溴乙腈、N-亚硝基二甲胺等未列入管控范围内,从而不能很好地反映出饮用水中客观存在的问题。如何控制水体中的新兴污染物是政府监管部门及供水企业面临的一大挑战。

发达国家水环境保护经历了从化学需氧量、生化需氧量(BOD)控制到新兴污染物风险防控的过程,而我国新兴污染物的研究起步较晚,很多问题亟待解决。对水环境中的新兴污染物进行风险控制,首先要了解其存在的种类以及浓度水平,建立准确、高效的检测方法尤为重要。新兴污染物种类繁多、性质复杂,对其检测技术提出了很大的挑战。目前文献报道的新兴污染物的检测方法,研究的目标物质相对较少,多种类新兴污染物的同时检测依然是难点,需要在检测技术上加强前处理和仪器分析的研究,实现多种类新兴污染物的有效分离和同时检测。

本书详细地介绍了作者团队建立的一系列水体常见新兴污染物检测新方法,涵盖异味物质、消毒副产物、内分泌干扰物、药物和个人护理品、持久性有机污染物和农药6类物质,以及其综合评价指标。

针对异味物质,作者团队提出了一种新的筛查思路,其建立的异味物质筛查技术体系灵活运用 2 种前处理技术,可兼顾高低沸点异味物质,精准筛查目标物,并利用解卷积算法智能锁定目标物。本书全面地介绍了异味水样从采集到检测的整个流程,涵盖采样与运输、感官分析、定量分析、半定量分析、定性分析及结果判断等环节。其中为攻克传统感官法便捷性差、检测效率低等问题,作者团队创新地运用加热雾化的原理,研发了新型嗅闻仪,作为感官嗅闻的一种辅助设备,实现智能化操作,有效地提高了异味辨识的灵敏度,适用于多种操作场所,实用性强,能辅助检测人员更加及时高效地发现和应对水体异味事件。作者团队研发的定量分析技术、半定量分析技术和定性分析技术,可用于应对不同类型的异味事件。定量分析方法可同时检测多类别多品种的异味物质,灵敏度高、准确性强,适用于常见天然源、工业源、消毒副产物源类异味物质的定量检测。半定量分析技术利用箭形固相微萃取和吹扫捕集 2 种前处理技术,只需要正构烷烃标准品获取半定量校正系数,通过异味物质与对应参考物质的峰面积比,就可实现 262 种常见的异味物质的半定量检测,可靠性强、稳定性好。定性分析技术通过箭形固相微萃取和吹扫捕集 2 种前处理技术对不同性质的异味物质进行萃取,并利用解卷积算法高效准确地实现异味物质的全面定性分析。

针对消毒副产物(DBPs),作者团队筛选出关注度较高、危害性较大的 14 种 DBPs,涵盖氯乙酸、氯酚、亚硝胺和醛类等多个种类,分别建立了高效液相色谱-串联质谱法、气相色谱-质谱法和气相色谱-串联质谱法。方法能够很好地解决现有检测方法在前处理和质谱参数匹配等方面存在的问题,准确可靠,实用性强。

针对内分泌干扰物(EDCs),为填补水质分析领域环境雌激素污染物检测标准的空白,作者团队建立了固相萃取-高效液相色谱-串联质谱法同时测定水中多种典型环境雌激素的广东省地方标准,通过对各项条件的优化试验,可实现类固醇雌激素和酚类化合物的高效、准确、快速、灵敏测定。

针对药物和个人护理品(PPCPs),作者团队筛选出当前中国水环境中 37 种 PPCPs 典型代表物,涵盖了抗生素、常用药物、抗菌杀虫用品等多个种类,基于固相萃取-高效液相色谱-串联质谱法建立了一套适用于同时测定水中 37 种 PPCPs 的检测方法。方法涉及的PPCPs 种类齐全,符合我国水环境的污染特征,灵敏高效,实用性强,适用于国内水体中PPCPs 新兴污染物的监测与防控。

针对持久性有机污染物(POPs),作者团队筛选出 2 种典型 POPs(多氯联苯和全氟化合物),分别建立了基于高效液相色谱-串联质谱法和气相色谱-串联质谱法的新检测方法。方法能够很好地解决现有检测方法的不足,灵敏度高、定性能力和抗背景干扰能力强,便于实际操作。

针对农药类物质,作者团队选择我国和其他发达国家出现较多的农药指标,包括有机氯类、有机磷类、氨基甲酸酯类、拟除虫菊酯类、苯氧羧酸类、三嗪类和杂环类共 56 种农药类物质,建立了多项基于高效液相色谱-串联质谱法的新检测方法。采用直接进样的方式在较短时间内完成同时分析多种物质,免去复杂的样品前处理操作,高效准确,灵敏快速,分析对象广泛。

针对新兴污染物综合评价指标,作者团队建立了适用于评价管网水生物稳定性的生物可降解溶解性有机碳(BDOC)和生物可同化有机碳(AOC)2 个指标的检测方法。方法所使用的实验设备和耗材简单,测试细菌易获取,灵敏度高,准确度好,适用于管网水中 BDOC

和 AOC 的监测,可作为评估管网水是否存在微生物二次污染的依据。

　　本书汇集了 6 类新兴污染物及综合评价指标检测的新技术,以及异味物质筛查的新思路和新设备,其技术处于行业中的领先水平。对环境检测机构、水务行业从事水质检测的技术人员和研究人员具有较高的参考价值。

哈尔滨工业大学教授

中国工程院院士

2020 年 9 月

　　随着社会的发展,为了满足人类不断增长的需求,工业技术和材料应用等革命性科技创新层出不穷。然而在产品的生产过程中,同时亦产生废气和废水,将污染物带入空气和流域中。随着新材料、新技术的应用,新兴污染物对环境的污染不可避免。近年来,随着检测技术的日益进步,发现水体中的新兴污染物不仅在数量上逐年增加,且在世界范围内普遍存在,甚至痕量级的新兴污染物也有检出。随着研究的深入,发现有些污染物虽然水体中含量极低,但不易被环境所降解和净化。它们持久性地存在于环境中,自然界生物通过捕食和饮用将它们摄入体内并累积,对生物体具有内分泌干扰、致畸以及抗药性等潜在危害。常见水体中的新兴污染物主要有药物和个人护理品、内分泌干扰物、持久性有机污染物、饮用水消毒副产物、农药、甜味剂、溴化阻燃剂和微生物毒素等。21世纪以来,各国政府或组织都在加强对水体新兴污染物的管控,如美国、加拿大、英国、澳大利亚、日本、中国、欧盟、世界卫生组织(WHO)等国家/地区/组织现行的水质标准中都涉及多种新兴污染物。可见,新兴污染物的危害性越来越引起世界各国的高度重视。

　　广东粤港供水有限公司是粤港澳大湾区的龙头水务企业。公司运营的东深供水工程自1965年3月建成并正式向中国香港地区供水,至今跨越半个多世纪。东深供水工程已实现向香港、深圳、东莞等地安全无间断供应优质水,惠泽约2000万人口,为香港的繁荣稳定以及深圳和东莞的经济腾飞做出了重要贡献。城市水资源开发利用(北方)国家工程研究中心,是经国家发展和改革委员会批准,依托哈尔滨工业大学组建的国家级研发实体,专门从事水环境综合整治及饮用水安全保障领域关键共性技术的研发和重大科技成果的产业化,在市场机制下为行业提供先进技术、工艺及产品。

　　广东粤港供水有限公司秉持"生命水、政治水、经济水"的核心价值观,始终把"供应优质水、改善水环境"作为自己的使命,水环境监测中心(简称监测中心)是其核心监测部门,担负水环境保护和水质监控的重任。随着社会经济的高速发展及人口流动的加快,水质监测工作在水质保护、水污染防控、净水技术精准实施等方面起到至关重要的作用。面对水环境中日趋复杂的新兴污染物,滞后的检测方法制约了对水体新兴污染物的深入研究和风险评估,影响了政府对水体新兴污染物的监管成效。

监测中心组建研究团队,针对社会关注的热点新兴污染物检测技术进行持续 10 多年的潜心研究。研究团队建立一系列水体常见新兴污染物及综合评价指标检测的新方法,可以实现同时检测多种物质(涵盖药物和个人护理品、内分泌干扰物、持久性有机污染物、消毒副产物、农药和异味物质 6 类物质),适用于地表水、饮用水和地下水等水体介质,方法高效、灵敏、准确。研究团队还特别针对水体异味问题,建立一整套异味物质筛查技术体系,以嗅味层次分析法为依据,研制了连续式嗅闻仪和便携式嗅闻仪 2 款产品,为保障供水安全提供行之有效的技术支撑。

本书汇集了 6 类新兴污染物及其综合评价指标检测技术,以及异味物质筛查技术的新思路,分为通识篇和检测篇 2 部分共 11 章。

通识篇共 4 章:第 1 章简要概述了水体新兴污染物的概念、现状、相关水质标准;第 2 章概述了 6 类常见新兴污染物的概念、分类、来源、危害、现状及处理技术;第 3 章介绍了样品适用的前处理技术,包括液液萃取、液相微萃取、固相萃取、固相微萃取、顶空及吹扫捕集;第 4 章介绍了常用的检测技术,包括气相色谱法、气相色谱-质谱法、高效液相色谱法、液相色谱-质谱法、感官分析法、感官气相色谱法和生物监测法。

检测篇从第 5 章到第 11 章,分别介绍了 6 类热点新兴污染物的种类、化合物结构和理化性质,汇编了国内外发布的相关国家标准方法、行业标准方法及常用检测技术在实际研究工作中的应用,重点介绍了研究团队建立的新检测方法和异味物质筛查技术的新思路,以及自主研发的连续式嗅闻仪和便携式嗅闻仪 2 款产品。第 5 章"水体异味物质检测技术",详细介绍了水体异味物质筛查技术体系,内容有:水中异味物质非靶标筛查的 2 个定性分析方法,涵盖水中 262 种异味物质的 2 个半定量分析方法,常见天然源、工业源和消毒副产物源共 59 种异味物质的 7 个定量分析方法,以及连续式嗅闻仪和便携式嗅闻仪的制作原理、结构、功能效果等。其中《顶空固相微萃取-气相色谱-质谱法测定水体中 11 种异味物质》(T/GAIA 004—2020)为广东省分析测试协会团体标准,发布于 2020 年 5 月 15 日;第 6 章"水体消毒副产物检测技术",介绍了氯乙酸、氯酚类、亚硝胺和戊二醛 4 类消毒副产物共 14 种物质的检测方法,其中《生活饮用水消毒副产物氯乙酸的测定　高效液相色谱-串联质谱法》(T/SATA 0007—2018)为深圳市分析测试协会团体标准,发布于 2018 年 5 月 1 日,《水中 2,4-二氯酚、2,4,6-三氯酚和五氯酚的测定　高效液相色谱-串联质谱法》(T/GAIA 005—2020)为广东省分析测试协会团体标准,发布于 2020 年 5 月 15 日;第 7 章"水体内分泌干扰物检测技术",介绍了同时测定 8 种环境雌激素的检测方法,其中《水中 6 种环境雌激素类化合物的测定　固相萃取-高效液相色谱-串联质谱法》(DB44/T 2016—2017)为广东省地方标准,发布于 2017 年 6 月 23 日;第 8 章"水体药物和个人护理品检测技术",介绍了同时测定 37 种药物和个人护理品的检测方法;第 9 章"水体持久性有机污染物检测技术",介绍了多氯联苯混合物和全氟化合物 2 类持久性有机污染物共 23 种物质的检测方法;第 10 章"水体农药类物质检测技术",介绍了有机氯类、有机磷类、氨基甲酸酯类、拟除虫菊酯类、苯氧羧酸类、三嗪类和杂环类 7 类农药共 56 种物质的检测方法;第 11 章"新兴污染物综合评价指标检测技术",介绍了生物可降解溶解性有机碳(BDOC)和生物可同化有机碳(AOC)2 个指标的检测方法。

本书凝练了监测中心研究团队十几年来深耕在水务行业检测技术的研究成果,可供环境检测机构、水务行业从事水质检测的技术人员和研究人员阅读。由于编者水平有限,如有不妥之处,敬请批评指正。

　　本书前言由林青编写;第 1 章由林青、王樊、黄慧星编写;第 2 章由赵焱、王樊、杨创涛、杨颖、彭鹭、路晓锋编写;第 3、4 章由王樊、杨创涛、路晓锋编写;第 5 章由王樊、杨创涛、练海贤、彭鹭、邓雷、杨颖、崔浩编写;第 6 章由杨创涛、彭鹭、杨颖、黄慧星编写;第 7 章由杨颖、杨创涛、黄慧星、彭鹭编写;第 8 章由杨颖、杨创涛、彭鹭、黄慧星编写;第 9 章由杨创涛、彭鹭、黄慧星编写;第 10 章由彭鹭、杨创涛、杨颖、黄慧星编写;第 11 章由路晓锋、韦雪柠、吴凡编写。全书编写工作由郑航桅、秦旭东、孙国胜、赵焱统筹,由林青统稿。

编　者

2020 年 9 月

目 录

CONTENTS

检 测 篇

新兴污染物概述

1.1 概念

新兴污染物(emerging contaminants,ECs)的概念最早由 Mira Petrovic 等学者于 2003 年提出,通常指有些合成和天然化学物质,虽然尚未形成相关的环境管理政策法规或排放控制标准,但根据对其检出频率及潜在健康风险的评估,因其浓度确定或疑似对生态系统和人体健康产生负面影响,未来仍有可能被列入管控名单。这类物质一部分是为满足人类需要,被合成并广泛应用到日常生活中的新型有机物;一部分是具有危害的新污染物,由大量存在的原有污染物在环境中转化而成;而更多的新兴污染物并不是新出现的,它们通常长期存在于环境中,但由于其浓度较低,受检测水平限制无法被检出,其存在和潜在危害在近期才被发现。

新兴污染物一般化学性质稳定且易生物积累,对人类及水生生物具有内分泌干扰、致畸性以及抗药性等潜在危害,美国环境保护署(EPA)将此类物质又称为具有新隐患的污染物(contaminants of emerging concern,CECs)。水体中的常见新兴污染物主要有:药物和个人护理品、内分泌干扰物、持久性有机污染物、饮用水消毒副产物、农药、甜味剂、溴化阻燃剂、微生物毒素等。

1.2 现状

新兴污染物的不断被检出给水环境保护带来新的挑战,也成为国际性研究热点。近20年来,已有约 600 种化合物被定义为新兴污染物,随着社会的发展,其数量也在逐年增加。国内外的研究者对新兴污染物的关注度越来越高。据研究发现新兴污染物在世界范围内普遍存在,有报道指出,在远离陆地的夏威夷群岛,甚至在受保护的某些饮用水源地,都检出新兴污染物。研究团队整理了不同国家水体中新兴污染物情况,如表 1-1 所示。

表 1-1　不同国家报道的水体中新兴污染物情况

国家	样品类型	检出物质数量和代表物的浓度
英国	3 个污水厂进厂水和出厂水、排放河流水	5 种污染物：立痛定（进厂水中高达 2900ng/L，出厂水中 1200ng/L）、普萘洛尔、双氯芬酸等
	5 个污水厂出厂水和排放河流水	出厂水检出 10 种污染物，河水检出 8 种污染物：布洛芬（出厂水高达 27 256ng/L）、双氯芬酸和甲芬那酸等
	2 个污水厂进厂水和出厂水	7 种污染物：双酚 A（进厂水高达 890ng/L）、4-t-辛基酚、17β-雌二醇等
	2 个污水厂出厂水	3 种污染物：雌酮（含量高达 195ng/L）、17β-雌二醇、17α-乙炔基雌二醇等
德国	污水厂出厂水、排放河流水	25 种污染物、河流中 10 种：苯扎贝特（出厂水中 4600ng/L，河流中 3100ng/L）、布洛芬、立痛定等
	污水厂出厂水、地表水、污泥	5 种污染物：邻苯二甲酸二异辛酯、双酚 A 等
	出厂水	21 种污染物：立痛定（平均浓度为 2100ng/L）、美托洛尔、双氯芬酸等
	地下水和井水	8 种污染物：泛影酸（最大浓度达 1100ng/L）、立痛定、双氯芬酸等
	污水厂出厂水、地表水、地下水	污水和排放河流水检出 6 种污染物，地表水中 2 种污染物：红霉素（在污水中高达 6000ng/L）、磺胺甲噁唑、罗红霉素等
	多瑙河污水厂出厂水排口上下游 13 km	5 种污染物：碘帕醇（上游最大浓度达 470ng/L，下游最大浓度达 520ng/L）、碘美普尔、泛影酸等
	地表水	7 种污染物：双酚 A、壬基酚等
法国	4 个污水厂进厂水和出厂水	4 种污染物：可卡因（进厂水中浓度高达 282ng/L）等
西班牙	污泥	20 种污染物：泰乐菌素（1958 μg/kg）、罗红霉素、布洛芬等
芬兰	7 个污水厂的出厂水和进厂水、3 个出厂水排放河流水	出厂水检出 5 种污染物、排放河流水检出 3 种污染物：布洛芬（进厂水中高达 19 700ng/L，出厂水中 3900ng/L）、萘普生等
比利时	5 个污水厂的进厂水和出厂水、地表水	出厂水检出 6 种污染物、排放河流水检出 5 种污染物：匹泮哌隆（在进厂水中高达 21 310.7ng/L）、多潘立酮、丙环唑等
意大利	河水（主城区的下游）	12 种污染物：苯甲酰爱康宁（浓度达 183ng/L）、可卡因、吗啡等
	6 个污水厂的进出水	4 种污染物：雌三醇（出厂水中高达 188ng/L）、17β-雌二醇、雌酮等
希腊	污水厂进出厂水	10 种污染物：水杨酸（进厂水中高达 164 400ng/L，出厂水高达 10 100ng/L）、可卡因、对乙酰氨基酚等
瑞士	污水厂出厂水	3 种污染物：克拉霉素（高达 328ng/L）、红霉素等
	10 个污水厂的一次和二次出厂水和排放河流水	污水中检出 2 种污染物，河水中检出 5 种污染物：苯并三唑（河水中高达 3690ng/L）、甲基苯并三氮唑等
荷兰	莱茵河河水	20 种污染物：碘美普尔、碘帕醇等
	5 个污水厂的出厂水和地表水	4 种污染物：雌酮（出厂水中高达 47ng/L）、17β-雌二醇等

续表

国家	样品类型	检出物质数量和代表物的浓度/(ng/L)
加拿大	12个污水厂进出厂水	15种污染物:水杨酸(进厂水中高达27 800ng/L)、萘普生、布洛芬等
	2个污水厂出厂水和排放河流水	污水中检出10种污染物,河水中检出5种污染物:布洛芬(出厂水中高达6300ng/L)、萘普生、咖啡因等
	Grand河河水	14种污染物:莫能菌素(最大1172ng/L)、盐酸林可霉素、立痛定等
	8个污水厂的出厂水	14种污染物:磺胺吡啶、红霉素、磺胺甲噁唑等
	原水	5种污染物:莠去津(阿特拉津)、立痛定、氟西汀等
	地表水和沉积物	4种污染物:4-壬基酚、4-t-辛基酚等
	污水厂出厂水、排口河水和沉积物	5种污染物:4-壬基酚、4-t-辛基酚等
美国	美国的139条河河水	82种污染物:肾固醇、胆固醇、咖啡因等
	污水厂出厂水、地表水	3种污染物:萘普生、双酚A和雌酮
	19个原水、出厂水和管网水	原水中检出32种污染物、出厂水检出20种污染物、管网水检出15种:磺胺甲噁唑、立痛定、甲丙氨酯等
	4个污水厂的出厂水和地表水	5种污染物:壬基酚聚氧乙烯醚(出厂水中高达332 000ng/L)、壬基酚等
	地表水	4种污染物:布洛芬(高达674ng/L)、双酚A等
中国	5条河流的上下游	15种污染物:布洛芬、水杨酸、诺氟沙星、丙二酚等
	水系沉积物	9种污染物:罗红霉素、红霉素-H_2O、氧氟沙星等
日本	5个污水厂进出厂水	17种污染物:阿司匹林、克罗米通、布洛芬等
	污水厂出厂水和地表水	3种污染物:壬基酚、辛基酚等
	2条河河水	6种污染物:4-t-辛基酚、双酚A等

从表1-1可以看出,不同国家的水环境均存在新兴污染物污染风险。以往评价水体中有机污染物的整体水平,通常采用有机污染物综合指标(如COD、BOD等)。这种总量控制在一定程度上促进了水环境污染的治理,但不能全面反映水环境问题的严重性。因为对COD、BOD贡献极小的痕量新兴污染物,往往会造成更高的危害。

发达国家水环境保护经历了从有机污染物综合指标总量控制到新兴污染物风险防控的过程,而我国对新兴污染物的研究正处于起步阶段,其性质、毒性、环境暴露状况、环境风险、控制和管理等诸多问题亟待解决。近年来,越来越多的研究人员积极开展水环境新兴污染物的检测技术、风险评价和控制等相关工作。

1.3　相关水质标准

新兴污染物对水体生态环境、生物和人体健康的潜在负面影响,引起了国内外的广泛关注。美国、澳大利亚、瑞士、欧盟等发达国家和地区已率先将一些新兴污染物纳入控制名单,并设定其浓度限值。欧盟委员会在 2006 年和 2011 年修正的《水框架指令》(Water Framework Directive,WFD;2000/60/EC) 中,提出了地表水质量标准,其中包含了几种内分泌干扰物、药物和个人护理品、全氟化合物。2013 年,欧盟将优先控制污染物种类由 33 种增加到 45 种,并基于急性毒性和慢性毒性提出了各类物质的地表水环境质量标准 (WFD;2013/39/EU)。美国 EPA 在水环境质量标准(water quality standards)中将 126 种物质列入优先控制污染物名单,其中包括了 16 种邻苯二甲酸酯类、全氟化合物和多氯联苯等。2015 年,日本实施的《饮用水水质基准》包括了 120 种农药指标。除了对每种农药设定相应的限值外,还要求所有农药的总和不大于 1 mg/L,针对消毒副产物还规定了多种物质的限值(包括毒性远大于三卤甲烷的卤乙腈类和 N-亚硝基二甲胺等)。

根据 2019 年美国大中型城市的饮用水水质年报,多个城市(包括纽约、华盛顿特区、芝加哥、休斯敦、旧金山、圣迭戈)均将消毒副产物三卤甲烷总量、卤乙酸列入饮用水管控指标。纽约亦将毒性较大的 HAA5、HAA6Br、HAA9 以及 N-二甲基亚硝胺列入饮用水管控指标(前者被华盛顿特区和休斯敦的水质年报收录,后者被圣迭戈的水质年报收录)。同时,纽约的饮用水水质年报还列有以下新兴污染物:甲草胺、涕灭威、麦草畏、毒杀芬等近 50 种农药类物质;邻苯二甲酸丁苯酯、邻苯二甲酸二丁酯、邻苯二甲酸二辛酯等内分泌干扰物;多氯联苯、二噁英、苊、苊烯、苯并[a]蒽、苯并[a]芘、苯并[b]荧蒽、苯并[k]荧蒽、苯并[g,h,i]苝、荧蒽、苗[1,2,3-cd]芘等持久性有机污染物;鱼腥藻毒素 a、柱孢藻毒素、总微囊藻毒素 3 种微生物毒素。表 1-2 列出了不同国家/地区/组织针对水环境中新兴污染物的部分水质指标及其浓度限值。

表 1-2 不同国家/地区/组织新兴污染物的部分水质指标及其浓度限值

新兴污染物类别	国家/地区/组织	相关标准	适用范围	污染物(污染物浓度限值/(μg/L))
药物及个人护理品	欧盟	水框架指令(2011)	地表水	双氯芬酸(0.1)
	美国国家水研究所	关于直接饮用再利用系统的公共卫生标准的报告(2013)	直饮水回用的二级出水	镇痉宁(10),可替宁(1),扑米酮(10),二苯基乙内酰脲钠(2),甲丙氨酯(200),阿替洛尔(4),三氯蔗糖(150 000),三氯生(2100)
	澳大利亚	澳大利亚水回用标准(2008)	补充饮用水的二级出水	阿莫西林(1.5),莫能菌素(35),萘啶酸钠(1000),叠氮红霉素(3.9),诺氟沙星(400),氯氨苄西林(250),头孢菌素(35),青霉素 V(1.5),罗红霉素(150),金霉素(105),磺胺甲噁唑(35),克拉霉素(250),多西环素(10.5),四环素(105),恩氟沙星(22),阿司匹林(29),桂美辛(25),双氯芬酸(1.8),优布芬(3.5),萘普生(220),非诺洛芬(450)等共 72 种

续表

新兴污染物类别	国家/地区/组织	相关标准	适用范围	污染物及其浓度限值/(μg/L)
内分泌干扰物	美国 EPA	安全饮用水法(2009)	饮用水	邻苯二甲酸酯(6)
		地表水水质标准(2006)	地表水	壬基酚酯(6),邻苯二甲酸丁苄酯(0.1),邻苯二甲酸二乙酯(600)
	WHO	饮用水水质标准(2004)	饮用水	邻苯二甲酸酯(8)
	中国	生活饮用水卫生标准(GB 5749—2006)	饮用水	双酚 A(10),邻苯二甲酸二(2-乙基己基)酯(8),邻苯二甲酸二丁酯(3),邻苯二甲酸二乙酯(300)
		城镇污水处理厂污染物排放标准(GB 18918—2002)	污水厂出水	邻苯二甲酸二丁酯(100),邻苯二甲酸二辛酯(100)
	欧盟	水框架指令(2011)	地表水	雌二醇(0.0004),炔雌醇(0.000 035),辛基酚(0.0122),壬基酚(0.33),邻苯二甲酸二辛酯(1.3)
	加拿大	环境质量标准(2002)	地表水	壬基酚(0.7)
	美国国家水研究所	关于直接饮用再利用系统的公共卫生标准的报告(2013)	直饮水回用的二级出水	雌酮(0.32)
	澳大利亚	澳大利亚水回用标准(2008)	补充饮用水的二级出水	17α-雌二醇(0.175),雌三醇(0.050),炔雌醇(0.0015),雌酮(0.03),17β-雌二醇(0.175),美雌醇(0.0025),马萘雌酮(0.030),炔诺酮(0.25),马烯雌(甾)酮(0.030),黄体酮(105),雄甾酮(14),睾酮(7)
	英国	建议标准	污水厂出水	雌酮/3＋雌二醇＋10×炔雌醇≤1
	日本	饮用水水质基准(2015)	饮用水	雌二醇(0.08),炔雌醇(0.02),邻苯二甲酸酯(80),壬基酚(300),双酚 A(100)

续表

新兴污染物类别	国家/地区/组织	相关标准	适用范围	污染物及其浓度限值/(μg/L)
持久性有机污染物	美国EPA	安全饮用水法(2009)	饮用水	全氟辛基磺酸(0.07),全氟辛酸(0.07),多氯联苯(总量0.5),苯并[a]芘(0.2)
		地表水水质标准(2006)	地表水	多氯联苯(总量14)
	WHO	饮用水水质标准(2011)	饮用水	苯并[a]芘(0.7)
	中国	生活饮用水卫生标准(GB 5749—2006)	饮用水	多氯联苯(总量0.5),苯并[a]芘(0.01),多环芳烃(总量2)
		地表水环境质量标准(GB 3838—2002)	地表水	多氯联苯(总量0.02),苯并[a]芘(0.0028)
	欧盟	水框架指令(2011)	地表水	全氟辛基磺酸(0.00065)
消毒副产物	日本	饮用水水质基准(2015)	饮用水	二氯乙腈(10),二溴乙腈(60),溴二氯甲烷(30),N-亚硝基二甲胺(0.1)
	WHO	饮用水水质标准(2011)	饮用水	二氯乙腈(20),二溴乙腈(70),二溴氯甲烷(100),N-亚硝基二甲胺(0.1),2,4,6-三氯苯酚(200)
农药	加拿大	饮用水水质标准(2014)	饮用水	毒莠定(190),甲拌磷(2),西玛津(10)
	WHO	饮用水水质标准(2011)	饮用水	艾氏剂和狄氏剂(0.03),呋喃丹(7),氯丹(0.2),氰乙酰肼(0.6),特力津(7)
	日本	饮用水水质基准(2015)	饮用水	硫丹(10),乙酰甲胺磷(6),甲草胺(30),异丙威(10),稻瘟灵(300),硫线磷(0.6)等120种,总量≤1000

我国水质标准内的新兴污染物指标相对于其他发达国家数量较少,尤其在毒性较大的消毒副产物指标(如卤乙腈类、N-亚硝基二甲胺等)、农药类、药物及个人护理品和内分泌干扰物等方面缺乏相应的指标要求。在新兴污染物的种类逐年增加的背景下,水质指标的更新速度远远跟不上新兴污染物的产生与被发现的速度。

目前,水体中新兴污染物缺乏有效的筛查技术和科学的风险评估体系,不利于精准把控水环境风险物质的污染防控。由于水体中新兴污染物的浓度普遍较低,增大了检测难度,使得准确定量分析较难完成,故而检测技术的滞后是制约水体新兴污染物研究的重要因素。因此,针对水体新兴污染物开发一系列高效准确的检测技术和快速筛查体系,是非常有必要的。

6类常见的新兴污染物

本研究团队针对水体普遍存在的新兴污染物(包括异味物质、消毒副产物、内分泌干扰物、药物和个人护理品、持久性有机污染物、农药等)展开近 10 年的相关研究,开发建立了一系列准确有效的分析方法,并针对异味物质建立了一套科学的筛查技术体系。

此外,本书引用新兴污染物综合指标,并开发生物监测方法作为理化检测技术的补充,从新兴污染物对生物体产生的综合毒性效应,以及促进微生物再生长的潜在污染风险的角度,更为全面地评价了水体新兴污染物的危害性。

本章主要针对水体常见的 6 类新兴污染物及其综合评价指标进行概述,具体的检测分析技术及异味物质筛查技术体系将在检测篇作详细介绍。

2.1 异味物质

2.1.1 概念

水体中的异味物质,是指能够引起水体产生嗅觉或味觉器官异常感知的一类化学物质。一般来说,无机物中 NO_2、NH_3、SO_2、H_2S 等少数气体具有强烈气味,其余大多没有明显嗅感。而挥发性/半挥发性有机物则大多具有气味,且与其含有的官能团类型和数目以及分子的立体结构有关。常见的官能团有羟基、醛基、酮基、羧基、酯基、内酯基、烃基、苯基、氨基、硝基、亚硝基、酰氨基、巯基、硫醚基、二硫基、杂环等。通常化合物的相对分子质量越小,官能团在整个分子中所占的比重越大,对嗅觉的影响亦越明显。

近年来,水源水、饮用水、水产品及食品中的异味事件屡有发生,导致饮用水和水产品的品质下降,水处理的成本增加,并严重影响水体景观生态的美学价值和旅游收入。供水行业亦常常被饮用水的异味问题所困扰,居民对异味的投诉屡有发生。因此,保证饮用水无异味是供水行业的主要目标之一。

2.1.2　分类

为更科学地对异味物质进行分类,欧美国家的专业人员,通过嗅闻饮用待测水,对水中的异味进行描述和评价。他们提出了一个饮用水致嗅致味物质年轮图(图2-1)。这个图把水中存在的化合物与人的感官性状描述联系起来,将饮用水的异味分成3类共13种,包括:8种嗅觉异味、4种味觉异味和1种口鼻异感。嗅觉异味分为土霉味、氯味/臭氧味、草木味、沼气味、芳香味、鱼腥味、药水味和化学药品味8种。

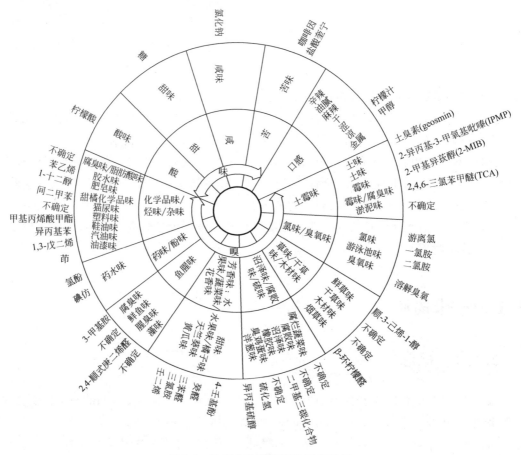

图 2-1　饮用水致嗅致味物质年轮图

饮用水致嗅致味物质年轮图对水体异味的分类较为全面,但是仅给出了部分异味类型对应的典型异味物质,还有很多异味类型对应的异味物质尚不明确,因此亦待进一步完善。

根据“十一五”水专项水质调查(涵盖34个重点城市的111个饮用水厂),我国饮用水的主要异味类型以土霉味(musty odor)和沼泽/腥臭味(septic odor)为主,其在原水中的发生率分别达到41%和36%。湖库水源的异味类型主要是土霉味;河流水源易受污染且原因较为复杂,异味类型通常以沼泽/腥臭味为主。目前发现和研究较多的其他异味类型还有鱼腥味(fishy odor)、花香味(flowery odor)、果蔬味(vegetable/fruity odor)、草木味(grassy/

hay/straw/woody odor)、氯味(chlorinous odor)、臭氧味(ozonous odor)等,具体如表 2-1
所示。

表 2-1　主要异味类型及其对应的异味物质

异味类型	异味物质	英文名称	嗅觉阈值/(μg/L)
土霉味	2-甲基异莰醇	2-methylisopropanol (2-MIB)	0.01
	土臭素	geosmin	0.004
	2,4,6-三氯苯甲醚	2,4,6-trichloransisole	0.000 03
	2-异丙基-3-甲氧基吡嗪 (IPMP)	2-methoxy-3-isobutyl pyrazine (IPMP)	0.0002
	2-异丁基-3-甲氧基吡嗪 (IBMP)	2-methoxy-3-isobutyl pyrazine (IBMP)	0.001
腥臭味/腐败味/沼泽味	二甲基硫醚	dimethyl sulfide	1
	二甲基二硫醚	dimethyl disulfide	0.03
	二甲基三硫醚	dimethyl trisulfide	0.01
	甲硫醇	methanethiol	2.1
	乙硫醇	ethanethiol	1
	丙硫醇	propanethiol	0.74
	叔丁基硫醇	t-butythiol	0.09
	硫化氢	hydrogen sulfide	1.1
	二氧化硫	sulfur dioxide	9
	甲苯硫酚	m-tolyl mercaptan	0.1
	苯硫酚	thiophenol	0.062
	吲哚	indole	300
	三甲基吲哚	3-methyl indole	1.2
鱼腥味	三甲胺	trimethylamine	0.2
	二甲胺	dimethylamine	290
	2,4-庚二烯醛	2,4-heptadienal	25
	2,4-癸二烯醛	2,4-decadienal	0.3
果蔬/花香/草木味	2,6-壬二烯醛	2,6-nonadienal	0.08
	β-环柠檬醛	β-cyclocitral	19
	β-紫罗兰酮	β-ionone	0.007
	3-己烯-1-醇	3-hexen-1-ol	70
化学试剂味/药味	溴甲烷	bromomethane	80 000
	2-氯苯酚	2-chlorophenol	10
	2,4-二氯苯酚	2,4-dichlorophenol	40

2.1.3　来源

水体中的异味来源主要有 2 种途径:一种是由人类直接活动产生的异味,主要是生活
污水、工业污染、农药化肥、水处理消毒剂以及供水管材、黏合剂等释放的化学物质;另一种
是自然因素产生的异味,主要来源于微生物、藻类、高等植物,以及在动物生长、代谢及腐败

过程中产生的化学物质。

在湖库型水源中,导致水体异味的原因主要与微生物和藻类的生长、代谢、降解和腐败等活动有关。相关调查显示,50%左右的饮用水源异味问题与藻类有关;多元不饱和脂肪衍生物、萜类及其衍生物、有机硫化合物、吡嗪类、胺类等藻源性异味物质均可导致水源的异味问题。文献已知有200多种藻类(主要有鱼腥藻属、颤藻属、席藻属、束丝藻属和鞘丝藻属等)的代谢产物可分离出2-甲基异莰醇(2-MIB)和土臭素(geosmin)。而目前能够确认的产生异味问题的藻种比例仅约0.5%。因此,识别和鉴定产嗅藻种,对预防和控制水体异味具有十分重要的意义。

河流型水源由于易遭受外源污染,由人类生活、生产、农业等排放的废水以及工业化学品的泄漏均是导致其产生异味的主要原因。一方面,人为排放的废水包括含硫生活污水、生产废水和畜禽养殖废水,这些废水在厌氧微生物的代谢作用下,可以产生硫化氢、硫醚、硫醇类等异味物质。例如,农药、化肥、杀虫剂等随着地表径流进入水源,会造成一定的异味问题;尤其是畜牧废水、化肥等高营养盐污染物排入水源,容易导致水体富营养化,引起异味问题。另一方面,排入水体的含氧杂环类、苯类、酚类、酯类等工业化学品,即使浓度很低,也能导致水体恶臭。例如,美国埃文斯维尔城市俄亥俄河曾受到上游化工厂排放的双(2-氯异丙基)醚污染,从而致使水体异味;西弗吉尼亚州某河流上游化工厂的4-甲基环己烷甲醇泄漏,导致该河流水体呈芳香味/甘草汁味。其他化学物质,如杂芬油、二噁戊烷、二氧杂环乙烷、2-乙基-5,5-二甲基-1,3-二氧杂环乙烷(2-EDD)、苯酚、甲酚、氨基酚、硝基酚等均能产生一定的异味问题。

饮用水的异味问题除受水源异味的影响外,很大程度上是在净水和输水的过程中产生。在净水过程中,原水经臭氧氧化,易产生醛类物质,当其浓度达到一定水平,会产生芳香味、鱼腥味等异味问题;原水经加氯消毒,由于配水管网系统通常会保持一定的余氯量以抑制输水过程中微生物的生长,龙头水易残留氯味。尤其在水质污染较为严重(氨氮、COD偏高等)的原水中投加氯消毒时,经常使得自来水口感较差,甚至在煮沸后仍存在异味。达标后的出厂水在向用户输送的过程中,也可能在经过管网、泵站、蓄水池、水箱等设施时受到不同程度的"二次污染"。供水管网中的微生物代谢活动、消毒剂、消毒副产物以及管材、黏合剂溶出的化学物质等,都可引发一系列的水体异味问题。

2.1.4 现状

20世纪50年代以来,国内外就有关于异味的报道。尤其是在饮用水源中,美国、加拿大、日本、澳大利亚、荷兰、瑞典、德国、芬兰、法国、印度和西班牙等国家均出现过异味问题。如1989—1998年间,日本霞浦湖经常暴发由土臭素和2-MIB引起的土霉异味问题;2000—2007年间,美国的Diomond水库共发生过5次由土臭素或2-MIB引起的异味问题;美国加州的输水管道也曾因大量附着蓝藻而引起饮用水的土霉异味。

近年来,我国水体异味事件也不断发生。湖库型水源(包括太湖、巢湖、滇池、武汉东湖、南京玄武湖等),河流型水源(包括黄浦江、黄河、淮河、滦河、东江等),以及多地水库水源(包括台湾南部水库、广东大沙河水库、黑龙江团子山水库、秦皇岛洋河水库、湖北熊河水库等)的水体和水产品(包括鳗、鲈、对虾、鲤、鲢和罗非鱼等)都曾有出现异味的报道。尤其在

2007年5月无锡和2013年12月杭州的饮用水异味事件发生后,饮用水的异味问题更加引起了国内广泛关注。

2.1.5　处理技术

由于水体异味问题严重损害了饮用水质量,人们对解决饮用水异味问题的呼吁亦越来越强烈。然而,现有常规水处理工艺难以有效去除水体中的异味,需要联用预处理技术、深度处理技术以及其他技术工艺,才能取得比较理想的异味去除效果。随着对异味来源及异味物质研究的不断深入,饮用水中异味控制技术和方法不断得到发展。针对不同的异味物质及其来源,饮用水的异味控制主要包括水源的预防控制和管理,以及水厂处理工艺的控制。

水源异味的预防控制和管理,主要是指通过各项生态调控、环境管理等方式,预防和控制水体污染、产嗅藻和细菌的生长等异味产生因素。近年来,有学者针对产嗅藻生长而导致异味的湖库型水源,在产嗅藻生长规律、产嗅藻与水环境之间关系等方面展开了一系列研究,同时结合水库运行管理中的关键可控因子(如调节湖库水位、浊度、水力停留时间等),实现对产嗅藻生长的调控。相对于传统除藻技术,该措施更易于实施、成本更低,而且对水质和水生生物没有明显的副作用。不过,其具体的效果和机制,仍有待更进一步研究。

水厂的处理工艺控制,是指通过相应的臭氧氧化、活性炭吸附、生物处理等技术来解决已发生的水源异味问题,以保证出厂水达到饮用水水质标准。臭氧是一种强氧化剂和消毒剂:可以有效去除水中的硫醚、硫醇类等腥臭化学物质,以及鱼腥味、土霉味、青草味等其他大部分异味物质;活性炭则是水处理中经常使用的吸附剂:当水处理工艺中有生物作用存在时,可以起到部分去除异味的作用,因为生物活性炭滤池和砂滤池的微生物,可以吸收和降解部分异味物质。研究表明,活性炭对2-甲基异莰醇和土臭素的吸附效果,比硫醇、硫醚类等腥臭味物质的吸附效果更好。由于在某些腐殖质和有机物含量较高的复杂水体中,臭氧氧化亦会产生醛类、酮类等副产物,因此臭氧氧化与活性炭吸附通常会被联用,以充分去除残余异味。单纯使用生物处理来控制水体异味的研究较少,该项技术尚未成熟。

2.1.6　筛查技术

目前,异味物质种类繁多、在水体中浓度水平极低且多为复合型异味,是水体异味问题面临的主要困难。这意味着一旦发生水体异味事件,难以筛查异味物质的具体来源。为解决这个难题,本研究团队联合华南理工大学刘则华副教授,于2014年8月至2019年12月开展了"水体异味研究"课题,建立了一个涵盖800余种水体异味物质的数据库,并出版专著《水体异味化学物质:类别、来源、分析方法及控制》。

异味数据库将异味物质按来源分为天然源、工业源、农药源和消毒副产物源4种,并对不同来源的异味物质的异味特征、嗅觉阈值和其他物理化学性质等相关信息进行系统归纳,以便人们从多种角度对水体异味物质进行初步筛查。该数据库已建成一个网络化的共享平台(http://odor.guangdongwater.com/)并于2019年上线,供广大专业人士及社会民众免费检索异味物质信息。

研究团队再接再厉,在以异味数据库做初步筛查的基础上,建立了一套进一步核查的技术体系,包括从现场采样记录、样品采集运输保存、感官分析到仪器定性筛查定量检测,通过结合异味数据库作分析和判断,实现对水体异味物质及时有效筛查。该技术体系内容将在检测篇的第5章中进行详细介绍。

2.2　消毒副产物

2.2.1　概念

消毒副产物(disinfection by-products,DBPs),是指消毒剂与原水中有机物(腐殖酸、富里酸、酚类、苯胺、氨基酸)、溴化物、碘化物和人为污染物(药物和个人卫生护理品)等发生氧化、加成、取代反应而生成的化合物。1974年,出厂水检出三卤甲烷被首次报道。从那以后,DBPs就一直是公共卫生领域的研究热点,到目前为止,文献报道的DBPs多达600种以上。近年来,随着新型消毒剂和消毒方式的应用,以及检测技术的发展,更多的新型DBPs在自来水中被发现。

2.2.2　来源

水中DBPs的来源和种类,与消毒方式和消毒剂种类有关。物理消毒技术不产生DBPs,但持续消毒效果较低、应用受限制,仅被作为辅助消毒手段。目前最常用的仍是化学消毒法,使用的消毒剂包括有液氯、二氧化氯、氯胺和臭氧等。

氯消毒应用的时间最长、范围最广,是国内外水厂最主要的消毒方式,对其产生DBPs的研究也最为深入。目前已检测的氯化DBPs达数百种,主要包括三卤甲烷、卤代乙腈、卤乙酸、卤氧化物、卤代呋喃酮等,其中三卤甲烷和卤乙酸占总量的80%以上。

随着社会对自来水中DBPs的关注度越来越高,许多地区为了控制自来水中三卤甲烷和卤乙酸,开始用氯胺消毒代替氯消毒。由于氯胺与水中有机物的反应活性低于自由氯,消毒时生成氯化DBPs(包括三氯甲烷和三氯乙醛等)的含量明显减少,但同时会生成危害性更大的含氮DBPs(如氯化氰、亚硝胺物质、卤代硝基甲烷和卤代乙酰胺等)。

采用二氧化氯消毒,具有用量少、灭菌效果好、反应速度快的优点。其作为一种强氧化剂而非氯化剂,在消毒过程几乎不产生三卤甲烷。但二氧化氯消毒会产生更多的卤乙酸、氯酸盐、亚氯酸盐和溴酸盐等高生物毒性的DBPs。

臭氧消毒与氯消毒相比具有更强的消毒能力,且具有pH适用范围广,投加量小,杀病毒、灭菌、杀孢子的作用快,以及不产生含氯DBPs等优点。因此臭氧消毒作为饮用水深度处理手段被越来越多地使用。但在含有一定量的溴化物的水源中采用臭氧消毒时,臭氧的强氧化作用就会形成对人体有害的溴酸盐。当水源含有较高浓度的有机物时,还会产生醛、酮、酚、羧酸等含氧化合物,这同样可能对人体产生毒害作用。

2.2.3 危害

大部分的 DBPs 物质具有致癌性、致畸性、致突变性、肝毒性、神经毒性等毒理学效应。其中,对卤代 DBPs 的研究最为广泛。早在 1976 年,美国国家癌症协会就通过实验发现,三卤甲烷对动物有致癌性;而卤乙酸由于沸点高,无法通过煮沸去除,单位致癌风险高于三卤甲烷,这也引起了公共卫生部门的高度重视。国内学者研究发现,在饮用水中 DBPs 的总致癌风险里,卤乙酸达 91.9% 以上,三卤甲烷仅占 8.1% 以下。据此,有关学者建议将卤乙酸浓度作为控制饮用水 DBPs 总致癌风险的首要指标参数。

此外,卤乙腈在饮用水中的浓度通常小于 1 μg/L,远小于三卤甲烷和卤乙酸,但其毒性却不容小觑。卤乙腈在前 50 种强致癌 DBPs 中占到 10%,并且其慢性细胞毒性是卤乙酸的 71 倍,急性遗传毒性是卤乙酸的 13 倍。氯化 DBPs 中 3-氯-4-(二氯甲基)-5 羟基-2(5 氯)呋喃酮是迄今为止发现的致突变性最强的 DBPs。

除了毒理学效应外,其他卤代 DBPs,如三溴甲烷、氯酚、三氯苯甲醚等均具有难闻气味,嗅阈值也较低,严重影响自来水的正常使用。

亚硝胺是目前国内外关注的、新兴的含氮 DBPs,其在水中含量极低(通常是 ng/L 级别),但具有较强的细胞和遗传毒性,在多个动物实验中被证实可引起多种器官肿瘤。各国政府和学界对此特别重视,使亚硝胺研究成为当前研究的一大热点。

除了有机 DBPs 外,还存在着大量的无机 DBPs(如氯酸盐、亚氯酸盐和溴酸盐等),其危害也不容忽视。例如,氯酸盐和亚氯酸盐会氧化损伤动物的红细胞;而溴酸盐在各种遗传毒性试验中结果均呈阳性,可通过作用于 DNA 对动物造成致癌性伤害。

DBPs 虽然主要是通过饮用,但其还可以通过皮肤和吸入性接触,摄入人体产生危害。而皮肤和吸入性接触,是不通过肝脏代谢而直接进入血液并扩散至全身的,其活性没有被消除或削弱,从而危害性更大。有学者发现游泳池水中 DBPs 的致突变毒性作用与饮用水中 DBPs 的相当,且与膀胱癌有潜在关联。

DBPs 的毒性分析是基于单个化合物的动物毒性实验获得的,与实际情况存在差异,基因差异也会影响 DBPs 的毒性效应。此外,还有很多 DBPs 尤其是非卤代化合物,由于缺乏相关的监测和研究而被忽略。因此,我们对新兴 DBPs 应给予更多的关注。

2.2.4 处理技术和应对措施

目前,针对产生机制,控制 DBPs 的技术主要有 3 种:一是前体去除技术,即在消毒工艺前去除原水中的前体物,主要有强化混凝、生物氧化、化学氧化、活性炭吸附、膜过滤等方法;二是新消毒技术(包括新型消毒剂、联合消毒工艺等),如使用过氧乙酸和高铁酸钾等新型消毒剂,二氧化氯-臭氧、二氧化氯-氯胺、二氧化氯-氯等联合消毒工艺;三是对已生成DBPs 的去除技术,主要有活性炭吸附、紫外光降解、高级氧化技术等。目前出于工艺和成本考虑,前 2 种技术的应用多于第三种。

DBPs 对民众健康的潜在威胁引起各国公共卫生部门的高度重视,为了规范消毒剂的使用和促进消毒技术的发展,各国饮用水卫生标准都增加了 DBPs 指标与限值。而且,随着新兴 DBPs 被发现,指标也在不断地更新和增加。以我国为例:在 1985 年发布的饮用水标准(GB 5749—1985)中只有三氯甲烷;在 2006 年发布的生活饮用水卫生标准(GB 5749—2006)中 DBPs 指标就已经增加到 14 项。表 2-2 列出主要国家/地区/组织饮用水卫生标准中 DBPs 指标和限值。

表 2-2　主要国家/地区/组织饮用水卫生标准中 DBPs 指标和限值

指标	限值/(mg/L)				
	中国	WHO	美国	欧盟	日本
总三卤甲烷	各指标与各自限值比之和≤1(无量纲)	各指标与各自限值比之和≤1(无量纲)	0.08	0.1	0.1
溴酸盐	0.01	0.01	0.01	0.01	0.01
亚氯酸盐	0.7	0.7	1	—	0.6
卤乙酸	—	—	0.06	—	—
氯酸盐	0.7	0.7	—	—	0.6
甲醛	0.9	—	—	—	0.08
三溴甲烷	0.1	0.1	0.08	—	0.09
三氯甲烷	0.06	0.3	0.08	—	0.06
一氯二溴甲烷	0.1	0.1	0.08	—	0.1
一溴二氯甲烷	0.06	0.06	0.08	—	0.03
三氯乙酸	0.1	0.2	0.06	—	0.03
二氯乙酸	0.05	0.05	0.06	—	0.03
氯乙酸	—	0.02	0.06	—	0.02
二溴乙腈	—	0.07	—	—	—
二氯乙腈	—	0.02	—	—	0.01
氯化氰	0.07	—	—	—	—
三氯乙醛	0.01	—	—	—	0.02
2,4,6-三氯酚	0.2	0.2	—	—	—
N-亚硝基二甲胺	—	0.0001	—	—	0.0001

　　在国家管控层面上,水务公司还需建立完善的 DBPs 监测技术,对自来水中 DBPs 进行精准监控,以便及时调整处理工艺。目前,水质标准内的 DBPs 指标均有标准检测方法,基本可满足日常检测需求。但还存在着一定的局限性,如方法前处理复杂、灵敏度不高等。另外,新型 DBPs(如亚硝胺类)还缺乏相应的标准检测方法,缺乏相应的监控和研究。

2.3　内分泌干扰物

　　内分泌干扰物是一种具有特殊毒性的环境污染物。它来源广泛,暴露途径众多,其在极低浓度下可对生物体内分泌系统机能产生干扰影响,诱发多种疾病,并可能持续影响生物体的整个生命周期。

近年来,随着人类活动和经济活动愈发活跃,化工用品数量激增,从而增加了污染物排放的风险。环境中,被识别或怀疑为"内分泌干扰物"的污染物日益增多。据美国 EPA 估计,大约有 87 000 种物质具有内分泌干扰效应。与此同时,每年也不断地有新的内分泌干扰物被发现,给人类健康和生态环境安全带来了新的威胁和挑战。

2.3.1　概念

2013 年,联合国环境规划署(UNEP)和世界卫生组织发表了《内分泌干扰物科学状况—2012》的科学报告(以下简称 UNEP/WHO—2012 科学报告),内分泌干扰物(environmental endocrine disrupting chemicals,EDCs)被定义为:"内分泌干扰物是一种外源物质或混合物,其能改变内分泌系统的功能,从而对一个完整的有机体或其后代或子群体造成不良的健康影响;而潜在的内分泌干扰物是外源物质或混合物,这些化合物拥有的属性是可能导致一个完整的有机体或其后代或(亚)种群的内分泌紊乱。"该报告是迄今为止关于 EDCs 最全面和系统的综合报告,包含了大量的科学数据,其中关于 EDCs 的定义及鉴定标准是目前为止最科学的。报告内容得到了全世界的普遍认可,多次被国际组织和国际会议认可并采用。

当前,EDCs 已成为继臭氧层、全球气候变暖之后的第三大环境问题,受到全球关注并成为研究热点。世界卫生组织以及一些发达国家的研究机构,纷纷投入大量的资源,在 EDCs 的识别认定技术、环境中的现状、迁移转化规律、对人类及野生动物的影响和作用机制以及污染控制策略、污染去除技术等方面,相继开展了大量的研究。

2.3.2　分类

按照来源,EDCs 主要可分为天然激素和人工合成化合物 2 类。天然激素主要是在动植物体内天然产生的激素类化合物;人工合成化合物主要是指各种各样会对生物体内分泌系统产生干扰影响的化学品(包括有人工合成的激素类药物,日用药品及个人护理品,电子产品、食品包装、服装等各种材料和消费品的添加剂,重金属和农药等)。UNEP/WHO—2012 科学报告,依据其他综述和权威研究报告,结合物质化学性质、结构特征、使用范围及频次等要素,将已知或潜在的 EDCs 分为 11 类(表 2-3)。需要特别指出的是,表 2-3 中列出的仅是当前研究中科学证据较为充分的部分典型 EDCs。此外还有很多疑似 EDCs 的化学物质,由于缺少相关的流行病学或动物研究数据,报告暂未将其作为典型代表物一一列举。

表 2-3　UNEP/WHO—2012 科学报告总结的 11 类 EDCs

分　类	代表性物质	特　点
持久性有机污染物(POPs)(《关于持久性有机污染物的斯德哥尔摩公约》)	二噁英、多氯联苯、六氯苯、全氟辛烷磺酸、多溴联苯醚、多溴联苯、氯丹、灭蚁灵、毒杀芬、滴滴涕/滴滴伊、林丹、硫丹	持久性强和生物蓄积性大的卤代烃类化学物质
其他持久性和生物蓄积性化学品	六溴环十二烷、氯化石蜡、全氟羧酸(如全氟辛酸)、八氯苯乙烯、PCB 甲基砜	

续表

分　类	代表性物质	特　点
在材料和货物中的增塑剂和其他添加剂	邻苯二甲酸酯类、磷酸三苯酯、二(2-乙基己基)己二酸、n-丁基苯、三氯二苯脲、丁基羟基苯甲醚	持久性差和生物蓄积性小的化学物质
多环芳香族化合物(PACs),包括多环芳烃	苯并[a]芘、苯并[a]蒽、芘、蒽	
卤代酚类化学品(HPCs)	2,4-二氯苯酚、五氯酚、羟基-PCBs、羟基多溴联苯醚、四溴双酚 A、2,4,6-三溴苯酚、三氯生	
非卤代酚类化学品(非 HPCs)	双酚 A、双酚 F、双酚 S、壬基酚、辛基酚、间苯二酚	
目前使用的农药	2,4-二氯苯氧乙酸、阿特拉津、西维因、马拉硫磷、代森锰锌、乙烯菌核利、咪鲜胺、腐霉利、毒死蜱、杀螟松、利谷隆	农药、药物和个人护理品成分
药品、生长促进剂和个人护理产品的成分	内分泌活性物质(如己烯雌酚、炔雌醇、他莫昔芬、左炔诺孕酮)、选择性血清素再摄取抑制剂(SSRIs,如氟西汀)、氟他胺、4-甲基亚苄基樟脑、辛基-甲氧基肉桂酸酯、对羟基苯甲酸酯、环甲基硅氧烷(D4、D5、D6)、佳乐麝香、3-亚苄基樟脑	
金属和有机金属化学品	砷、镉、铅、汞、甲基汞、三丁基锡、三苯基锡	金属相关化学品
天然激素	17β-雌二醇、雌酮、雌三醇、睾酮	
植物雌激素	异黄酮(如染料木黄酮、大豆黄素)、香豆素(如香豆雌酚)、真菌毒素(如玉米赤霉烯酮)、异戊烯黄酮(如 8-异戊烯基柚皮素)	动植物体内天然存在的激素

值得注意的是,当前人们生活的环境中分布有众多具有雌激素活性的物质,其结构或功能与内源性雌激素相似,即可以模拟内源性雌激素的生理和生化作用,亦具有拮抗雄激素的效应,通过干扰生物体自身激素的合成、分泌、转运、代谢等过程,激活或抑制内分泌系统,从而破坏机体稳定性。此类物质被统称为环境雌激素。环境雌激素是当前关注度最高的一类EDCs,典型代表包括:①天然类固醇激素(如雌酮(E1)、雌二醇(E2)、雌三醇(E3)等),主要由人和动物体内细胞分泌;②人工合成的雌激素药物(如己烯雌酚、己烷雌酚、17α-炔雌醇(EE2)、炔雌醚等),主要用作避孕药或促进家畜生长的同化激素;③酚类化合物(如双酚A、壬基酚(NP)和辛基酚(OP)等),是一种应用广泛的重要化工原料。

2.3.3　来源

伴随人类和动物的活动以及各种材料和消费品的生产、使用和处置,EDCs 主要通过工业排放、农田径流、生活排污、空气和洋流远程长距离传输以及废物的燃烧和排放等多种渠道进入环境中。

其中,污水是 EDCs 混合物进入环境的一个重要来源,多项研究表明,市政污水、工业废水以及制药企业排放的废水中均有检出EDCs。一般情况下，污水中的EDCs以母体化合物或代谢产物的形式存在。但在处理过程中经过微生物的转化，某些代谢物质可能会还原成母体化合物，重新导致EDCs活性的释放。如服用避孕药的妇女排泄出的共轭炔雌醇，在污水处理厂会转换为原来的母体形式。

农田雨水径流则是农药、天然激素和药物等EDCs进入生态系统的重要来源。尤其是在强降雨后，一些肥料（如污水厂处理过后的农用污泥）、农用杀虫剂、动物粪便等会被冲刷到地表径流中，其中就含有内源性激素、生长促进剂和药品等。

此外，在人类日常生活，尤其是城市地区人们对材料、能源和化学品的频繁使用和处置，如化石燃料燃烧产生的多环芳烃、旧的油漆和密封剂中的多氯联苯、废物处置焚烧或回收过程产生的废气、消费品的阻燃剂中的溴系阻燃剂（Brominated flame retardants，BFRs）等，也是EDCs进入环境的一大来源。这个渠道的污染物来源众多，排放往往难以量化，但污染物的浓度是从城市到农村逐渐降低的。

值得注意的是，当前随着人口激增、城市化进程加快，工业和饲养业迅猛发展，环境雌激素由于排放源数量多，排放量大，已成为环境中内分泌干扰物的重要来源。天然雌激素和人工合成雌激素主要来源于家畜和人类的排泄物。人类和动物产生或摄入的这些雌激素，最终都会随着排泄物进入到环境。而酚类化合物作为一种重要的化工原料，广泛应用于塑料、表面活性剂、均染剂、乳化剂、净洗剂和泡沫稳定剂等工业生产，主要伴随各式各样工业产品大量生产、使用、废弃处置及废水排放等过程大量进入环境。当前，酚类化合物已在多种环境介质中被发现。

总的来说，EDCs种类繁多、来源极其广泛，且具有化学多样性，已覆盖人们生活的绝大部分角落。

2.3.4　危害和暴露方式

EDCs在环境中的存在极具广泛性和普遍性，部分物质可能在极微量浓度下也能够导致生物体内分泌失调。已有科学研究证据表明，EDCs会影响生物体生殖系统健康、性别比例和神经系统发育，造成机体代谢和免疫功能的失调紊乱，引发甲状腺、肾上腺、骨骼及其他激素相关的疾病甚至癌症，还会导致野生动物种群减少。

与其他EDCs相比，环境雌激素的内分泌干扰能力更强，危害程度甚至可达其他物质的3个数量级以上。即在极其微量的情况下，可对生物体产生较大的危害和影响，因而受到社会的广泛关注。环境雌激素主要以下列3种方式影响生物体正常内分泌系统：①通过相似的化学反应过程，以模拟替代机体自然产生的雌激素或雄激素；②通过阻断细胞内正常的激素与激素受体结合的过程，来阻断激素发挥效应；③影响激素的正常合成、分泌及浓度。20世纪90年代首次报道污水厂废水中雌激素化合物对雄鱼产生雌性化现象，目前已越来越普遍，在多个国家的多种鱼类中都已观察到此种现象。对人类而言，环境雌激素主要是对男性和女性的生殖系统产生重要影响。此外，由于部分环境雌激素因具有脂溶性而容易蓄积在体内脂肪组织中，并通过食物链的富集放大，对胎儿期和产后妇女特别容易造成损害，对发育中的器官也有很强的影响作用，且常常是不可逆的终身影响。因此，现在孕产妇、胎儿和儿童接触各种化学污染物，极有可能成为许多内分泌疾病的病因。

当前,许多与内分泌有关的疾病和内分泌紊乱的现象正在呈现明显增加的趋势,化学暴露被认为是引起这些疾病和功能失常的一个重要因素。EDCs 对人和生物体的影响往往取决于暴露的水平和时间,人类和动物可能通过摄入食物、灰尘和水,亦可能通过吸入空气中的气体和颗粒物或通过皮肤接触,暴露于环境中的 EDCs 中;此外,室内环境和废弃电子产品等垃圾,也被发现是一个新的暴露渠道。由于当前水厂常规工艺对微污染物的去除能力有限,随着工业废水和生活污水的排放,我国多处江河等地表水以及饮用水系统中均已检出了痕量的 EDCs。研究表明,饮用水经口摄入可能是人体暴露接触 EDCs 的重要途径,人们如果长期持续不断地饮用摄入这种微污染物水体,会对人体健康造成潜在的风险危害,需要引起足够的重视。

2.3.5　现状

环境雌激素作为 EDCs 的重要来源和典型代表物,各国学者纷纷开展了许多水环境污染现状的研究,涉及范围主要包括污水(工业废水、医疗废水、市政污水处理厂等)、地表水(河流、湖泊)以及河口近海海域等,检测的目标污染物主要是天然类固醇雌激素、人工合成雌激素以及酚类化合物等典型代表物。

污水高度汇聚了人类生产生活的各种污染物,是环境雌激素的主要来源之一。有学者分析总结了多个国家市政污水处理厂的进出水,发现 3 类典型的环境雌激素均有被检出,其中酚类化合物的浓度普遍较高。也有人在对多种污水样品检测后发现,工业污染源废水中的环境雌激素检出率最高,而在接纳了工业废水的污水厂进水中,检测出的雌酮浓度比普通市政污水厂进水浓度更高。可见当前工业污染的程度愈发严重,正逐渐成为污水中雌激素污染物的主要来源。大多研究表明,传统污水厂对环境雌激素的去除效率并不高,尤其是对较低浓度水平的雌激素,几乎没有任何去除率。

多项研究报告显示,我国一些重要的河流和淡水湖泊,检出了典型的环境雌激素。其中长江流域的雌激素活性在夏季要高于在冬季,且具有一定的致突变性;在北方地区三大河流同样检出雌激素,其中以酚类化合物和雌酮的检出率最高;在华南地区河流流域,双酚 A 污染较为严重,沉积物中则是以壬基酚的污染为主。华南地区河流水体中环境雌激素污染物的浓度变化趋势,与上下游地区人口密度和经济活动程度密切相关;在华中地区河流水源地 EDCs 水质调研中发现,主要以工业化合物和雌激素检出为主,双酚 A 为主要污染物,另外还有双酚 S(BPS)、双酚 F(BPF)等 2 种新型双酚类化合物。湖泊方面,我国几个重要的淡水湖泊水体中多次检出具有雌激素活性物质、天然激素和农药。

河口近海海域是人类活动比较旺盛的区域,其中长江入海口、辽东湾、渤海湾、青岛近海、黄海海域等多个地方,均有酚类化合物和类固醇激素被检出。当前环境雌激素污染物对近海水体生态安全的影响也不容忽视。

2.3.6　处理技术

传统的污水处理厂一般采用一级和二级处理工艺,对水中痕量的 EDCs 去除率较低。

而采用三级深度处理,在一定程度上可有效提高 EDCs 的去除率。目前常用的去除方法主要有物理吸附法、高级氧化、膜工艺和生物降解法等。

物理吸附法主要是利用多孔介质实现对憎水型雌激素污染物的吸附去除,常用的吸附剂有活性炭、漂白土、合成有机吸附树脂、活性白土、合成分子筛、活性氧化铝等,该法对具有非极性特性的雌激素污染物具有较高的去除率。高级氧化主要是通过产生氧化性较强的自由基实现直接或间接降解污染物,具有非选择性和较高去除率等优点,尤其适用于降解水中的痕量有机物。膜技术则主要是通过膜孔截留、膜吸附和电荷排斥等原理去除微污染物,其中反渗透(reverse osmosis,RO)是目前被认为最有效的微污染物去除技术,实验结果表明其对双酚 A 的去除率可高达 100%。生物降解也是去除水中环境雌激素的一种有效方式,但目前能找到可降解雌激素的微生物菌种十分有限。我国在类固醇类激素生物降解菌的研究中也取得了一定的进展,已有学者从避孕药生产厂废水处理站的好氧活性污泥和制药厂废水中提取到了有效的菌种。此外,再生水厂采用的多种深度处理组合工艺,相比单一种深度处理技术的应用,有更高效的 EDCs 微污染物去除率。

2.4　药物和个人护理品

2.4.1　概念

药物和个人护理品(pharmaceuticals and personal care products,PPCPs),指用于个人健康或化妆护理的处方药和非处方药,以及香料、化妆品、防晒剂、诊断剂和营养品等,也包括用于增强家畜生长或健康的类似产品等。而药物和个人护理品中的活性成分等潜在污染物,种类繁多、数量庞大,是 20 世纪末发现的一种新兴污染物。1999 年美国 EPA 研究人员发表了第一篇综述报告,首次提出将此类新兴污染物统称为 PPCPs。

水环境中存在的 PPCPs 种类繁多、结构复杂,浓度一般在 ng/L~µg/L 水平,因此检测分析难度较大。随着分析仪器和检测技术不断发展,近十几年来 PPCPs 在环境中的检出率越来越高,以致逐渐引起世界各国学者的广泛关注和高度重视。中国虽是世界上最大的药品生产和消费国,然而相比较发达国家对 PPCPs 的研究起步较晚。但是,不断涌现的污染事件(如 2014 年 12 月山东鲁抗医药被报道大量偷排抗生素污水,某市自来水检出阿莫西林等),也逐渐引起了人民群众和政府的高度重视,当前水环境中 PPCPs 污染问题已被提到一个新的高度。

2.4.2　分类

水环境中常见的 PPCPs 主要包括解热镇痛药、抗生素、抗惊厥和抗焦虑药、阻滞剂、类交感神经药、细胞生长抑制剂、消毒杀菌剂、激素和口服避孕药、脂类调节剂、香料、防晒剂和对照剂等,且通常易溶于水,在水中存在形式包括自由形式(如甲氨蝶呤)、降解转化产物和配合物等。常见 PPCPs 的分类、性质和功能详见表 2-4。

表 2-4 水环境中常见 PPCPs 的分类、性质和功能

序号	分　类	药品名称	性质和功能
1	解热镇痛消炎药	对乙酰氨基酚、阿司匹林、荷包牡丹碱、可待因、双氯芬酸、氨基比林、氢可酮、布洛芬、艾芬地尔、酮洛芬、萘普生、非那宗等	主要处方药和非处方药类别之一，酸性化合物，主要用于解热镇痛消炎等
2	抗生素	阿奇霉素、四环素、环丙沙星、克拉霉素、红霉素、灰黄霉素、交沙霉素、左氧氟沙星、林可霉素、诺氟沙星、土霉素、罗红霉素、磺胺嘧啶、氧苄氨嘧啶等	用于治疗受到细菌和真菌感染的人或动物，包括内酰胺、大环内酯、喹诺酮、四环素等
3	抗惊厥和抗焦虑药	苯妥英钠、地西泮、氟西汀、氟哌啶醇、丙咪嗪、甲丙氨酯、奥沙西泮、帕罗西汀、苯妥英、普里米酮、舒必利、沙丁胺醇	用于治疗惊厥或精神紊乱，如焦虑、沮丧和情绪不稳
4	阻滞剂、类交感神经药	醋丁洛尔、阿替洛尔、倍他洛尔、比索洛尔、克伦特罗、地尔硫䓬、苯海拉明、芬氟拉明、非诺特罗、美托洛尔、纳多洛尔、己酮可可碱等	用于治疗心血管病，如高血压、冠状动脉病和心律不齐
5	细胞生长抑制剂	环磷酰胺、异环磷酰胺等	用于治疗各种癌症，或自体免疫疾病、抑制移植排异
6	消毒杀菌剂	氯二甲苯酚、DEET、氢化肉桂酸、甲硝唑、三氯生等	用于抑制或杀死微生物
7	酯类调节剂	苯扎贝特、氯贝丁酯、DEHP、非诺贝特、非诺贝酸、吉非贝齐等	用于治疗代谢紊乱。苯扎贝特和吉非贝齐是酸性药，水解生物转化后生成酸性代谢物
8	香料	葵子麝香、二甲苯麝香、酮麝香、二甲苯麝香衍生物、加乐麝香(HHCB)、吐纳麝香(AHTN)、萨丽麝香(ADBI)等	具有持久性、生物富集性，包括很多结构相似的化合物，多为个人护理品，如化妆品等
9	防晒剂	二苯甲酮、甲氧基肉桂酸辛酯、氧苯酮等	用于防止紫外线等
10	对照剂	泛影葡胺(Na)、碘羟拉酸、碘海醇、碘帕醇、优维显、碘曲仑等	非治疗用剂，除泛影葡胺外，其他均为非离子型
11	其他	咖啡因、呋塞米等	如兴奋剂、利尿剂等

2.4.3 来源

水环境中 PPCPs 的源头主要来自于人类日常生活、畜牧和水产养殖业废水、制药企业生产废水、医疗垃圾、废弃药品等多个方面，大部分的污染物会通过人体和动物的排泄物、生产过程中的污废水、废弃物品等形式汇集进入到污废水处理设施、固废处理设施和农林土地，然后再通过处理设施尾水排放、地表径流、地表渗透、渗滤液污染排放等多种方式排放进入环境水体。

目前，全世界生产和使用的各类药物达 50 000 余种。人类疾病治疗、卫生保健、防疫消毒会使用大量的药物，而为了获得更好的产值，畜牧和水产养殖也会用大量的兽药和饲料添加剂。据估计，全球人用药年消费量约为 3000 万 t，而我国抗生素类 PPCPs 的年产量达 3.3 万 t 以上，兽用药及饲料添加剂的用量则更大。医疗废水、制药生产废水等，常常含有较高浓度的药物，这是药物进入水环境的主要途径。另一个主要途径是市政污水，因为现

有污水处理工艺难以彻底降解这些药物,导致污水厂出水中仍然存在一些残留药物,随着尾水排放进入河流、湖泊和海湾等地表水和近海海域。此外,研究还发现垃圾渗滤液中含有浓度很高的药物,这主要是由于日常生活中药物过量或不当使用导致大量过期药物被直接丢弃到垃圾填埋场中,或通过市政污泥的方式间接进入垃圾填埋场。兽药和饲料添加剂进入水环境的途径则主要是田间施肥和地表径流等间接方式,也可能是水产养殖等直接方式。

随着人口激增,个人护理品年产量和用量都在急速增长。据统计,我国每年大约生产1300种化学原料药及化妆品,这类用品主要是伴随人类的日常生活进行排放,如生活中使用的洗发液、护发素、沐浴露、牙膏、化妆品、护手霜、香水香料等个人护理品会随着淋浴和洗漱过程进入生活废水,防晒霜等则易在游泳过程进入娱乐水体。

2.4.4　危害及风险评价

当前,人们对PPCPs的研究主要集中在现状调研,对其在生态环境中的影响、毒性和危害等缺少科学完善的风险评估方法。但已有一些研究表明,部分PPCPs具有一定的生物毒性。虽然其半衰期不长,但因使用频率较高,且本身具有潜在生物累积效应,进入水环境受纳体后,可诱发水生生物等生化功能的改变。长期饮用受PPCPs污染的饮用水,会增加人类病原菌耐药性,造成肠道菌群失调,甚至引起慢性中毒,影响人体健康。

目前对PPCPs的风险评估多依据常规风险评价中的风险熵法,即用污染物在环境中的实测浓度与一些毒性试验中的半最大效应浓度(EC50)的比值,风险熵>1表示风险较高,风险熵<1则表示风险较小或无风险。但这种评价方式主要是基于单一物质的毒性效应为依据,而环境中PPCPs常常以多种混合物的形态存在,有研究表明,在多种PPCPs混合物共存情况下生物体的细胞群可能会在生命活动中受到更多不利的影响,因此单一物质毒性效应的评价方式容易导致结果有偏差,今后应加强PPCPs与有机物、无机物之间的复合污染毒性研究,增强环境风险评估的可信度。

2.4.5　现状

近20年来,许多发达国家和地区基于水源安全性的考虑,纷纷开展了水源水PPCPs的污染现状调研,先后检测了几十种甚至上百种PPCPs,到20世纪末已有许多关于水源水污染情况的研究报道。而我国在2005年前有关PPCPs的报道都比较少。

据有关文献调研报告统计,截至2014年,我国在河流及湖泊等天然水环境中抗生素的检出率要明显高于其他PPCPs。在地表水中,累计约有68种抗生素被检出,主要种类有磺胺类和喹诺酮类,还包括有四环素类、大环内酯类、β-内酰胺类等。其中,磺胺甲噁唑和磺胺甲嘧啶在我国南北方的主要河流的检出率和浓度均较高。而在美国、日本等一些发达国家,则几乎未见检出或浓度很低。这主要与我国每年抗生素的使用量相对较高有关。

除抗生素以外,我国检出的其他PPCPs种类约有90多种(主要包括消炎止痛药、抗惊厥药、降压药、降血脂药、消毒杀菌剂等),然而整体浓度水平略低于或接近国外的研究报道。

以萘普生和布洛芬为例。萘普生在我国主要河流的检出率大都低于 50%，但在挪威、加拿大和日本等地区，萘普生的检出率甚至可达 100%，且检出浓度也要高一些；而我国产量较大的布洛芬，在我国地表水系统中检出率和检出浓度就较高。由此可见，水环境中的 PPCPs 往往具有较大的波动性，在不同国家和地区、同一国家内不同区域、同一区域不同的季节等，PPCPs 的分布都存在较大差异，这主要与不同地域人们的生活、用药习惯和降雨影响等有关。

除了地表水外，我国相对清洁的地下水中也有检出 PPCPs。有研究人员提出，PPCPs 可以作为表征地下水是否遭受废水污染的一种指示指标，这主要是因为 PPCPs 会通过地表渗漏和绿化入渗等方式进入地下水中。2013 年，华东地区经济发达城市区域的地下水调研发现，磺胺类和喹诺酮类抗生素检出浓度较高。因此，在以地下水作为水源时，也应重视和加强水处理工艺调控。

饮用水源地一旦受到污水污染，会导致 PPCPs 直接残留在饮用水中。2012 年 WHO 总结前人研究发现，20 世纪初期饮用水中检出的药物种类为 15～25 种，浓度都比较低（在 ng/L 左右）。由于当前 PPCPs 毒理学研究尚不透彻，因此对饮用水安全是一个较大的潜在风险隐患。

2.4.6　处理技术

污水处理厂是控制 PPCPs 进入环境水体的一个重要环节，然而目前传统的污水处理工艺（一级和二级处理）对大部分的 PPCPs 去除效果甚微，部分物质甚至还会出现负去除的现象。污水处理工艺的去除效果与 PPCPs 化合物的特性（如亲水性、溶解性、可生物降解性等）紧密相关，因此配套三级深度处理工艺，强化去除效果是十分必要的。有效深度处理技术主要包括高级氧化和膜过滤 2 种。其中高级氧化技术主要有臭氧氧化、芬顿氧化、催化氧化等多种方式，但往往运行费用较高；膜过滤则主要是微滤、超滤、纳滤等技术的应用，纳滤/反渗透的膜尺寸与 PPCPs 的分子量较为匹配，其应用研究较多。

饮用水处理中，混凝、沉淀和过滤等常规处理工艺主要是物理化学过程，对去除痕量的 PPCPs 效果不佳，因此也需要采用深度处理工艺进行强化。研究表明，活性炭吸附是较为有效的一种技术，粉末活性炭和粒状活性炭都可以高效去除绝大多处 PPCPs。而生物处理去除效果则并不稳定，这可能与 PPCPs 种类繁多、物质性质差异较大，且微生物只对特定物质具有降解能力有关。其次，高级氧化技术和膜技术也是有效提升去除效率的一种选择。

2.5　持久性有机污染物

2.5.1　概念

持久性有机污染物（persistent organic pollutants，POPs），是指半衰期很长，能持久存在于环境中，通过食物链累积，对人类健康和环境造成有害影响的化学物质。POPs 主要包括多环芳烃、多氯联苯、有机氯农药、多溴联苯醚、全氟化合物、多氯代二苯并二噁英和多氯代二苯并呋喃等物质,并且随着检测技术的发展不断有新型的POPs被发现。

POPs主要有以下特点:①持久性/长期残留性。POPs分子结构稳固,化学键能大,不易与其他物质反应,具有化学分解、生物分解和光解抵抗能力,所以在自然环境中很难被降解,会长期停留在水体、大气和土壤等多种环境介质,需要数月甚至几年的时间才能转化为其他无毒或低毒性物质。②全球传输性。绝大多数POPs为半挥发性物质,在环境温度下就可以从水体和土壤中直接挥发到空气中,借助大气运动、径流、颗粒物吸附等方式进行长距离传输,到达远离其排放地点的区域。因此POPs广泛分布在水、土壤、沉积物和大气中,在基本无工农业生产、无使用有机污染物的极地地区、高山冰川中都能检测到POPs的存在。③生物富集性。POPs是非极性和弱极性的有机污染物,醇-水分配系数普遍较高,很难溶于水但易溶于脂肪中,因此易被植物吸收和在生物中蓄积,而且因生物体对其难以进行排泄、代谢和分解,其毒性可在食物链中蓄积并逐级放大,位于生物链顶端的人类最终可把毒性放大至数万倍。④高毒性。POPs一般均具有高毒性,是典型的"三致物质",POPs会抑制人体免疫系统的正常反应,使巨噬细胞失去活性,降低对病毒的抵抗力,其次POPs会干扰人体内分泌系统,通过与雌激素受体结合,影响受体的活动,破坏体内正常的内分泌,导致糖尿病、新生儿缺陷、阻碍儿童健康生长、男性雌性化和女性雄性化。此外,POPs还会引起一些器官组织病变,促进肿瘤生成和扩散。

2.5.2　来源

POPs主要来源于农药、工业化学品和生产副产物。农药类POPs主要为艾氏剂、狄氏剂、异狄氏剂、氯丹、七氯、灭蚁灵、毒杀酚、滴滴涕等,主要用于植物灭虫,这些物质在杀灭害虫的同时进入动植物体富集,并最终危害人类健康;工业化学品类POPs主要为多氯联苯、多氯代萘、多溴联苯醚和全氟化合物等,这些物质主要作为卤素阻燃剂,用于变压器、电容器、高压电缆、油漆和灭火材料的生产;生产副产物类POPs主要为多环芳烃、二噁英和呋喃等,是工业生产和燃料燃烧过程中的副产物。

2.5.3　危害

自20世纪60年代以来,POPs曾在全球范围引发多起严重的恶性事件。1968年日本的"米糠油事件"和1978年中国台湾彰化地区的"米糠油事件"都是由于食用受多氯联苯污染的食物而导致中毒的事故,这两起事故分别造成数十人死亡、数千人中毒,许多中毒者在多年后仍产下畸形的婴儿。1976年,意大利伊克摩萨化工公司发生爆炸泄漏出二噁英,导致当地许多儿童出现中毒现象,并且在此后几年不断出现畸形儿。而1999年的"比利时鸡污染事件",则是二噁英污染饲料导致大量的鸡肉、鸡蛋、牛肉、牛奶、猪肉等食品二噁英含量严重超标,从而引起全球消费者的恐慌,造成了数亿美元的损失。2004年,美国EPA指控杜邦公司在"特氟龙"制造过程中所释放出的主要成分全氟辛酸,造成公共水域和居民饮用水水源污染(全氟化合物由于具有肝毒性、胚胎毒性、生殖毒性、神经毒性,被美国EPA列为"疑似"致癌物质)。

2.5.4　现状

我国作为工农业生产大国,曾经大量地生产使用 POPs。水是 POPs 的重要载体,水体的流动会加速污染的扩散。相关学者对国内各地江河、湖泊、地下水和大气降水中 POPs 的情况进行了调查,多个地方均发现了 POPs 的踪迹(主要污染物包括有机氯农药、多环芳烃、全氟化合物和多溴联苯醚等,浓度多在 ng/L 级别)。科学家们对 POPs 在全球范围分布开展调查研究,在北极的环境中和北极熊等动物体内检测到有机氯化合物,还发现爱斯基摩女性母乳中有机氯化合物的浓度高于魁北克南部的女性,而在南极企鹅体内也检测到了滴滴涕及代谢物。以上种种现象均表明 POPs 具有全球性的危害。

2.5.5　处理技术和应对措施

POPs 处理技术主要包括填埋、焚烧、热解吸等(其适用范围见表 2-5),这类方法主要针对土壤、固废和高浓度废液等,且由于成本高、去除不彻底、对不同污染物去除的广谱性不强,有可能还会造成二次污染。而水体中 POPs 种类繁多,在环境内的浓度较低,采用上述方法在技术和经济上都存在很大困难。

表 2-5　POPs 主要处理技术

技术名称	适用范围
安全填埋	被 POPs 污染的建筑物、土壤等
深井灌注	液态 POPs 废物
原位玻璃化	POPs 废物和污染土壤
高温焚烧	各种 POPs 废物
水泥窑共处置	各种 POPs 废物,尤其是液态废物
热解吸	被 POPs 污染的土壤
碱催化脱氯	含卤有机 POPs 废物
碱金属还原	含卤有机 POPs 废物
超临界水氧化	有机物含量 20% 以下的 POPs 废物

现阶段研究方向主要是光降解技术,但现在仍处于试验阶段,应用于实际工程,存在一定的技术难度。

鉴于 POPs 的全球危害性和巨大的处理成本,国际社会针对持久性有机污染物问题采取了一系列跨国、跨区域的合作行动。

2001 年 5 月 23 日,91 个国家的代表在瑞典通过了《关于持久性有机污染物的斯德哥尔摩公约》(简称《公约》),并于 2004 年 5 月 17 日正式生效,目前已有 182 个国家和地区加入。《公约》要求各缔约方采取措施,防止和管制那些呈现持久性有机污染物特性的新型农药和工业化学品的生产和使用。首批被《公约》管控的 POPs 有 12 种,随后又有 16 种 POPs 被加入到管控名单(表 2-6)。

我国于 2004 年 6 月加入《公约》。2007 年 4 月,国务院批准了《中华人民共和国履行

〈关于持久性有机污染物的斯德哥尔摩公约〉国家实施计划》。

表 2-6 POPs 管控名单

首批管控 POPs	新加入 POPs
艾氏剂(农药),氯丹(农药),狄氏剂(农药),异狄氏剂(农药),七氯(农药),六氯苯(农药/工业化学品),灭蚁灵(农药),毒杀芬(农药),多氯联苯(工业化学品),滴滴涕(农药),多氯二苯并对二噁英(副产物),多氯二苯并呋喃(副产物)	α-六氯环己烷(农药/副产品),β-六氯环己烷(农药/副产品),十氯酮(农药),六溴联苯(工业化学品),六溴环十二烷(工业化学品),六溴二苯醚和七溴二苯醚(工业化学品),六氯丁二烯(工业化学品/副产物),林丹(农药),五氯苯(农药/工业化学品/副产物),五氯苯酚及其盐和酯类(农药),全氟辛基磺酸及其盐类和全氟辛基磺酰氟(工业化学品),多氯萘(工业化学品/副产物),硫丹及其异构体(农药),四溴联苯醚和五溴联苯醚(工业化学品),十溴二苯醚(工业化学品),短链氯化石蜡(工业化学品)

2.6 农药类物质

2.6.1 概念

农药通常是指用于预防、控制危害农业、林业的病、虫、草、鼠和其他有害生物以及有目的地调节植物、昆虫生长的化学药品,也包括来源于生物或其他天然物质的制剂。农药保障了农业和林业的生产,为世界经济发展做出了重要贡献。但是,农药的大量使用使其在环境中残留,带来了环境污染和健康问题。农药通过降雨、灌溉、水土流失等方式渗入自然水体中,水体农药污染已经成为一个受世界关注的问题,也是供水企业需要面临的水质安全风险之一。

2.6.2 分类

农药的种类很多,根据不同性质可作不同的分类。按用途,主要分为杀虫剂、杀菌剂、杀螨剂、除草剂、植物生长调节剂等;按原料来源,可分为有机农药、无机农药和生物农药;按化学结构分类,则主要包括以下几大类。

(1)有机氯农药:含氯元素的有机农药,常见品种包括六六六、滴滴涕等。此类农药的蒸气压低、挥发性弱、结构稳定,因而极易在环境中残留成为环境持久性有机污染物。同时,有机氯农药能通过食物链富集,危害环境和人类健康。因此,很多有机氯农药被列入了环境优先控制污染物,被各国禁止使用。

(2)有机磷农药:主要为硫代磷酸酯类农药,常见品种包括敌敌畏、马拉硫磷、乐果、对硫磷等。这类农药品种多、用途广泛、药效好,在人体和动物体内一般不积累。但也有一部分农药的危害较大,如甲胺磷、对硫磷、甲基对硫磷等,此类农药已经在国内禁止使用。

(3)氨基甲酸酯类农药:氨基或亚氨基直接与甲酸酯的羰基相连的农药,常见品种包括涕灭威、灭多威、涕灭砜威等。这类农药具有选择性强、高效、广谱、对人畜低毒、易分解和残毒少的特点,在农业、林业和牧业等方面得到了广泛的应用。该类农药大部分都不是剧毒物,毒性相对于有机磷和有机氯农药更低,但具有"三致作用"(致突变、致畸和致癌作用),也不可被忽视。

(4)拟除虫菊酯类农药:从天然除虫菊素衍生而来的特殊酯类农药,常见品种包括溴氰菊酯、氯氰菊酯、氟氰菊酯等。该类农药具有高效、广谱、低残留、无蓄积作用等优点,是使用最多的一类杀虫剂,其杀虫毒力比有机氯、有机磷、氨基甲酸酯类提高 10～100 倍。在生产和使用中也会通过呼吸道和皮肤吸收等途径进入人体,从而导致急性中毒。

(5)酰胺类农药:含有酰胺结构的农药,常见品种包括甲草胺、乙草胺、异丙甲草胺等。该类农药是目前世界使用最广泛的除草剂之一,品种繁多,具有高效、低毒、经济等优点。该类农药的大量使用也会带来环境污染问题,同时部分农药具有基因毒性,危害人类健康。

(6)三嗪类农药:含有三嗪结构的农药,常见品种包括莠去津、特丁津、西玛津、赛克津、草净津等。该类农药具有广谱、高效、成本低、适用周期长等特点,是最早在农业生产中发挥重要作用的传统除草剂之一。由于其用量较大、残留较长,极易造成环境和地下水的污染。这引起了农药管理机构的关注和担忧,一些国家和地区限制甚至禁止它们的使用。目前,该类农药的使用量逐年下滑,部分品种逐步被其他新型除草剂所取代。

(7)苯氧羧酸类农药:含有苯氧羧酸结构的农药,常见品种包括 2,4-滴、2,4-滴丙酸、2,4,5-涕等。该类农药是第一类投入商业生产的选择性除草剂,具有杀草谱宽、高效、价格低等优点,并能够调节植物生长。迄今为止,仍然是重要的除草剂品种之一。苯氧羧酸类农药极性较强,易溶于水,能够在地表径流迅速扩散,导致大面积的环境污染。尽管它的毒性属于中低,但其代谢产物也会对环境和人体健康带来危害,因此其使用后的残留问题也一直备受关注。

2.6.3　来源

水体中农药的来源主要通过 3 种途径:一是土壤中残留的农药通过地表径流进入水体中,农药会随地表径流由农田向地表水迁移,其流失量取决于很多因素,包括土壤性质、地形、气候、农业措施和农药本身的物理化学性质;二是分散到空气中的农药扩散,并通过降雨进入水体中;三是工业生产环节所产生的农药废液被直接排放到环境水体中。此外,农药运输过程中发生突发泄漏事故,也会导致农药进入到江河湖海等环境水体中。

2.6.4　危害

研究表明,农药在使用后只有不到 30% 停留在作物上发生效用,大部分残留在土壤或分散到空气中。农药通过地表径流和雨水进入水体后,会给水生生物和人类的健康带来严重的危害。水生生物对农药极为敏感,会产生如亚急性毒性、急性毒性、慢性毒性、生态毒性等中毒反应,甚至大量死亡。同时,由于农药大部分属于有机物,亲脂性比较强,特别容易在生物体内富集,并最终通过食物链的富集作用影响人类的健康。人一旦食用了被农药污染的水生动物或水,轻者表现为头痛、头晕、恶心、腹痛等,重者出现痉挛、呼吸困难、昏迷甚至死亡。由于部分农药属于环境持久性污染物,即使是低浓度农药残留,也可能引发慢性中毒。同时,很多农药具有三致效应(致突变、致畸、致癌),容易诱发癌变,危害人类健康。

2.6.5   现状

西方发达国家很早就开展了水体农药污染情况的调查和研究。其中,美国在水体农药污染的水平、特点、规律及预测评价方面的研究工作起步较早。早在1991年,美国地质调查局(United States Geological Survey,USGS)就开始实施国家水质评价计划,对美国50个州的地表水和地下水中的农药残留进行监测,该项工作较为全面地反映了美国水体农药污染现状。根据USGS的结果,美国环境水体中检出量较高的农药主要包括4大类品种:有机磷、三嗪类、酰胺类和氨基甲酸酯类。其中,检出的除草剂主要有莠去津、异丙甲草胺、2,4-滴、草甘膦、乙草胺等;检出的杀虫剂主要有毒死蜱、特丁磷、甲基对硫磷、马拉硫磷、西维因等。同时,河流中农药的浓度遵循明显的季节变化规律,影响季节变化规律的主要因素包括农药用量、使用时间和影响农药向地表水迁移的水文因素等。

意大利、西班牙、法国、英国和德国等欧洲国家,均有水体中被检出农药的相关报道。这些国家水体的总体检出情况与美国相似,但是有机磷类杀虫剂的检出品种多于美国,且检出浓度高于美国,这与欧洲国家使用的农药品种与使用量有关。其中,除草剂主要是莠去津、西玛津、异丙甲草胺、甲草胺、禾草特、特丁津检出率较高;杀虫剂主要是有机氯和有机磷类检出率较高,包括二嗪农、甲基对硫磷、杀螟硫磷、马拉硫磷和林丹等。

我国的自然水体存在不同程度的农药残留问题。与西方发达国家的主要差别在于农药品种的差异,且我国不同地区检出的农药品种也不尽相同(表2-7)。

表 2-7   中国区域流域主要检出农药品种

农药类别	区域流域		
	长江流域	珠江流域	黄淮海和松辽流域
有机氯类	滴滴涕、六六六	滴滴涕、六六六、艾试剂、环氧七氯	滴滴涕、六六六、六氯苯
有机磷类	马拉硫磷、三硫磷、碘依可酯	马拉硫磷	马拉硫磷
氨基甲酸酯类	克百威、仲丁威	克百威、仲丁威异丙威	克百威、涕灭威
拟除虫菊酯类	氰戊菊酯	三氟氯氰菊酯、联苯菊酯	三氟氯氰菊酯
酰胺类和三嗪类	丁草胺、莠去津	乙草胺、丁草胺、异丙甲草胺	乙草胺、丁草胺、异丙甲草胺、莠去津、西玛津

就整体而言,不同区域的农药残留与当地的农业结构有着密切的关系。长江流域是水稻等经济作物主产区,有机磷(碘依可酯、三硫磷)、氨基甲酸酯类(克百威、仲丁威)以及部分拟除虫菊酯类农药(氰戊菊酯)有检出;珠江流域水体中主要检出有机氯和有机磷,且由于

沿线多为工业区,农药浓度相对较低;黄淮海流域和松辽流域是我国主要的玉米、棉花、大豆和小麦产区,主要检出酰胺类(乙草胺)和三嗪类(莠去津)农药。中国对水体农药污染的调查和研究工作尚处于起步阶段,这与西方发达国家存在一定差距。因此,我国有必要开展更为全面、系统和长期的农药污染监测行动,根据水体农药的使用品种、浓度、季节变化规律,以及水体农药的时空分布特点,建立水中农药残留的风险评估体系,以便对全国水体农药污染进行全面管理和控制。该风险评估体系亦可为实施有效的饮用水源地环境管理提供科学依据,保护人体健康。

2.6.6　处理技术

针对源水发生农药污染的突发事件,应优先在原位控制或者在水体流动过程中采取相应的措施(如投加粉末活性炭等),尽可能阻止被农药污染的水进入水厂。如果不能阻止农药达到取水点,应立即采取停止抽水、切换水源等方式,尽最大可能减少取用受到农药污染的水源水。

由于农药物质通常为有机小分子,受到污染的水进入水厂后,常规的混凝、沉淀及过滤工艺并不能有效地去除农药物质。虽然通过增加混凝剂投加量的方式,可以部分改善处理效果,但也不能完全去除农药对水质的影响。因此,需要增加预处理或深度处理工艺才能确保水质达标。目前,水体中农药的去除工艺主要有吸附法、生物降解法、氧化法、光降解法、膜技术、微电解法、超声波诱导等。其中,吸附法和氧化法是自来水厂采用最多的方法。吸附法主要通过投加粉末活性炭,利用粉末活性炭发达的细孔结构和中孔结构以及巨大的比表面积吸附去除农药物质,后续加上强化混凝沉淀工艺,增强对农药这类小分子有机物的去除效果(如果再加上预氯化处理则去除效果更优)。氧化法是通过投加氧化剂,利用氧化还原反应去除农药物质,通常选用高锰酸钾、臭氧、过氧化氢、过碳酸钠、液氯与氯胺等氧化剂。在实际应用中则多采用氧化处理与粉末活性炭吸附联用工艺去除农药污染,确保水质能够完全达标。

2.7　综合评价指标

2.7.1　概念

综合评价指标,是用于评价水体中存在的新兴污染物对生物体产生的综合毒性效应和促进微生物再生长的潜在污染风险的一类综合性指标,分为急性毒性指标、慢性毒性指标及生物稳定性指标等。评价水体污染物整体水平的综合指标一般采用化学需氧量(COD)、生化需氧量(BOD)、总有机碳(TOC)等,然而,这类综合指标无法评价水环境污染物造成的生物毒性效应和潜在污染风险,尤其是新兴污染物对COD、BOD的贡献极小,其所导致的水体危害无法通过COD、BOD等指标进行反映。因此,引用新兴污染物综合评价指标对水质进行评价,更能全面反映水环境的整体质量。

　　综合评价指标的检测方法通常采用生物监测法。生物监测法虽然无法准确定性定量某个污染物质及含量,但能反映污染物对生物体造成的整体毒性效应,现已逐渐成为水质理化检测的一种有效补充手段。

2.7.2　分类

　　新兴污染物综合评价指标主要包括急性毒性指标、慢性毒性指标和生物稳定性指标。急性毒性指标检测是以生物体接触水体出现的特定污染物时,所表现出的应激反应为原理。这种应激状态是由于生物体对外环境的不适应,从而表现出主动逃避的行为方式。可以借由生物体的生长抑制、运动图像或运动频率进行分析,由此可对水质的污染状况进行早期的预警。如使用斑马鱼暴露于一定浓度的农药类物质中,斑马鱼会表现出移动速度、游动高度、分散度等行为轨迹的变化。通过行为轨迹变化规律,便可以及时判断水质出现污染。国内外还有使用细菌发光法检测水体急性毒性物质,即以明亮发光杆菌或费氏弧菌作为受试菌株,由于这类细菌在一定波长范围内会产生荧光,当水体中存在毒性物质时会对细菌的细胞产生损害作用,从而降低发光细菌的发光强度。因此,可以通过发光强度的变化来判断水体的毒性程度:毒性越强,发光强度的衰减越多。

　　慢性毒性指标主要针对水体中 DBPs、PPCPs、EDCs 等新兴污染物对生物体的毒性。因为该类新兴污染物对生物体产生的是慢性毒性,生物体长期暴露在这类毒性物质中,将其累积在体内,从而引发相应的病变,这即是三致效应(致突变、致畸、致癌),即使在污染物浓度很低的情况下,仍可对生物体产生长远的影响。由于通常水中存在多种化学污染物,三致效应一般由多种化学污染物共同作用的结果,这种生态效应的作用机制比较复杂,目前,普遍使用致突变性指标来评价水中该类污染物对生物体的危害程度。检测水体致突变性指标已有多种手段,如使用微核技术设计的蚕豆根尖微核试验检测水体中的致突变物,从而评价水环境污染水平及对生物的危害程度;利用细菌回复突变原理设计的污染物致突变性试验(Ames 试验)来检测污染物诱导生物体内 DNA 水平的基因突变;利用鲭鳉鱼的卵黄蛋白原的启动子基因与绿色荧光蛋白(GFP)基因构建重组质粒来判断水体中雌激素的总量。还有其他方式如 SOS 显色技术、姊妹染色体交换(SCE)测定技术、彗星试验、非程序 DNA 合成(UDS)技术等,均可用于评价水体中新兴污染物诱导的生物致突变性程度。

　　生物稳定性指标主要包括生物可同化有机碳(AOC)及生物可降解溶解性有机碳(BDOC)。AOC 是指能被微生物利用合成微生物细胞的有机物,能为饮用水异养细菌的再生长提供主要的碳源,是 BDOC 的一部分(30%～40%)。BDOC 是指可以被异养微生物利用的溶解性有机碳(DOC)的浓度,是水中细菌和其他微生物新陈代谢的物质和能量的来源,包括其同化作用和异化作用的消耗,因此 BDOC 是细菌合成代谢和分解代谢对有机物消耗的总和。只有控制出厂水 AOC 和 BDOC 的含量在一定的浓度范围内,才能有效防止管网中细菌的再生长。

2.7.3　处理技术

　　对致突变性指标的去除效果主要是以诱发回变率(MR)的降低进行衡量。有研究报道,原水使用臭氧-生物活性炭工艺处理,对水中致突变物有较好地去除效果,出水 MR 值比原水可降低 53.9%。

研究表明,常规工艺对于 AOC 没有明显的去除效果,出厂水 AOC 较原水浓度反而升高。在原有常规工艺基础上前端增加臭氧预氧化,后端增加臭氧-生物活性炭工艺,经炭滤池的吸附与生物降解作用,AOC 的去除效果非常明显。

BDOC 有机物的分子量要比 AOC 大,使用常规的混凝、沉淀工艺就能使 BDOC 有所下降,如果后端经过臭氧-生物活性炭工艺,对 BDOC 的去除效果更为明显。另外,有研究者使用纳滤工艺比较 BDOC 和 AOC 的去除效果,发现绝大部分 AOC 可以通过纳滤,基本不能被去除,而对 BDOC 的去除效果却能达到 95%。

样品前处理技术

样品前处理技术直接影响分析测定的可靠性、灵敏度和分析速度,是决定方法分析性能的重要因素。从水体中分离富集有机微污染物的前处理技术有多种,目前应用较多的是液液萃取(liquid-liquid extraction,LLE)、液相微萃取(liquid phase microextraction,LPME)、固相萃取(solid phase extraction,SPE)、固相微萃取(solid phase microextraction,SPME)、顶空(headspace,HS)、吹扫捕集(purge and trap,PT)等。

3.1　液液萃取

液液萃取是利用目标分析物在溶剂中有不同的溶解度来实现分离的一种传统的前处理技术。影响液液萃取效果的因素有萃取溶剂、萃取溶剂的用量、盐度、pH 等条件。选择适当的萃取溶剂和流程,可以实现分离效果好、选择性高的萃取效果。

萃取水体中有机污染物常用的溶剂有:环己烷、正己烷、苯、甲苯、乙酸乙酯、二氯甲烷、醚等。不同溶剂适用的萃取目标物如表 3-1 所示。其中,二氯甲烷和苯毒性较大,具有致癌性,因此需要慎重选择,在操作过程中注意做好安全防护。

表 3-1　不同溶剂适用的萃取目标物

溶　剂	萃取目标物
正己烷、环己烷	脂肪族碳氢化合物等非极性物质
苯、甲苯	芳香族化合物等非极性、弱极性物质
醚、乙酸乙酯	含氧化合物等强极性物质
二氯甲烷	非极性到极性的宽范围化合物都有较高萃取率

在液液萃取过程中可以通过改变样品 pH 实现对目标物的选择性萃取。当 pH 较小、水体呈酸性时,碱性物质在水中主要以离子形式存在,不能被有机溶剂萃取,因而此时更有利于酸性物质的萃取;相反,当 pH 较高、水体呈碱性时,则有利于碱性物质的萃取。

另外,针对具有一定水溶性的物质,可以通过调节水体盐度来提高萃取效率。通常情况下,在水体中添加一定浓度的氯化钠可以降低有机化合物的溶解度,从而有利于提高萃取效率。

在检测水体中有机污染物的应用中,液液萃取有许多局限性:其主要针对的是难挥发或半挥发性有机化合物,操作烦琐、费时且需要耗费大量的有机溶剂,易对环境造成二次污染。此外,在萃取污染物浓度较高的水样过程中易产生乳化或沉淀现象,重现性较差,对痕量有机物的富集效果不理想。近年来,液液萃取技术应用于新兴污染物萃取方面的研究甚少。

3.2　液相微萃取

液相微萃取是一种微型化的绿色样品前处理技术,它基于目标分析物在毫升级的样品溶液和微升级的萃取溶剂之间的分配,实现目标分析物从复杂样品基体中的分离和富集。

与液液萃取相比,液相微萃取具有操作简单、溶剂消耗量少、成本低、富集倍数高等优点。影响其萃取效果的因素有萃取有机溶剂及其体积、萃取时间、盐浓度、搅拌速度等,其中萃取有机溶剂的选择最为重要,主要有以下几个方面的要求:①萃取有机溶剂应该对待测目标物质有良好的溶解性能,以确保足够高的浓缩倍数和较少的萃取时间。②有机溶剂要具有合适的黏度。如果黏度太低,萃取溶剂将很难悬浮在进样针底部;若黏度太高,进行液相微萃取操作时比较难操作。更为严重的是,进样后溶剂会黏附在毛细管的内壁,从而影响待测目标物质的有效分离。③萃取溶剂的挥发性较低,从而萃取时尽可能地避免溶剂的损失。④用中空纤维液相微萃取时,所选溶剂必须与中空纤维的材质兼容,且在水中的溶解度要小。

液相微萃取的主要萃取模式包括单滴液相微萃取、中空纤维液相微萃取和分散液液相微萃取3种基本形式。除此之外,还有多种扩展形式,如中空膜三相液液微萃取可与固相微萃取技术相结合,形成液液固三相微萃取或动态液液固微萃取的技术。

有研究者将液相微萃取技术与液相色谱、液相色谱/质谱等仪器联用,实现对水体中氯酚类化合物、药物类(如克霉唑、非甾体抗炎药、他汀类等)等微污染物的检测。目前,液相微萃取技术在水环境检测中主要应用于科学研究领域,在检测实验室内的实际应用案例较少,有待进一步商品化推广及应用。

3.3　固相萃取

固相萃取技术首次由 Stonge 等于 1979 年提出,近年来发展迅速。其原理为:利用选择性吸附与选择性洗脱的液相色谱法分离原理,使液体样品溶液通过吸附剂,保留其中被测物质,再选用适当强度溶剂冲去杂质,然后用少量溶剂迅速洗脱被测物质,从而达到快速分离净化与浓缩的目的。也可选择性吸附干扰杂质,从而让被测物质流出;或同时吸附杂质和被测物质,再使用合适的溶剂选择性洗脱被测物质。

与液液萃取相比,固相萃取溶剂用量少,处理过程中不会产生乳化现象,操作简单,易于自动化,可以同时处理多个样品。但其存在以下缺点:①在处理高浓度未知样品时,可能会发生柱穿透,影响测定结果的准确性。②需要多步操作,水样过柱速度对富集效率影响较大,样品前处理时间较长。③对于杂质多的样品,容易发生堵塞现象。

为克服普通固相萃取流量慢和易堵塞的缺点,圆盘固相萃取技术应运而生。圆盘固相萃取技术增加了萃取剂的截面积,加快了水样流速,缩短了萃取时间,提高了样品的富集倍数及方法的灵敏度。

目前固相萃取技术均已实现了大规模商品化。萃取柱、萃取盘和固相膜等材料丰富多样,手动固相萃取仪、全自动固相萃取仪和在线固相萃取等萃取方式成熟稳定。检测人员可根据待测物的物理化学性质及实验室内部条件,选择最佳的萃取材料和萃取方式。

得益于固相萃取技术的商业化发展,其在水环境检测领域的应用也越来越广泛。固相萃取技术与气相色谱仪、气相色谱-质谱仪、液相色谱仪、液相色谱-质谱仪等联用可以实现对多种水体微污染物的检测,如酰胺类除草剂、多环芳烃、抗生素、内分泌干扰物等。

3.4 固相微萃取

固相微萃取是 20 世纪 90 年代发展起来的无须使用有机溶剂的样品前处理技术。该方法根据相似相溶原理,结合目标组分的沸点、极性和分配系数,通过选用具有不同涂层材料的纤维萃取头,使分析物在涂层和样品基质中达到分配平衡来实现采样、萃取和浓缩的目的。

固相微萃取操作方式可以采用浸入液体样品或顶空萃取 2 种方式富集被测物质。由于直接浸入液体样品模式不仅灵敏度低,而且会缩短萃取纤维和色谱柱的使用寿命,易污染气相色谱仪进样口,因而几乎所有的研究均采用顶空模式。顶空模式是将萃取纤维置于密闭液体样品上方,故而该方法适用于易挥发或半挥发类有机物。由于萃取纤维不与水样直接接触,没有阻碍萃取的水膜,因而能够缩短萃取时间,保护萃取涂层,延长萃取纤维的使用寿命。

与固相萃取相比,固相微萃取具有操作简单、快速、稳定性好、无须使用有机溶剂、样品用量少、重现性佳、灵敏度高的优点,是集萃取、浓缩、解吸、进样于一体的新型样品前处理技术,易于实现自动化,可与气相色谱仪、气相色谱-质谱仪等直接联用。其缺点是,顶空萃取温度和萃取头距离液面的高度会影响实验重复性,对进样技术要求较高,需要配备专门的自动顶空固相微萃取装置,使用成本较高。

固相微萃取技术在水环境检测领域中,主要应用于挥发或半挥发类有机物的萃取。目前研究较多的水体异味物质,多数借助固相微萃取技术实现同时检测几种甚至几十种异味化合物。也有研究者利用固相微萃取技术与气相色谱-质谱仪联用检测水体中有机氯农药类、有机锡化合物、苯酚、苯胺等。

3.5 顶空

顶空法是从 20 世纪 60 年代发展起来的一种样品前处理技术,主要适用于痕量挥发性有机物的萃取。该方法对有机物的萃取效率及速度的影响主要取决于待测物在固相或液相与气相中相应的分配系数,即达到平衡时待测物向气相中迁移的量越多,方法的灵敏度就越高。故该方法的灵敏度提升方式包括添加基体改进剂(如氯化钠等)或者升高平衡温度来调节待测物在气相-固(液)相中的分配等。

顶空法具有操作简单、快速,能降低基体干扰、无须使用有机溶剂、可直接与气相色谱仪、气相色谱-质谱仪联用等优点,因此,成为痕量挥发性有机污染物检测常用的样品前处理技术。

3.6　吹扫捕集

吹扫捕集法最早可追溯到 20 世纪 70 年代。与顶空法分析平衡态的顶空样品有所不同,吹扫捕集法是用流动的惰性气体将分析物从样品中吹脱出来并吸附在捕集器上,然后将捕集器加热,再用氦气将吸附在捕集器上的分析物解吸出来。该方法可以通过加盐、增加水样取样量及提高吹扫温度来提高方法灵敏度,并实现自动连续分析样品,相比顶空法具有平衡时间短、灵敏度高、重现性好的优点。

目前,吹扫捕集法被广泛应用于水中挥发/半挥发性有机物的检测,与气相色谱仪、气相色谱-质谱仪联用检测水中挥发/半挥发性有机物的分析方法已被国内外收录为标准检测方法。

检测技术

4

新兴污染物在水中含量极低(浓度一般在 ng/L～μg/L),其存在形态受到复杂环境的影响,因此对分析检测技术提出了更高要求。针对水中新兴污染物的检测,目前应用较为广泛的主要有气相色谱法、气相色谱-质谱联用法、液相色谱法、液相色谱-质谱联用法及其他检测方法。

通常情况,我们需要根据新兴污染物的物理化学性质选择合适的检测方法。如针对挥发/半挥发性有机物,选择气相色谱法、气相色谱-质谱联用法;针对难挥发性、强极性、热不稳定性有机物,选择液相色谱法、液相色谱-质谱联用法;针对异味物质,还可以选择感官分析法、感官气相色谱法;针对新兴污染物的生物毒性和生物稳定性指标还可以选择生物监测法。本章将针对以上检测技术进行概述。

4.1 气相色谱法

气相色谱法(gas chromatography,GC)经过了半个多世纪的发展,已经成为世界上应用最广泛的分析技术之一。其主要原理是利用物质的沸点、极性及吸附性质的差异来实现混合物的分离,分离后的组分经过检测器转变为电信号,电信号的大小与被测组分的量或浓度成正比。按照出峰的先后顺序,经过与标准物质进行对比可以对待测物进行定性,根据峰高度或者峰面积可以计算出各组分含量。

气相色谱法根据待测物的性质选择不同的检测器进行检测。如利用电子捕获检测器(ECD)检测水中硝基苯类、有机氯农药类有机物等;利用火焰光度检测器(FPD)检测水中有机磷农药类有机物、烷基汞等。然而,气相色谱法不能直接进水样,需要借助液液萃取、固相萃取、固相微萃取、吹扫捕集、顶空法等前处理技术,将待测物从水相中转移成有机介质才能进行上机检测。因此气相色谱法的准确度与前处理方式密切相关。另外,对于极性较强或沸点偏高(沸点高于毛细管柱耐受温度)的物质,还需要进行衍生化处理。如水中卤乙酸的检测,因卤乙酸的极性强,需衍生形成卤代乙酸甲酯方可进行上机检测。由于大多数水中微污染物为低浓度、难挥发、热不稳定化合物,气相色谱法的应用范围受到一定程度的限制。

4.2　气相色谱-质谱法

气相色谱-质谱法(gas chromatography-mass spectrometry,GC-MS)是利用气相色谱作为质谱的进样系统,使复杂的化合物组分得到分离,利用质谱仪作为检测器进行定性和定量分析的一种检测技术。

GC-MS结合了气相色谱仪的分离效果和质谱仪的定性分析功能,在水质检测领域中应用非常广泛,是比较理想的分离与鉴定同步进行的分析方法。尤其是在分析水中未知微污染物的情况下,通过获得丰富的质谱碎片离子,与标准质谱图数据库进行检索和比对,提高了定性的准确度,适用于多组分混合体系的分析,可定性、定量分析小分子、易挥发、半挥发、热稳定性好的化合物。如利用GC-MS同时分析水中多种挥发性/半挥发性有机物、有机氯农药类、多氯联苯类、苯胺类化合物等。

气相色谱-串联质谱法(gas chromatography-mass spectrometry-mass spectrometry, GC-MS-MS)是20世纪70年代初发展起来的质谱技术。它从一级质谱中选择一个或多个特定的母离子进行二次分裂,对产生的子离子碎片进行检测,从而得到二级质谱图。二级质谱图比一级质谱图相对简单,最大限度地降低了基体干扰,提高了选择性和灵敏度。GC-MS-MS相当于在GC-MS的基础上增加子离子的图谱信息,结构解析和定性能力更为突出,适用于复杂基体的定性、定量分析(如利用GC-MS-MS分析水中多氯联苯类、多环芳烃类、环境激素类化合物等)。但是因为GC-MS-MS价格昂贵,且对操作人员的要求较高,目前主要应用于水质检测的基础研究,在实际应用中没有GC-MS普及范围广。

GC-MS是分析水体中痕量污染物的常用检测技术,然而其应用范围也有一定的局限性:GC-MS(包括GC-MS-MS)的分析对象限于在300℃左右及以下可以汽化且能离子化的样品;在加热过程中易分解的、极性太强的化合物,如有机酸类等,则需要进行衍生化处理才可进行分析;如果样品不能汽化也不能衍生化,则需采取液相色谱-串联质谱法或其他方法分析;另外,很多异构体(尤其是位置异构)亦无法被分辨。

4.3　高效液相色谱法

高效液相色谱法(high performance liquid chromatography,HPLC)是以高压下的液体为流动相,并采用颗粒极细的高效固定相色谱柱对待测物进行分离,最后进入检测器,检测信号由数据处理器采集并处理形成色谱图。HPLC对待测物的分离原理同气相色谱一样,也是溶质在固定相和流动相之间进行连续多次交换的过程,利用溶质在两相间的分配系数、亲和力、吸附力或分子大小不同而得以分离。与GC相比,HPLC对样品的适用性更广,不受分析对象的挥发性和热稳定性的限制。据统计,80%的有机化合物可用HPLC分析。HPLC在水质检测中的应用已非常广泛,如检测水中农药类、酚类、多环芳烃类等化合物。其缺点是在进样器、柱接头、连接管和检测池等存在"柱外效应",导致色谱峰加宽,柱效率降低。另外,流动相需要使用大量的有机溶剂,环境友好性较差。

4.4　液相色谱-质谱法

液相色谱-质谱法(liquid chromatography-mass spectrometry,LC-MS)是以液相色谱作为分析系统、质谱为检测系统的一种检测技术。样品在液相色谱部分和流动相分离,被离子化后经质谱的质量分析器将离子碎片按质量数分开,再经检测器记录从而得到质谱图。目前质谱仪主要有四极杆质谱、离子阱质谱、飞行时间质谱、傅里叶变换质谱等,水质检测常使用三重四极杆质谱仪。

液相色谱-串联质谱法(liquid chromatography-mass spectrometry-mass spectrometry,LC-MS-MS)是指液相色谱与一级质谱、二级质谱、多级质谱间的联用技术。目前,国内外常用液相色谱-串联二级质谱技术。串联质谱与单级质谱相比能明显改善信噪比,具有更好的选择性,灵敏度更高,抗干扰能力更强,更适合复杂样品的分析。

LC-MS 和 LC-MS-MS 集高效分离和多组分定性、定量于一体,对高沸点、难挥发性、热不稳定性化合物的分离和鉴定具有独特优势,成为近年来分析领域中一种重要的检测技术。与 HPLC、GC 相比,LC-MS 和 LC-MS-MS 前处理方法相对简单,基质干扰小,方法灵敏度高,且兼分离、定量、定性于一体,检测效率高。与 GC-MS 相比,LC-MS 和 LC-MS-MS 可用于强极性、难挥发、热不稳定性化合物的检测,检测对象更为广泛。

LC-MS 和 LC-MS-MS 在水质检测中应用非常广泛,如农药类、激素类、抗生素类、持久性有机污染物等较复杂污染物的检测。随着现代化检测仪器的推广普及,LC-MS 和 LC-MS-MS 在分析检测中发挥的作用越来越突出,许多应用 LC-MS 和 LC-MS-MS 检测技术的方法在地方标准、行业标准和国家标准中逐步完善起来。

4.5　感官分析法

感官分析法是对异味物质的感官评价,指依靠人为操作,通过品尝、嗅觉感受等方式对水中异味进行测定的方法。主要包括:嗅味强度指标法(OII)、嗅阈值法(TON)、嗅味等级描述法(FRA)和嗅觉层次分析法(FPA)等。

OII 是一种较早用于水体中嗅味评价的感官分析法。该法是在一定温度下将待测水样用无嗅水进行稀释,反复稀释一倍至刚好能感知气味的临界点时,由检测人员记录稀释次数的值,对水样的嗅味特征不描述。

TON 是国家环境保护总局《水和废水监测分析方法》(第四版)中的现行检测方法,是以水样被无嗅水稀释到嗅味刚好不被明显感知的临界点时的稀释倍数来表示嗅味的大小。

FRA 是《生活饮用水标准检验方法》(GB/T 5750—2006)和《城镇供水水质标准检验方法》(CJ/T 141—2018)中的现行检测方法。该方法通常用来评估日常饮用水的可接受性。水样采集后 6 h 内完成嗅的检测,检测人员依靠自己的嗅觉,在 20℃ 和煮沸后稍冷即闻其嗅,然后用适当的词句描述嗅味特征,并按 6 个等级报告嗅强度。

FPA 由 3～5 名分析人员组成嗅觉评价小组,分析人员按照方法培训文件定期进行培训,从而熟悉水中常见的异嗅类型,以及不同浓度范围内的异嗅强度特征。进行分析时,水样加热到一定温度使嗅味溢出,各分析人员先单独评价和测试水样的异嗅类型和异嗅强度等级,再共同讨论确定水样的异嗅类型,其中异嗅强度等级取平均值。近年来,我国已经开始推广使用该方法。

表 4-1 列出了以上 4 种异味感官分析法的检测技术应用情况及其优缺点。

表 4-1　4 种异味感官分析法应用情况及优缺点比较

方法名称	应用情况	优　点	缺　点
嗅味强度指标法(OII)	最早应用的技术,使用范围小	设备简单、易操作、检测范围广	致嗅物质容易挥发损失,数据可靠性差,重现性差;不能准确区分嗅味特征,可能会失去有用的信息
嗅阈值法(TON)	《水和废水监测分析方法》(第四版)的现行检测方法	设备简单、易操作、检测范围广;受个人影响小,具有一定的实用价值	难以准确区分嗅味特征;易挥发物质易损失,检测结果不够准确
嗅味等级描述法(FRA)	《生活饮用水标准检验方法》(GB/T 5750—2006)的现行检测方法	操作步骤简单、成本低廉;可直观表示水中嗅味强度	是一种粗略的定性描述;受检测人员影响大,重现性差;不能对嗅味物质进行精确的定性和定量
嗅觉层次分析法(FPA)	在欧美国家广泛使用,我国部分发达地区也有使用,APHA Standard Method 2170 现行检测方法,我国 2018 年纳入《城镇供水水质标准检验方法》	水样无须稀释,操作步骤简单;能够辨识水样中嗅味特征,可一定程度上定性定量检测;受个人影响小,具有实用价值;参比标准系列,结果准确可靠	对检测人员要求较高,须经专门培训

为了提高感官分析方法的辨识灵敏度,让取样—加热—嗅闻的整个过程便捷化和智能化,本研究团队研发了一种便捷、快速、高效、灵敏的嗅闻设备——嗅闻仪,用于辅助提升人工感官嗅闻的效率和灵敏度,可以更好地应对和处理水质异味事件。关于嗅闻仪的原理及使用情况将在检测篇第 5 章中进行详细介绍。

4.6　感官气相色谱法

感官气相色谱法(sensory GC)是用于异味物质检测的一种新型检测方法。气相色谱-质谱联用技术主要用于异味物质的定性识别和鉴定,无法分辨样品中的异味物质对样品异味贡献的大小。为了解决这一难题,研究人员将气相色谱的高效分离能力与人的高灵敏嗅觉相结合,建立了感官气相色谱分析方法。该方法在气相色谱仪的色谱柱后连接一个闻测杯,进样气体一部分流入检测器进行定性、定量检测,另一部分分流至闻测杯进行闻测,从而实现异味特征定性和定量分析。

作为一种有效的异味物质定性、定量识别方法,感官气相色谱法不仅在食品、饮料等行业得到了广泛应用,而且被越来越多地引入到水质检测领域。有研究人员利用感官气相色谱法成功解析出饮用水中引起鱼腥味,以及沼泽味的主要异味物质。

4.7 生物监测法

生物监测法是指利用生物个体、种群或群落的行为或生理特性的变化来反映水环境存在的污染物质,从生物学角度评估水体污染物对生物体产生的整体毒性效应以及潜在生物风险水平。生物监测法主要包括模式生物技术、基因工程技术和微生物接种培养技术。

经典的生物监测法选用模式生物(斑马鱼、拟南芥、大肠杆菌等)并将其暴露于一定浓度的污染物中,通过观察模式生物的生理或行为特征的变化来判断污染物的存在。例如,利用斑马鱼行为运动轨迹的变化规律,以判断水体农药类污染物的存在;利用拟南芥的生长发育状况,以判断水体 PPCPs 类污染物的存在。

随着分子生物学的发展,使用基因工程技术判断水体中特定污染物总量浓度的方法已逐渐被推广使用。有研究报道针对 EDCs 类污染物的检测:经过 PCR 扩增后的人雌激素受体基因与克隆载体进行连接和酶切后,再构建含有报告基因绿色荧光蛋白(GFP)的重组质粒,最后转化进酵母细胞内,通过把酵母细胞暴露于 EDCs 类物质中,重组质粒在 EDCs 类物质的激活下进行 GFP 表达,最终使酵母细胞发出绿色荧光。该方法以绿色荧光发光强度来表征水体 EDCs 类污染物的总量浓度。

微生物接种培养法用于检测生物可同化有机碳(assimilable organic carbon,AOC)和生物可降解溶解性有机碳(biodegradative dissolved organic carbon,BDOC),是评价水质生物稳定性的重要技术手段。

目前,生物监测法已逐渐成为理化检测的重要补充手段,并被应用于水质检测领域中。

参 考 文 献

[1] Alavanja M C, Hoppin J A, Kamel F. Health effects of chronic pesticide exposure: cancer and neurotoxicity[J]. Annu. Rev. Public Health, 2004, 25: 155-197.

[2] Alexandrou L, Meehan B J, Jones O A H. Regulated and emerging disinfection by-products in recycled waters[J]. Science of the Total Environment, 2018(637-638): 1607-1616.

[3] Antonopoulou M, Evgenidou E, Lambropoulou D, et al. A review on advanced oxidation processes for the removal of taste and odor compounds from aqueous media[J]. Water Research, 2014, 53(8): 215-234.

[4] Backer L C, Ashley D L, Bonin M A, et al. Household exposures to drinking water disinfection by-products: whole blood trihalomethane levels[J]. Journal of Exposure Science & Environmental Epidemiology, 2000(10): 321-326.

[5] Barek J, CvacKa J, Muck A, et al. Electrochemical methods for monitoring of environment carcinogens[J]. Fresenius Journal of Analytical Chemistry, 2001, 369: 556-562.

[6] Beyer A, Mackay D, Matthies M, et al. Assessing long-range transport potential of persistent organic pollutants[J]. 2018, 100(1/2/3): 20-26.

[7] Bond T, Goslan E H, Parsons S A, et al. A critical review of trihalomethane and haloacetic acid formation from natural organic matter surrogates[J]. Environmental Technology Reviews, 2012, 1(1): 93-113.

[8] Block J C, Mathieu L, Servais P. Indigenous bacterial inocula for measuring the biodegradable dissolved organic carbon (BDOC) in waters[J]. Water Research, 1992, 26(4): 481-486.

[9] Cantor K P, Villanueva C M, Silverman D T, et al. Polymorphisms in GSTT1, GSTZ1, and CYP2E1, disinfection by-products, and risk of bladder cancer in spain[J]. Environmental Health Perspectives, 2010, 118(11): 1545-1550.

[10] Chu W H, Gao N Y, Deng Y. Formation of haloacetamides during chlorination of dissolved organic nitrogen aspartic acid[J]. Journal of Hazardous Materials, 2010, 173(1/2/3): 82-86.

[11] Daughton C G. Pharmaceuticals and personal care products in the environment: agents of subtle change[J]. Environmental Health Perspectives, 1999, 107(suppl 6): 907-938.

[12] Elobeid M A, Padilla M A, Brock D W, et al. Endocrine disruptors and obesity: An examination of selected persistent organic pollutants in the NHANES 1999－2002 Data[J]. International Journal of Environmental Research and Public Health, 2010, 7(7): 2988-3005.

[13] Escobal I C, Randall A A. Assimilable organic carbon (AOC) and biodegradable dissolved organic carbon (BDOC): complementary measurements[J]. Water Research, 2001, 35(18): 4444-4454.

[14] Fang W, Peng Y, Muir D, et al. A critical review of synthetic chemicals in surface waters of the US, the EU and China[J]. Environ Int. , 2019, 131: 104994.

[15] Fischer C, Fischer U. Analysis of cork taint in wine and cork material at olfac-tory subthreshold levels by solid phase microex-traction[J]. Agric. Food Chem. , 1997, 45: 1995-1997.

[16] Grung M, Lin Y, Zhang H, et al. Pesticide levels and environmental risk in aquatic environments in China[J]. Environ Int. , 2015, 81: 87-97.

[17] Guo Q, Yu J, Yang K, et al. Identification of complex septic odorants in Huangpu River source water

by combining the data from gas chromatography-olfactometry and comprehensive two-dimensional gas chromatography using retention indices[J]. Science of the Total Environment,2016,556: 36-44.

[18]　Guo Q,Yang K,Yu J,et al. Simultaneous removal of multiple odorants from source water suffering from septic and musty odors: verification in a full-scale water treatment plant with ozonation[J]. Water Research,2016,100: 1-6.

[19]　Hanselman T A,Graetz D A,Wilkie A C,et al. Determination of steroidal estrogens in flushed dairy manure wastewater by gas chromatography-mass spectrometry[J]. Journal of Environmental Quality,2006,35(3): 695.

[20]　Herren-Freund S L,Pereira M A,Khoury M D,et al. The carcinogenicity of trichloroethylene and its metabolites,trichloroacetic acid and dichloroacetic acid,in mouse liver[J]. 1987,90(2): 183-189.

[21]　International programme on chemical safety disinfectants and disinfectant by-products[S]. Environmental Health Criteria 216. World Health Organization,2000 Geneva.

[22]　Jiang J Q,Zhou Z,Sharma V K. Occurrence,transportation,monitoring and treatment of emerging micro-pollutants in waste water: A review from global views[J]. Microchemical Journal,2013,110: 292-300.

[23]　Tian J Y. Submerged membrane bioreactor (sMBR) for the treatment of contaminated raw water [J]. Chemical Engineering Journal,2009,148(2/3): 296-305.

[24]　Jolibois B,Guerbet M,Vassal S. Detection of hospital wastewater genotoxicity with the SOS chromotest and Ames fluctuation test[J]. Chemosphere,2003,51(6): 539-543.

[25]　Jones K C,De V P. Persistent organic pollutants (POPs): state of the science[J]. Environmental Pollution,1999,100(1/2/3): 209-221.

[26]　Meier J R,Knohl R B,Coleman W E,et al. Studies on the potent bacterial mutagen,3-chloro-4-(dichloromethyl)-5-hydroxy-2 (5H)-furanone: aqueous stability, XAD recovery and analytical determination in drinking water and in chlorinated humic acid solutions[J]. Mutat Res. ,1987, 189(4): 363-373.

[27]　Kang J L,Byoung H K,Jee E H,et al. A study on the distribution of chlorination by-products (CBPs) in treated water in Korea[J]. Water Research,2001,35(12): 2861-2872.

[28]　Ke C L,Gu Y G,Liu Q. Polycyclic aromatic hydrocarbons (PAHs) in exposed-lawn soils from 28 urban parks in the megacity Guangzhou: oc-currence,sources,and human health implications[J]. Archives of Environmental Contamination and Toxicology,2017,72(4): 496-504.

[29]　Khaled K,Patrick L,Johnson K C,et al. Chlorination disinfection by-products in drinking water and the risk of adult leukemia in Canada[J]. American Journal of Epidemiology,2005,163(2): 116-126.

[30]　Kogevinas M, Villanueva C M, Font-Ribera L, et al. Genotoxic effects in swimmers exposed to disinfection by-products in indoor swimming poools[J]. Environmental Health Perspectives,2010, 118(11): 1531-1537.

[31]　Komaki Y, Pals J, Wagner E D, et al. Mammalian cell DNA damage and repair kinetics of monohaloacetic acid drinking water disinfection by-products[J]. Environmental ence &. Technology, 2009,43(21): 8437-8442.

[32]　Krasner S W,McGuire M J,Jacangelo J G,et al. The occurrence of disinfection by products in U. S. drinking water[J]. J. Am Water Works Assoc. ,1989,81(8): 41-53.

[33]　Kronberg L,Vartiainen T. Ames mutagenicity and concentration of the strong mutagen 3-chloro-4-(dichloromethyl)-5-hydroxy-2 (5H)-furanone and of its geometric isomer E-2-chloro-3-(dichloromethyl)-4-oxo-butenoic acid in chlorine-treated tap waters[J]. Mutation Research/genetic Toxicology,1988,206(2): 177-182.

[34]　Lee H B,Peart T E. Bisphenol a contamination in Canadian municipal and industrial wastewater and

sludge samples[J]. Water Quality Research Journal of Canada,2000,35(2):283-298.

[35] Liviac D,Wagner R D,Mitch R A,et al. Genotoxicity of water concentrates from recreational pools after various disinfection methods[J]. Environmental Science & Technology, 2010, 44 (9): 3527-3532.

[36] Li X,Yu J,Guo Q,et al. Source-water odor during winter in the Yellow River area of China: occurrence and diagnosis[J]. Environmental Pollution,2016,218:252-258.

[37] Li Z,Hobson P,An W,et al. Earthy odor compounds production and loss in three cyanobacterial cultures[J]. Water Research,2012,46(16):5165-5173.

[38] Clemens M,Schöler H F. Halogenated organic compounds in swimming pool water[J]. Zentralbl Hyg Umweltmed,1992,193(1):91-98.

[39] Machadoa S,Goncalves C,Cunhab E,et al. New developments in the analysis of fragrances and earthy-musty compounds in water by solid-phase microextraction(metal alloy fibre)coupled with gas chromatography-(tandem)mass spectrometry[J]. Talanta,2011,84(4):1133-1140.

[40] Maja P,Maja S,Jelena R,et al. Health risk assessment of PAHs,PCBs and OCPs in atmospheric air of municipal solid waste landfill in NoviSad,Serbia[J]. Science of the Total Environment,2018,644:1201-1206.

[41] Melnick R L,Dunnick J K,Sandler D P,et al. Trihalomethanes and other environmental factors that contribute to colorectal cancer[J]. Environmental Heakh Perspectives,1994,102(6-7):586-588.

[42] Michael J P,Mark G M,Susan D R,et al. Occurrence,synthesis,and mammalian cell cytotoxicity and genotoxi-city of haloacetamides: an emerging class of nitrogenous drinking water disinfection byproducts[J]. Environ Sci Technol,2008,42(3):955-961.

[43] Mitch W A,Sharp J O,Trussell R R,et al. N-nitrosodimethylamine (NDMA) as a drinking water contaminant: a review[J]. Environ Eng Sci. ,2003,20:389-404.

[44] Muellner M G,Wagner E D,McCalla K,et al. Haloacetonitriles vs. regulated haloacetic acids: are nitrogen-containing DBPs more toxic[J]. Environ Sci Technol,2007,41:645-651.

[45] National Cancer Institute. Carcinogenesis bioassay of chloroform[M]. National Cancer Institute, 1976,Bethesda M D.

[46] World Health Organization. WHO library cataloguing-in-publication data: pharmaceuticals in drinking-water[R]. Geneva:WHO,2012.

[47] Ren H Y,Ji S L,Ahmad N U D. Degradation character-istics and metabolic pathway of 17α-ethynylestradiol by Sphingobacterium sp. JCR5[J]. Chemosphere,2007,66(2):340-346.

[48] Richardson S D,Plewa M J,Wagner E D,et al. Occurrence,genotoxicity,and carcinogenicity of regulated and emerging disinfection by-products in drinking water: a review and roadmap for research[J]. Mutation Research,2007,636(1/2/3):178-242.

[49] Saradhi I V,Sharma S,Prathibha P,et al. Oxyhalide disinfection by-products in packaged drinking water and their associated risk[J]. Current Science,2015,108(1):80.

[50] Sato K,Samejima M,Sasaki R. Drinking water: the problem of chlorinous odours[J]. Journal of Water Supply: Research & Technology-AQUA,2013,62(2):86-96.

[51] Sun D,Yu J,Yang M,et al. Occurrence of odor problems in drinking water of major cities across China[J]. Frontiers of Environmental Science & Engineering,2014,8(3):411-416.

[52] Sun D L,Yu J W,An W,et al. Identification of causative compounds and microorganisms for musty odor occurrence in the Huangpu River,China[J]. Journal of Environmental Sciences-China,2013, 25(3):460-465.

[53] Suffet I H,Khiari D,Bruchet A. The drinking water taste and odor wheel for the millennium: Beyond geosmin and 2-methylisoborneol[J] . Water Science and Technology,1999,40(6):1-13.

[54] Su M,Jia D M,Yu J W,et al. Reducing production of taste and odor by deep-living cyanobacteria in drinking water reservoirs by regulation of water level[J]. Science of the Total Environment,2017, 574:1477-1483.

[55] Takeshi O,Paul A W,David M D. Mutagenic characteristics of river waters flowing through large metropolitan areas in North America[J]. Mutation Research/Fundamental and Molecular Mechanisms of Mutagenesis,2003,534(1/2):101-112.

[56] Vega E,Lemus J,Anfruns A,et al. Adsorption of volatile sulphur compounds onto modified activated carbons:effect of oxygen functional groups[J]. Journal of Hazardous Materials,2013,258(16):77-83.

[57] Vega E,Martin M J. Gonzalezolmos R integration of advanced oxidation processes at mild conditions in wet scrubbers for odourous sulphur compounds treatment[J]. Chemosphere,2014,109:113-119.

[58] Wang A Q,Lin Y L,Xu B,et al. Factors affecting the water odor caused by chloramines during drinking water disinfection[J]. Science of the Total Environment,2018,639:687-694.

[59] Wang Y,Shen L,Gong Z,et al. Analytical methods to analyze pesticides and herbicides[J]. Water Environment Research. 2019,91(10):1009-1024.

[60] Watson S B. Aquatic taste and odor:a primary signal of drinking-water integrity[J]. Journal of Toxicology and Environmental Health,2004,67(20/21/22):1779-1795.

[61] Watson S B,Brownlee B,Satchwill T. Quantitive analysis of trace levels of geosmin and MIB in source water and drinking water using headspace SPME[J]. Wat. Res. ,2020,34(10):2818-2828.

[62] Wright J M,Schwartz J,Vartiainen T,et al. 3-Chloro-4-(dichloromethyl)-5-hydroxy-2(5H)-furanone (MX) and mutagenic activity in Massachusetts drinking water[J]. Environmental Health Perspectives, 2002,110(2):157-164.

[63] Zacheus M O,Lehtola M J,Martikainen P J. The key site for microbial growth in drinking water distribution networks[J]. Water Research,2001,35(7):1757-1765.

[64] Zeng Q L,Li Y M,Gu G W. Sorption and biodegradation of 17β-estradiol by acclimated aerobic activated sludge and isolation of the bacterial strain[J]. Environ Eng Sci. ,2009,26(4):783-790.

[65] Zeng Z Q,Shan T,Tong Y,et al. Development of estrogen-responsive transgenic medaka for environmental monitoring of endocrine disrupter[J]. Environmental Science and Technology,2005, 39(22):9001-9008.

[66] Zincke T. Ueber die einwirkung von brom und von chlor auf phenole:substitutionsproducte, pseudobromide und pseudochloride[J]. Justus Liebigs Annalen der Chemie,1905,343(1):75-99.

[67] Zhao Y,Yu J,Su M,et al. A fishy odor episode in a north China reservoir:occurrence,origin,and possible odor causing compounds[J]. Journal of Environmental Sciences,2013,25(12):2361-2366.

[68] 陈栋,王烁阳,王玉玺,等.典型内分泌干扰物在城市污水处理过程中的去除研究进展[J].青岛理工大学学报,2018,39(6):1-9.

[69] 陈卓华,何嘉莉,陈丽珠.南方自来水厂采用氯胺替代游离氯消毒的可行性研究[J].中国给水排水, 2018,54(5):52-56.

[70] 陈志真,李伟光,乔铁军,等.臭氧-生物活性炭工艺去除饮用水中 AOC 的研究[J].中国给水排水, 2008,24(3):72-78.

[71] 邓丽君,欧晓霞,毕馨丹,等.水环境中持久性有机污染物光降解研究进展[J].广州化工,2017, 45(20):3-5.

[72] 丁文乔,王赫.雌激素对环境的影响及其治理现状的研究分析[J].吉林化工学院学报,2018,35(9): 96-100.

[73] 丁文兴,聂岚,朱惠刚.非程序 DNA 合成试验检测长江水质的遗传毒性[J].中国环境科学,1995, 15(4):276-279.

[74] 高秋生,焦立新,杨柳,等.白洋淀典型持久性有机污染物污染特征与风险评估[J].环境科学,2018,

　　　　　 39(4)：1616-1627.

[75]　顾正领,岳宇明,孙杰,等.不同净水处理工艺出水水质指标 AOC、TOC、HPC 的变化比较[J].净水技术,2015,34(5)：44-48.

[76]　何康丽,曹艳.有效控制水中消毒副产物氯酸盐和亚氯酸盐[J].天津化工,2019,33(5)：4-6.

[77]　胡盛,王舜.杭州西湖雨水中持久性有机氯污染物残留情况[J].浙江农业科学,2016,12：43-44.

[78]　黄佳盛.中国农田土壤农药污染现状和防控对策[J].南方农业,2019,13：165-166.

[79]　黄文平,鲍轶凡,胡霞林,等.黄浦江上游水源地中 31 种内分泌干扰物的分布特征以及生态风险评价[J].环境化学,2020,39(6)：1488-1495.

[80]　环境中的农药：中国典型集约化农区土壤、水体和大气农药残留状况调查[R].绿色和平组织调查报告,2013.

[81]　黄尧,赵南京,孟德硕,等.持久性有机污染物荧光光谱检测技术研究进展[J].光谱学与光谱分析,2019,39(7)：2107-2113.

[82]　黄毅,张金松,韩小波,等.斑马鱼群体行为变化用于水质在线预警的研究[J].环境科学学报,2014,34(2)：398-403.

[83]　矫立萍.持久性有机污染物的环境问题及其在海洋中的研究进展[J].能源与环境,2014(3)：3-4.

[84]　孔祥胜,苗迎,栾日坚,等.南宁市朝阳溪岸边地下水持久性有机污染物的污染特征[J].地球与环境,2016,44(4)：406-413.

[85]　孔志明,吴庆龙,夏恩中,等.蚕豆 SCE 检测环境诱变剂的方法学研究[J].环境科学,1996,17(1)：47-49.

[86]　李本纲,崔司宇.中国天然雌激素排放清单和风险评价[J].城市环境与城市生态,2011,24(4)：24-28.

[87]　李勇,张晓健,陈超.我国饮用水中嗅味问题及其研究进展[J].环境科学,2009,30(2)：583-588.

[88]　李鑫.水源水中突发毒死蜱污染应急处理工艺研究[D].哈尔滨：哈尔滨工业大学,2010.

[89]　刘丙生.突发有机磷农药污染的氧化应急去除研究[D].哈尔滨：哈尔滨工业大学,2011.

[90]　刘畅伶,张文强,单保庆.珠江口典型河段内分泌干扰物的空间分布及风险评价[J].环境科学学报,2018,38(1)：115-124.

[91]　刘海鹏,卢艳敏.水生生物水质监测方法的研究进展[J].现代农业科技,2017,3：85-86.

[92]　刘浩前,赵平歌,邓玛妮.我国水体中有机氯农药研究进展[J].乡村科技,2018,10：107-109.

[93]　刘金冠,许亮,杨虹.不同水体急性生物毒性的测定及研究[J].环境科学与技术,2011,34(6)：70-71.

[94]　刘静.全球持久性有机污染物国际合作的分歧：以《斯德哥尔摩公约》等系列条约为中心[J].美与时代(城市版),2018(4)：131-132.

[95]　刘文君,吴红伟,王占生,等.饮用水中 BDOC 测定动力学研究[J].环境科学,1999,20(4)：20-23.

[96]　刘文君,王亚娟,张丽萍,等.饮用水中可同化有机碳(AOC)的测定方法研究[J].给水排水,2000,26(11)：1-5.

[97]　刘晓晖,卢少勇,王炜亮,等.环境中药物和个人护理品的复合污染风险[J].环境监测管理与技术,2016,28(2)：10-13.

[98]　刘叶,杨悦.我国抗生素滥用现状分析及建议[J].中国现代医生,2016,54(29)：160-164.

[99]　雒建伟,高良敏,陈一佳,等.持久性有机污染物(POPs)的环境问题及其治理措施研究进展[J].环保科技,2016,22(6)：51-55,60.

[100]　吕佳,岳银玲,张岚.国内外饮用水消毒技术应用与优化研究进展[J].中国公共卫生,2017,33(3)：428-432.

[101]　吕学敏.江苏 W 市水源水剌激素活性及酚类环境雌激素物质在水处理中的变化[D].武汉：华中科技大学,2016.

[102]　马运,岳战林.POPs 废物处置技术筛选研究[J].干旱环境监测,2011,25(3)：138-142.

[103]　阿克伯格曼.内分泌干扰物的科学现状[M].常兵,丁钢强,刘志勇,译.北京：科学出版社,2018.

[104] 乔铁军.活性炭超滤复合工艺去除水中典型PPCPs的效能与机理[D].北京：清华大学,2011.

[105] 乔文鹏,乔玉辉,赵晶,等.氯化镉、马拉硫磷和乙草胺对赤子爱胜蚓的复合急性毒性[J].中国生态农业学报,2010,18(3)：562-565.

[106] 阮哲璞,徐希辉,陈凯,等.微生物降解持久性有机污染物的研究进展与展望[J].微生物学报,2020,60(12)：2763-2784.

[107] 世界卫生组织.饮用水水质准则(第四版)[M].上海：上海交通大学出版社,2014.

[108] 文湘华,申博.新兴污染物水环境保护标准及其实用型去除技术[J].环境科学学报,2018,38(3)：847-857.

[109] 单德鑫,刘璐瑶,樊洪瑞,等.辽河流域水体中持久性有机物污染特征分析[J].合肥学院学报(自然科学版),2018(2)：35-41.

[110] 沈娜.粉末活性炭应急处理原水农药类内分泌干扰物试验研究[D].哈尔滨：哈尔滨工业大学,2010.

[111] 宋宁慧.农药对地表水污染状况研究概述[J].生态与农村环境学报,2010,26：49-57.

[112] 隋颖.持久性有机污染物对人类健康的危害[J].预防医学论坛,2006(4)：502-504.

[113] 孙沛雯,王中卫,李翔宇,等.不同水体中环境类雌激素污染状况调查与分析[J].干旱环境监测,2020,34(1)：44-48.

[114] 孙肖瑜.我国水环境农药污染现状及健康影响研究进展[J].环境与健康杂志,2009,26：649-652.

[115] 孙艳,黄璜,胡洪营,等.污水处理厂出水中雌激素活性物质浓度与生态风险水平[J].环境科学研究,2010(12)：46-51.

[116] 陶丽平.水环境监测中生物监测技术的应用分析[J].低碳世界,2016,9：1-2.

[117] 陶玉强,赵睿涵.持久性有机污染物在中国湖库水体中的污染现状及分布特征[J].湖泊科学,2020,32(2)：309-324.

[118] 汪琪,张梦佳,陈洪斌.水环境中药物类PPCPs的赋存及处理技术进展[J].净水技术,2020,39(1)：43-51.

[119] 王丹,隋倩,赵文涛,等.中国地表水环境中药物和个人护理品的研究进展[J].科学通报,2014,59(9)：743-751.

[120] 王建龙.废水中药品及个人护理用品(PPCPs)的去除技术研究进展[J].四川师范大学学报(自然科学版),2020,43(2)：143-172.

[121] 王琳,杨玉楠,王宝贞.饮用水中致突变性去除效果的研究[J].中国环境科学,2001,21(4)：306-308.

[122] 王未.我国区域性水体农药污染现状研究分析[J].环境保护科学,2013,39：5-9.

[123] 王晓燕,双陈冬,张宝军,等.PPCPs在水环境中的污染现状及去除技术研究进展[J].水处理技术,2019,45：11-16.

[124] 王鑫,李炳华,黄俊雄,等.再生水及地下水水及地下水EDCs和PPCPs污染特征分析与生态风险评估[J].北京水务,2019,6：32-35.

[125] 王子健,饶凯峰.突发性水源水质污染的生物监测、预警与应急决策[J].给水排水,2013,39(10)：1-3.

[126] 吴伟恒,阮爱东,戴韵秋.我国天然水体中环境雌激素的污染现状及其生态效应研究进展[J].四川环境,2014,33(5)：154-158.

[127] 吴永兵,杜小燕,王昕蔚,等.二氧化氯消毒效果及其副产物影响因素的控制研究[J].化工设计通讯,2018,44(11)：150-152.

[128] 武丽辉,张文君.《斯德哥尔摩公约》受控化学品家族再添新丁[J].农药科学与管理,2017(10)：26-29.

[129] 肖文,姜红石.MS/MS的原理和GC/MS/MS在环境分析中的应用[J].环境科学与技术,2004,27(5)：26-28,44.

[130] 徐荣,范凯等.饮用水标准增加内分泌干扰物指标的探讨[J].供水技术,2015,9(1)：32-38.

[131]　徐雄,李春梅,孙静,等.我国重点流域地表水中29种农药污染及其生态风险评价[J].生态毒理学报,2016,2：347-354.

[132]　徐振秋,秦宏宾,徐恒省.水中异味物质分析方法研究进展[J].环境监测管理与技术,2017,29(6)：12-16.

[133]　杨红莲,袭著格,闫俊,等.新型污染物及其生态和环境健康效应[J].生态毒理学报,2009,4(1)：28-34.

[134]　杨俊,姜理英,陈建孟.1株17β-雌二醇高效降解菌的分离鉴定及降解特性[J].环境科学,2010,31(5)：1313-1319.

[135]　杨忠霞.个人护理品对人类健康以及环境安全影响的研究进展[J].科技风,2012,25(10)：262-263.

[136]　印木泉,余应年,郑怡文.我国遗传毒理学发展的回顾[J].卫生毒理学杂志,1999,13(4)：229-233.

[137]　俞发荣,李登楼.有机磷农药对人类健康的影响及农药残留检测方法研究进展[J].生态科学,2015(3)：197-203.

[138]　俞发荣,李建军,Yu X,等.干预措施对噪声污染大鼠脑组织基因表达及去甲肾上腺素水平的影响[J].生态科学,2019,38(3)：189-194.

[139]　俞继梅.浅议持久性有机污染物POPs[J].江西化工,2013(2)：94-96.

[140]　袁国礼,郎欣欣,孙天河.青藏高原持久性有机污染物的研究进展[J].现代地质,2012,26(5)：910-916.

[141]　岳海营.长江口滨岸沉积物中环境雌激素的分布与吸附特征研究[D].上海：华东师范大学,2015.

[142]　张书芬,王全林,沈坚,等.饮用水中臭氧消毒副产物溴酸盐含量的控制技术探讨[J].水处理技术,2011,37(1)：28-32.

[143]　张晓健,李爽.消毒副产物总致癌风险的首要指标参数——卤乙酸[J].给水排水,2000(8)：1-6.

[144]　赵高峰,杨林,周怀东,等.北京某污水处理厂出水中药物和个人护理品的污染现状[J].中国环境监测,2011,27(B10)：66-70.

[145]　赵蓉,衡正昌,彗星.试验非荧光染色研究[J].环境健康杂志,2002,19(2)：138-140.

[146]　赵玉丽,李杏放.饮用水消毒副产物：化学特征与毒性[J].环境化学,2011,30(1)：20-33.

[147]　郑明辉,谭丽,高丽荣,等.履行《关于持久性有机污染物的斯德哥尔摩公约》成效评估监测进展[J].中国环境监测,2019,35(1)：6-12.

[148]　郑相宇,张太平,刘志强,等.水体污染物"三致"效应的生物监测研究进展[J].生态学杂志,2004,23(4)：140-145.

[149]　佚名.中国政府重视《斯德哥尔摩公约》履约工作[J].建设科技,2016(14)：82-84.

[150]　钟远,封少龙,苏庆,等.应用蚕豆根尖微核技术和彗星试验监测扬中地表水遗传毒物污染的研究[J].癌变·畸变·突变,2000,12(1)：18-23.

[151]　周世兵,周雪飞,张亚雷,等.三氯生在水环境中的存在行为及迁移转化规律研究进展[J].环境污染与防治,2008,30(10)：71-74.

[152]　周晏敏,袁欣,李彬旭,等.水环境指示生物筛选及水质评价方法研究[J].中国环境监测,2015,31(6)：28-33.

[153]　朱惠刚.水中有机致突变物综合评价指标探讨[J].上海环境科学,1995,14(10)：44-49.

[154]　孙道林.饮用水嗅味评价与致嗅物质识别研究[D].北京：中国科学院生态环境研究中心,2012.

[155]　郭庆园.南方某河流型水源腥臭味物质识别与控制研究[D].北京：中国科学院生态环境研究中心,2016.

[156]　徐聪.典型河口水库痕量有机污染物赋存特征及其迁移转化模拟研究[D].上海：上海交通大学,2018.

[157]　周茜.典型新兴污染物的样品前处理及色谱分析方法研究[D].武汉：华中科技大学,2016.

[158]　胡飞飞.东江上游高风险支流水体农药类新兴污染物特征研究[D].兰州：兰州交通大学,2016.

检测篇

5 水体异味物质检测技术

5.1 异味物质

随着经济的发展和社会的进步,环境污染引发的水体异味事件屡有发生,水体异味问题已成为人们关注的热点之一。由于异味物质种类繁多,为了便于人们及时筛查出导致水体产生异味的原因,本研究团队建立了涵盖 800 余种水体异味物质的筛查数据库。系统归纳了水体异味物质的来源、异味特征、嗅觉阈值及其物理化学性质等相关信息,并按其来源将水体异味物质分为 4 大类:

(1) 天然源异味物质:指自然界本身就存在的非人工合成的能够引起水体产生异味的化学物质。主要来源包括微生物、藻类、植物及动物产生的所有天然源化学物质,如土臭素、2-甲基异莰醇(2-MIB)等。

(2) 工业源异味物质:指因人类工业生产排放或泄漏等引起水体异味的化学物质,如丁酸异丁酯、丁硫醇、二硫化碳等。

(3) 农药源异味物质:指因农药的使用导致水体污染,从而引起水体异味的化学物质,如氯丹、氯化苦、狄氏剂等。

(4) 消毒副产物源异味物质:指饮用水消毒处理过程中产生的能够引起水体异味的化学物质,如加氯消毒中三氯苯酚能够转化为三氯苯甲醚,从而导致水体产生土霉味等。

根据国内研究人员对全国水体异味问题的普查结果,2-甲基异莰醇、土臭素、β-环柠檬醛、反式-2,4-癸二烯醛、α-紫罗兰酮、β-紫罗兰酮等是目前水体中检出率较高的天然源异味物质;乙苯、对二甲苯、间二甲苯、邻二甲苯、苯乙烯等是检出率较高的工业源异味物质;2,4,6-三氯苯甲醚、2,4,6-三溴苯甲醚、2,4,5-三氯苯酚等是检出率较高的消毒副产物源异味物质。另外有些工业源异味物质生产量大、应用广泛、具有一定毒性且嗅阈值较低,一旦排入水体中可能对环境和人体造成一定的危害并引发异味事件(如糠醛、2,6-二溴苯酚、2-氯-4-甲基苯酚等)。

本章汇集了部分常见的异味物质,其基本信息如表 5-1 所示。

表 5-1　常见的异味物质及其相关性质

序号	异味物质	CAS 号	化学式	相对分子质量	化学结构式	嗅阈值/(μg/L)	异味特征	类别
1	2-异丙基-3-甲氧基吡嗪 (2-isopropyl-3-methoxypyrazine)	25773-40-4	$C_8H_{12}N_2O$	152.19		0.002	泥土、土豆、青椒	天然源
2	2-异丁基-3-甲氧基吡嗪 (2-methoxy-3-isobutyl pyrazine)	24683-00-9	$C_9H_{14}N_2O$	166.22		0.001	青椒、辛辣、西芹	天然源
3	2-甲基异莰醇 (2-methylisoborneol)	2371-42-8	$C_{11}H_{20}O$	168.28		0.01	泥土、霉味、地窖	天然源
4	土臭素 (geosmin)	19700-21-1	$C_{12}H_{22}O$	182.3		0.004	发霉、甜味、辛辣	天然源
5	β环柠檬醛 (β-cyclocitral)	432-25-7	$C_{10}H_{16}O$	152.23		19	烟草、花香	天然源

续表

序号	异味物质	CAS号	化学式	相对分子质量	化学结构式	嗅阈值/(μg/L)	异味特征	类别
6	反式-2,4-癸二烯醛（trans,trans-2,4-decadienal）	25152-84-5	$C_{10}H_{16}O$	152.23		0.3	鱼腥、油脂、黄瓜	天然源
7	α-紫罗兰酮（α-ionone）	127-41-3	$C_{13}H_{20}O$	192.3		0.007	紫罗兰	天然源
8	β-紫罗兰酮（β-ionone）	79-77-6	$C_{13}H_{20}O$	192.3		0.007	紫罗兰	天然源
9	丙硫醇（propyl mercaptan）	107-03-9	C_3H_8S	76.16		1.6	有刺激气味	天然源
10	2-戊硫醇（2-pentanethiol）	2084-19-7	$C_5H_{12}S$	104.21		0.8	大蒜	天然源
11	异戊硫醇（isoamyl mercaptan）	541-31-1	$C_5H_{12}S$	104.21		—	—	天然源
12	3-甲基吲哚（3-methylindole）	83-34-1	C_9H_9N	131.17		1	大便、刺鼻	天然源

续表

序号	异味物质	CAS 号	化学式	相对分子质量	化学结构式	嗅阈值/(μg/L)	异味特征	类别
13	2,6-二甲基吡嗪 (2,6-dimethyl pyrazine)	108-50-9	$C_6H_8N_2$	108.14		6	霉味	天然源
14	2,4,6-三溴苯酚 (2,4,6-tribromophenol)	118-79-6	$C_6H_3Br_3O$	330.80		30	碘仿	工业源
15	2,6-二溴苯酚 (2,6-dibromophenol)	608-33-3	$C_6H_4Br_2O$	251.90		0.0005	碘仿	工业源
16	4-氯苯酚 (4-chlorophenol)	106-48-9	C_6H_5ClO	128.56		—	—	工业源
17	2-氯苯酚 (2-chlorophenol)	95-57-8	C_6H_5ClO	128.56		10	医药	工业源
18	4-氯-2-甲基苯酚 (4-chloro-2-methylphenol)	1570-64-5	C_7H_7ClO	142.58		200	化学,医药,丙酮	工业源

续表

序号	异味物质	CAS 号	化学式	相对分子质量	化学结构式	嗅阈值/(μg/L)	异味特征	类别
19	4-氯-3-甲基苯酚 (4-chloro-3-methylphenol)	59-50-7	C_7H_7ClO	142.58		5	发霉,湿纸巾	工业源
20	2-氯-4-甲基苯酚 (2-chloro-4-methylphenol)	6640-27-3	C_7H_7ClO	142.58		0.15	消毒,塑料	工业源
21	2-溴苯酚 (2-bromophenol)	95-56-7	C_6H_5BrO	173.01		0.1	酚/碘	工业源
22	2,6-二氯苯酚 (2,6-dichlorophenol)	87-65-0	$C_6H_4Cl_2O$	163.00		22	发霉,消毒液,医药	工业源
23	2,4-二溴苯酚 (2,4-dibromophenol)	615-58-7	$C_6H_4Br_2O$	251.90		4	碘仿	工业源
24	糠醛 (furfural)	98-01-1	$C_5H_4O_2$	96.08		600~1000	杏仁,特殊香味	工业源

续表

序号	异味物质	CAS 号	化学式	相对分子质量	化学结构式	嗅阈值/(μg/L)	异味特征	类别
25	2-叔丁基苯酚 (2-tert-butylphenol)	88-18-6	$C_{10}H_{14}O$	150.22		—	—	工业源
26	2,4-二叔丁基苯酚 (2,4-di-tert-butylphenol)	96-76-4	$C_{14}H_{22}O$	206.32		—	越橘	工业源
27	4-叔丁基苯酚 (4-tert-butylphenol)	98-54-4	$C_{10}H_{14}O$	150.22		—	—	工业源
28	4-丁基苯酚 (4-n-butylphenol)	1638-22-8	$C_{10}H_{14}O$	150.22		—	—	工业源
29	二甲基二硫 (dimethyl disulfide)	624-92-0	$C_2H_6S_2$	94.2		4	腐败味	工业源
30	二甲基三硫 (dimethyl trisulphide)	3658-80-8	$C_2H_6S_3$	126.26		1.1~10	腐败味	工业源
31	乙苯 (ethyl benzene)	100-41-4	C_8H_{10}	106.17		29	芳香	工业源
32	对二甲苯 (p-xylene)	106-42-3	C_8H_{10}	106.17		1000	类似甲苯气味	工业源

续表

序号	异味物质	CAS 号	化学式	相对分子质量	化学结构式	嗅阈值/（μg/L）	异味特征	类别
33	间二甲苯（m-xylene）	108-38-3	C_8H_{10}	106.17		1000	甜	工业源
34	邻二甲苯（o-xylene）	1330-20-7	C_8H_{10}	106.17		270	甜，芳香味	工业源
35	苯乙烯（phenylethylene）	100-42-5	C_8H_8	104.15		150	辛辣，甜，苦	工业源
36	苯硫酚（thiophenol）	108-98-5	C_6H_6S	110.18		0.28	大蒜，恶臭	工业源
37	邻甲酚（o-cresol）	108-39-4	C_7H_8O	108.14		650	甜，焦油，杂酚油	工业源
38	间甲酚（m-cresol）	95-48-7	C_7H_8O	108.14		680	甜，焦油，杂酚油	工业源
39	2-氯乙基甲基醚（2-methoxyethyl chloride）	627-42-9	C_3H_7ClO	94.54		—	—	工业源
40	1,4-二噁烷（1,4-dioxane）	123-91-1	$C_4H_8O_2$	88.11		—	—	工业源

续表

序号	异味物质	CAS 号	化学式	相对分子质量	化学结构式	嗅阈值/(μg/L)	异味特征	类别
41	茚满 (indan)	496-11-7	C_9H_{10}	118.18		—	—	工业源
42	吡嗪 (pyrazine)	290-37-9	$C_4H_4N_2$	80.09		2.76	芳香味	工业源
43	川芎嗪 (tetramethylpyrazine)	1124-11-4	$C_8H_{12}N_2$	136.19		1000	牛肉和猪脂加热后的香气，发酵后的大豆香	工业源
44	正己醛 (hexanal)	66-25-1	$C_6H_{12}O$	100.16		0.28	苹果香，油脂，青草	工业源
45	苯甲醛 (benzaldehyde)	100-52-7	C_7H_6O	106.12		4.29	愉快，苦	工业源
46	丙酮 (acetone)	67-64-1	C_3H_6O	58.08		20 000	甜，水果	工业源
47	四氢呋喃 (tetrahydrofuran)	109-99-9	C_4H_8O	72.11		—	—	工业源
48	乙酸乙酯 (ethyl acetate)	141-78-6	$C_4H_8O_2$	88.11		2600	甜，醋，辛辣	工业源

续表

序号	异味物质	CAS 号	化学式	相对分子质量	化学结构式	嗅阈值/(μg/L)	异味特征	类别
49	异丙醇 (isopropanol)	67-63-0	C_3H_8O	60.1		28 200	辛辣,发霉	工业源
50	乙酸丁酯 (butyl acetate)	123-86-4	$C_6H_{12}O_2$	116.16		66	水果味	工业源
51	丁醇 (n-butanol)	71-36-3	$C_4H_{10}O$	74.12		2000	腐败,甜	工业源
52	异戊醇 (isoamyl alcohol)	123-51-3	$C_5H_{12}O$	88.15		270	甜,发霉,辛辣	工业源
53	2,4,6-三氯苯甲醚 (2,4,6-tricholoroanisole)	87-40-1	$C_7H_5Cl_3O$	211.47		0.000 08	发霉	消毒副产物源
54	2,4,6-三溴苯甲醚 (2,4,6-tribromoanisole)	607-99-8	$C_7H_5Br_3O$	344.83		0.000 03	发霉,土臭	消毒副产物源

续表

序号	异味物质	CAS号	化学式	相对分子质量	化学结构式	嗅阈值/(μg/L)	异味特征	类别
55	2,4,5-三氯苯酚 (2,4,5-trichlorophenol)	95-95-4	$C_6H_3Cl_3O$	197.45		63	强烈酚类气味	消毒副产物源
56	4-氯苯甲醚 (4-chloroanisole)	623-12-1	C_7H_7ClO	142.58		2	发霉、医药	消毒副产物源
57	2,4-二氯苯甲醚 (2,4-dichloroanisole)	553-82-2	$C_7H_6Cl_2O$	177.03		0.21	发霉、化学	消毒副产物源
58	1,4-二氯苯 (1,4-dichlorobenzene)	106-46-7	$C_6H_4Cl_2$	147.00		30	刺激性气味	消毒副产物源

5.2　检测方法综述

目前,水体异味物质的检测方法主要有感官法、仪器法和感官气相色谱法。对异味特征、强度等的初步判断,主要运用感官法进行鉴定和评价;分析异味的成分、浓度和结构等,则需要借助仪器法或感官气相色谱法。目前这 3 种方法都在实际应用并互为补充。

5.2.1　感官法

感官法主要包括嗅味强度指标法、嗅阈值法、嗅味等级描述法和嗅觉层次分析法。由于气味分析的特殊性,目前国内外还没有统一的标准,嗅阈值法和嗅味等级描述法在我国的应用较为广泛,均被列入标准方法;嗅觉层次分析法在欧美国家被列入标准方法,在我国各个水厂的应用仍处于起步阶段。

感官法适用于评价水体是否存在异味及其可接受程度,操作成本低,但重现性和可靠性差,取样—加热—嗅闻的整个过程耗时长,完全依赖人工操作,辨识灵敏度较低。因此,实现操作环节的智能化,同时提高异味辨识的灵敏度是感官分析法未来的发展方向之一。

本研究团队研发了连续式嗅闻仪和便携式嗅闻仪,分别用于固定点位的连续取样嗅闻监测和多场景下多个样品的便携式嗅闻监测,满足了不同环境条件的使用需求,很大程度上简化了人工操作,并有效地提高异味辨识的灵敏度。

5.2.2　仪器法

目前,针对水体异味物质检测的仪器法主要有气相色谱法、气相色谱-质谱法、气相色谱-串联质谱法、液相色谱-质谱法、液相色谱-串联质谱法等。其中 GC-MS 和 GC-MS-MS 具有选择性强、灵敏度高的优点,是分析痕量有机物的有效手段,尤其适用于挥发性/半挥发性异味物质的定性和定量,应用最为广泛。随着新型样品前处理技术如顶空、吹扫捕集、固相微萃取等商业化发展,这些技术与 GC-MS 和 GC-MS-MS 联用,使水体异味物质的研究取得了进一步的突破。表 5-2 归纳了近年来 GC-MS 和 GC-MS-MS 在水体异味物质检测方面的应用情况。

表 5-2　GC-MS 和 GC-MS-MS 在异味物质检测方面的应用

序号	目标物	前处理方法	检测方法	检出限/(ng/L)	文献
1	土臭素、2-MIB、β-环柠檬醛、β-紫罗兰酮 4 种	SPME	GC-MS-MS	0.73~1.14	夏雪等,2019
2	土臭素、2-MIB、反-2,4-庚二烯醛、β-环柠檬醛等 9 种	SPME	GC-MS	1.36~7.70	孙静等,2016

序号	目标物	前处理方法	检测方法	检出限/(ng/L)	文献
3	土臭素、2-MIB、β-环柠檬醛、2,3,4-三氯苯甲醚等9种	SPME	GC-MS	0.45~0.65	范苓等,2014
4	土臭素、2-MIB、2-异丙基-3-甲氧基吡嗪、癸醛等7种	SPME	GC-MS-MS	0.81~1.86	吴斌等,2020
5	土臭素、2-MIB、甲硫醚、二甲基二硫、异佛尔酮5种	PT	GC-MS-MS	0.05~11.6	刘小华等,2014
6	土臭素、2-MIB、1-辛烯-3-醇、3-甲基吲哚等8种	SPME	GC-MS	2.21~8.33	闫慧敏等,2014
7	土臭素、2-MIB、β-环柠檬醛、β-紫罗兰酮等10种	SPE	GC-MS	500~1000	冯桂学等,2017
8	土臭素、2-MIB、三氯苯甲醚、β-紫罗兰酮等9种	SPME	GC-MS	0.38~0.55	徐振秋等,2017
9	土臭素、2-MIB、2,4,6-三氯苯甲醚、β-环柠檬醛等8种	PT	GC-MS	0.4~1.7	朱帅等,2016
10	土臭素、2-MIB、2,4,6-三氯苯甲醚、二甲基三硫醚等7种	PT	GC-MS	1.25~2.50	张力群等,2016
11	二甲基三硫醚	SPME	GC-MS	5	方菲菲等,2009
12	土臭素、2-MIB、β-紫罗兰酮、二甲基三硫醚、β-环柠檬醛5种	HS	GC-MS	0.56~1.30	唐敏康等,2015
13	土臭素、2-MIB、2-甲氧基-3-异丙基吡啶、2-甲氧基-3-异丁基吡嗪、2,4,6-三氯苯甲醚5种	SPME	GC-MS	0.4~50	张锡辉等,2007
14	土臭素、2-MIB、2-乙基己醇、2,4-二叔丁基苯酚等8种	SPME	GC-MS	0.67~5.86	康娜等,2019
15	土臭素、2-MIB、二甲基三硫醚	SPME	GC-MS	0.7~1.6	张振伟等,2012
16	甲硫醚、二甲基三硫醚	PT	GC-MS	20~100	彭敏等,2012

总体来看,文献报道的检测方法主要是针对天然源异味物质,如导致水体土霉味的2-MIB、土臭素、2,4,6-三氯苯甲醚、2-异丙基-3-甲氧基吡嗪、2-异丁基-3-甲氧基吡嗪等,腐败味/沼泽味的硫醇、硫醚,鱼腥味的2,4-庚二烯醛、2,4-癸二烯醛、2,4,7-癸三烯醛等,果蔬/花香/草木味的2,6-壬二烯醛、β-环柠檬醛、β-紫罗兰酮、1-己烯-3-醇等,而这些方法可同时检测的异味物质种类少、覆盖面窄、耗时、成本高,不利于实现快速、简便的低成本异味物质筛查。

此外,国内尚未形成水中异味物质筛查的定性、定量标准体系。建立一套适合我国水体异味问题的评价和分析标准体系,实现异味物质的快速筛查具有十分重要的现实应用价值。

5.2.3 感官气相色谱法

感官气相色谱法结合了感官法和仪器法的优点,对从色谱柱分离出来的不同异味物质分别通过嗅闻感官法进行评价,同时与质谱检测到的物质相关联进行定性及定量研究。

感官气相色谱法在饮用水中的应用仍处于起步阶段,这主要是因为水中微污染物种类繁多、致嗅原因非常复杂,而且各种异味物质的含量都远远低于食品、香料中相关物质的含量水平。目前,该方法应用主要存在以下问题:①通过色谱分离后,各物质的异味特征与水中原有的异味特征相差较大;②水中污染物成分复杂,通过 GC 分离可能产生其他组分的共流出;③嗅阈值低于仪器检出限的异味物质,即使能闻测到异味特征,却得不到任何化合物的色谱信息。

因此,感官气相色谱法对于水中异味物质的识别鉴定,在方法学上还有待进一步的研究。

5.3　水体异味物质筛查技术体系

目前国内还没有成熟的水体异味筛查检测的综合解决方案,这也影响了政府部门和水务企业解决水体异味问题的时效性。本研究团队针对该问题,建立了完整的异味物质筛查技术体系,对异味物质筛查的全流程(涵盖采样与运输、感官分析、定量分析、半定量分析、定性分析及结果判断等)进行了开发和优化,可有效提高异味物质的筛查效率。该体系的筛查流程如图 5-1 所示。

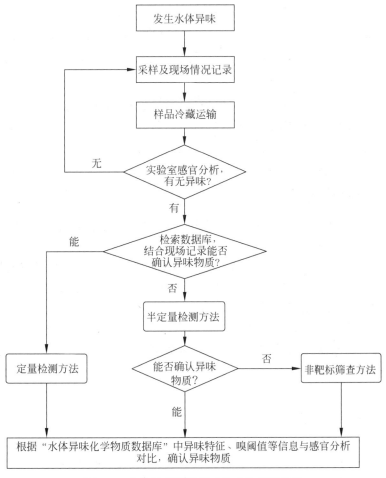

图 5-1　水体异味物质筛查技术体系流程图

5.3.1   采样与运输

5.3.1.1   现场记录

现场记录是水体异味问题研究的第一手资料,对判断和鉴定至关重要。在采样时,现场人员应仔细填写样品的相关信息,具体如表 5-3 所示。如果判断异味来源是工业污水排放所致,应尽量向上游追溯,摸清周边工业生产情况。

表 5-3   现场采样信息记录表

样品名称:	样品编号:	采样地点:	采样时间:

样品性状描述			
水样颜色			
嗅觉特征	1.芳香味、蔬菜、水果、花香;2.化学品味、烃味、杂味;3.氯气味;4.臭氧味;5.泥土、陈腐、发霉;6.青草味、干草味、稻草、木质味、甜味;7.医药、酚;8.鱼腥味、腐臭;9.沼泽味、腐败味、硫黄味;10.其他_____(可多选)		
嗅觉强度	1.似有非有;2.轻微感觉;3.明显感觉;4.强烈感觉;5.难以忍受		
味觉特征	1.苦;2.酸;3 甜;4.咸;5.其他_____(选填)		
样品环境描述			
水源及周边存在水华	是/否		
水源及周边存在黑臭水体	是/否		
水源及周边生产情况	1.垃圾填埋;2.污水处理;3.畜禽养殖;4.石油化工;5.制药行业;6.涂装行业;7.橡胶制品;8.食品加工;9.电子行业;10.机械制造;11.塑料加工;12.印刷行业;13.其他_____(可多选)		
备注:			

5.3.1.2   样品保存与运输

异味物质绝大多数具有挥发性或半挥发性,为减少运输和保存过程中的损失,样品采集后应密封冷藏保存及运输,具体操作如下:

样品采集:采集样品应选用具特氟龙材质隔垫的棕色螺纹口玻璃瓶,样品瓶应被充满且不留气泡,采样量应大于 300 mL(可采集于多个样品瓶中)。自来水样品采集后应进行除氯处理(按 20 mg/L 加入硫代硫酸钠)。

样品运输:将样品装入放有冰块的保温箱中,保持样品温度约为 4℃条件下进行运输。运输过程中,应有防倾倒、泄漏等措施,样品运输时间不超过 48 h。到达实验室后应在 4℃下避光保存,24 h 内完成分析。

5.3.2   感官分析法

感官分析法是评价水体异味最直接有效的方法,水样到达实验室后,应首先进行感官分析,确认样品的有效性和异味特征。本体系主要采用嗅觉层次分析法进行样品异味特征的初步识别。

标准方法采用的 FPA 在操作过程中存在以下不足:①取样—加热—嗅闻的整个过程耗时长,涉及人工参与的环节较多;②需要多种器皿,如锥形瓶、水浴锅;③无法对样品进行连续的嗅闻;④异味物质在锥形瓶中的挥发量有限,制约了检测人员的嗅觉辨识度。为攻克以上问题,研究团队创新地运用加热雾化的原理,研发了集"取样—加热—雾化"等多种功能于一体的新型嗅闻仪,作为感官嗅闻的一种辅助设备,可有效提高异味物质的辨识灵敏度,简化人工操作。

5.3.2.1　嗅觉层次分析法

嗅觉层次分析法参照《城镇供水水质标准检验方法》(CJ/T 141—2018)中 5.1 条,主要步骤如下:

(1) 选择 3 名以上经嗅味培训合格的分析人员,组成评价小组;

(2) 在 500 mL 具塞磨口锥形瓶中加入 200 mL 样品,置于 45℃水浴加热 10~15 min;

(3) 分析人员分别对水样进行闻测,记录异味类型和强度,若无异味,说明水样已经失效,需要重新采样。

5.3.2.2　嗅闻仪

为满足不同工作场景的应用需求,研究团队研发了以 FPA 为依据的 2 款嗅闻仪器。

1. 连续式嗅闻仪

通过水压或者蠕动泵的方式抽取水样,然后通过即热装置加热至 40~60℃后,利用大流量压缩空气气流在雾化喷嘴出口处形成气溶胶进入嗅闻室,人员从嗅闻口处嗅闻,工作流程见图 5-2。仪器设计主要针对固定点位持续抽取水样嗅闻,适用于水源水、出厂水、水厂核心工艺段等场景。

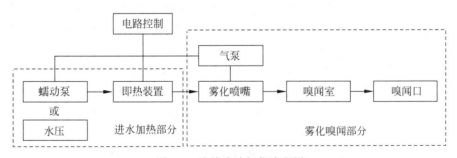

图 5-2　连续式嗅闻仪流程图

2. 便携式嗅闻仪

通过加热棒将水样加热至 40~60℃,再用超声雾化器将加热后的水样雾化形成气溶胶,通过嗅闻室收集后在嗅闻口进行嗅闻。便携式嗅闻仪工作流程见图 5-3。该仪器适用于野外环境、供水管网和客户用水龙头现场等多场景下多个样品的嗅闻监测,尤其适用于水质异味的追踪溯源分析。

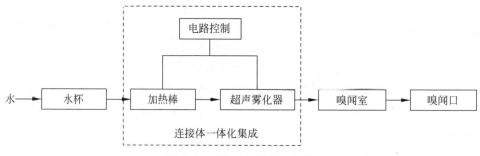

图 5-3 便携式嗅闻仪流程图

嗅闻仪集"取样—加热—雾化"等多种功能于一体,一键启动,实现了感官嗅闻的全自动化过程,大大提升了工作效率;同时 2 款设备创新地采用雾化嗅闻的方式,提升了嗅闻灵敏度,适用于多种场景下的水体异味辨识,实际工作中可辅助检测人员更高效地应对和处理水体异味事件。

5.3.3 定量分析技术

本研究团队针对常见天然源、工业源和消毒副产物源共 58 种异味物质建立了一系列高效准确的分析方法。以下将对这些方法进行详细介绍。

5.3.3.1 顶空固相微萃取-气相色谱-质谱法测定水中 2-氯苯酚、4-氯苯甲醚等 9 种异味物质

目前,针对工业源异味物质,多数的检测方法只针对单一类别或同时检测异味物质的数量少,覆盖的类别不够广,无法全面应对突发性工业污染导致的水体异味问题。本方法利用在线顶空固相微萃取-气相色谱-质谱法,建立了水中 9 种烷基酚、氯酚及其衍生物类异味物质同时检测的方法,可实现同时萃取富集、无须有机溶剂即可完成多种异味物质的快速定量筛查。

本方法通过对萃取纤维涂层、萃取温度、萃取时间和氯化钠浓度等前处理条件进行优化,从而得到最佳萃取效果。实验结果表明,9 种异味物质的线性关系良好,相关系数(r)≥0.995,检出限为 0.06～0.19 $\mu g/L$。在地表水样品中的加标回收率为 67.6%～111%,方法相对标准偏差(RSD)为 3.3%～15.3%。其中,由于 2,4,6-三氯苯甲醚和 2,4,6-三溴苯甲醚嗅阈值非常低,本方法的检出限高于其嗅阈值水平。在实际应用中若有需要,可以采用在线顶空固相微萃取与气相色谱-串联质谱仪或其他灵敏度更高的质谱仪联用来检测这 2 种物质。

1. 实验部分

1) 仪器与试剂

仪器:气相色谱/质谱联用仪(Agilent 6890-5973N);三合一自动进样器(CTC PAL)。

试剂:氯化钠(分析纯);甲醇(色谱纯);实验用水为超纯去离子水。

标准品：2-氯苯酚、4-氯苯甲醚、2-氯-4-甲基酚、2-叔丁基酚、4-叔丁基酚、2,4,6-三氯苯甲醚、4-正丁基酚、2,4-二叔丁基酚、2,4,6-三溴苯甲醚均为纯品（纯度＞99％）。

2）样品采集与保存

水样采集于硬质磨口玻璃瓶中，于4℃下密封保存，采样后24 h内完成测定。

3）分析条件

a）固相微萃取条件

样品体积：10 mL；固相微萃取纤维柱：75 μm Car/DVB/PDMS；老化温度：270℃；萃取前老化时间：5 min；萃取温度：70℃；萃取时间：30 min；萃取前摇晃速度：250 r/min；解吸温度：250℃；解吸时间：5 min。

b）色谱条件

色谱柱：DB-5(60 m×0.25 mm × 0.25 μm)；升温程序：起始温度35℃，以10℃/min的速度升至260℃；进样方式：不分流进样；进样口温度：250℃；载气流量：1.0 mL/min，恒流。

c）质谱条件

接口温度：280℃；电离能量：70 eV；离子源温度：230℃；四极杆温度：150℃；选择离子检测参数见表5-4。

表 5-4　9种异味物质离子的保留时间、碎片离子和定量离子

物质名称	保留时间/min	碎片离子	定量离子
2-氯苯酚(2-CP)	6.337	64,92,128	128
2-氯-4-甲基酚(2-C-4-MP)	8.044	77,107,142	107
4-氯苯甲醚(4-CAS)	8.207	99,127,142	142
2-叔丁基酚(2-t-BP)	10.580	107,135,150	135
4-叔丁基酚(4-t-BP)	10.891	107,135,150	135
2,4,6-三氯苯甲醚(2,4,6-TCAS)	11.460	167,195,210	195
4-正丁基酚(4-n-BP)	11.818	77,107,150	107
2,4-二叔丁基酚(2,4-d-t-BP)	13.784	57,191,206	191
2,4,6-三溴苯甲醚(2,4,6-TBAS)	15.196	301,329,344	344

4）测定方法

称取2.5 g氯化钠于20 mL进样瓶中，加入10 mL水样，拧紧瓶盖后放入三合一自动进样器样品盘中，固相微萃取方式进样检测。以目标物的保留时间和特征离子进行定性，外标法计算目标物含量。

在上述实验条件下，各目标物提取离子流图如图5-4所示，可以看出分离效果良好。

2. 结果与讨论

1）固相微萃取条件优化

a）固相微萃取涂层的选择

选取 Carboxen/PDMS、DVB/CAR/PDMS、PEG 3种涂层的萃取纤维，考察不同涂层的萃取效果。3种萃取涂层在萃取温度60℃，萃取时间20 min的萃取效果如图5-5所示。

从图中可知,PEG 涂层对所有物质的萃取效果最差,DVB/CAR/PDMS 和 Carboxen/
PDMS 对 2-氯苯酚、4-氯苯甲醚、2,4,6-三氯苯甲醚 3 种物质的萃取效果基本一致,而对其
他的 6 种物质 DVB/CAR/PDMS 的萃取效果要明显优于 Carboxen/PDMS。因此,选择
DVB/CAR/PDMS 为最优固相微萃取涂层。

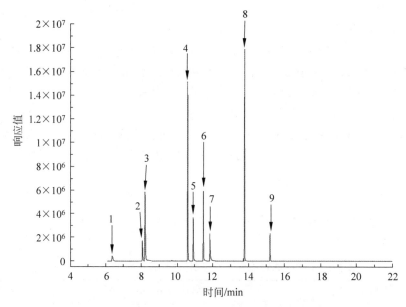

图 5-4　9 种异味物质的提取离子流图

1—2-氯苯酚；2—2-氯-4 甲基酚；3—4-氯苯甲醚；4—2-叔丁基酚；5—4-叔丁基酚；
6—2,4,6-三氯苯甲醚；7—4-正丁基酚；8—2,4-二叔丁基酚；9—2,4,6-三溴苯甲醚。

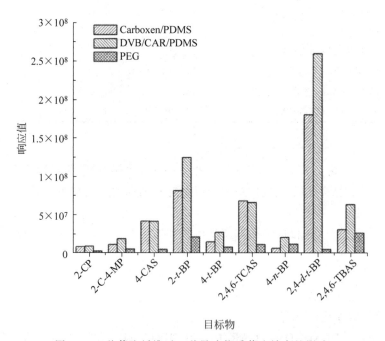

图 5-5　3 种萃取纤维对 9 种异味物质萃取效率的影响

b）氯化钠浓度的优化

在 10 mL 水样中，分别加入 0.0、1.0、2.0、2.5 和 3.0 g 氯化钠，在其他条件相同的情况下，考察氯化钠的加入量对目标物萃取效果的影响，结果如图 5-6 所示。氯化钠浓度在 0.25 g/mL 时 9 种目标物的峰面积达到最大值。因此，本方法选择的氯化钠浓度为 0.25 g/mL。

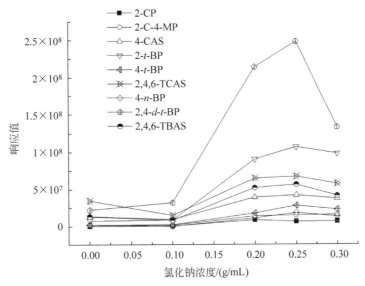

图 5-6　氯化钠浓度对 9 种异味物质萃取效率的影响

c）萃取时间的优化

选择萃取时间分别为 10、20、25、30、35 min，在其他条件相同的情况下，考察萃取时间对目标物萃取效果的影响，结果见图 5-7。由图可知萃取时间在 30 min 时，9 种目标物的峰面积达到最大值。因此，本方法的萃取时间选择为 30 min。

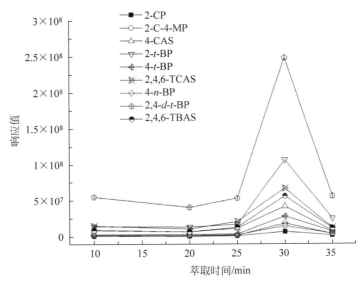

图 5-7　萃取时间对 9 种异味物质萃取效率的影响

d）萃取温度的优化

选择萃取温度分别为 30、40、50、60、70 和 75℃，在其他条件相同的情况下，考察萃取温度对目标物萃取效果的影响，结果如图 5-8 所示。由图可知萃取温度在 70℃ 时，9 种目标物的峰面积达到最大值。因此，本方法的萃取温度选择为 70℃。

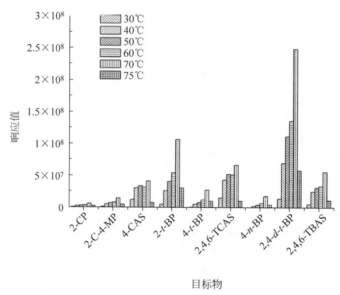

图 5-8　萃取温度对 9 种异味物质萃取效率的影响

2）线性关系及检出限

配制 6 个浓度水平的混合标准工作溶液进行测定，以目标物浓度为横坐标，峰面积为纵坐标，得到标准工作曲线的线性关系，如表 5-5 所示。实验结果表明 9 种目标物在相应的浓度范围内呈良好的线性关系，相关系数（r）≥0.995。根据《环境监测分析方法标准制订技术导则》（HJ 168—2020）的要求，连续分析 7 个实验室空白加标样品，以测得浓度的标准偏差（SD）的 3.143 倍作为方法检出限，4 倍方法检出限作为测定下限。结果显示，各目标物的方法检出限为 0.06～0.19 $\mu g/L$，测定下限为 0.24～0.76 $\mu g/L$。

表 5-5　线性关系及检出限

化合物	线性回归方程	曲线范围 /($\mu g/L$)	相关系数	检出限 /($\mu g/L$)	测定下限 /($\mu g/L$)	嗅阈值 /($\mu g/L$)
2-氯苯酚	$y=1.95\times10^4 x-2.48\times10^4$	1.00～50.0	0.996	0.19	0.76	10
4-氯苯甲醚	$y=1.29\times10^5 x-2.61\times10^5$	1.00～50.0	0.997	0.17	0.68	2
2-氯-4-甲基酚	$y=4.98\times10^4 x-1.30\times10^5$	1.00～50.0	0.996	0.11	0.44	0.15
2-叔丁基酚	$y=1.01\times10^5 x-8.89\times10^3$	1.00～50.0	0.997	0.10	0.40	—
4-叔丁基酚	$y=6.23\times10^4 x-1.11\times10^5$	1.00～50.0	0.998	0.15	0.60	—
2,4,6-三氯苯甲醚	$y=8.72\times10^4 x-1.16\times10^5$	1.00～50.0	0.998	0.10	0.40	8.00×10^{-5}
4-正丁基酚	$y=7.91\times10^4 x-1.54\times10^5$	1.00～50.0	0.998	0.13	0.52	—
2,4-二叔丁基酚	$y=3.58\times10^5 x-6.59\times10^4$	1.00～50.0	0.997	0.06	0.24	—
2,4,6-三溴苯甲醚	$y=3.38\times10^4 x-3.26\times10^4$	1.00～50.0	0.996	0.09	0.36	3.00×10^{-5}

3) 方法的精密度

分别对低浓度、中浓度、高浓度的标准溶液进行 6 次平行测定,结果见表 5-6,相对标准偏差(RSD)为 3.3%～15.3%,方法的精密度良好。

表 5-6　方法精密度

异味物质	不同测定浓度的 RSD/%		
	低浓度	中浓度	高浓度
2-氯苯酚	5.0	7.6	8.4
4-氯苯甲醚	3.3	8.5	7.1
2-氯-4 甲基酚	7.3	6.5	4.8
2-叔丁基酚	15.3	6.3	4.3
4-叔丁基酚	11.2	6.9	5.6
2,4,6-三氯苯甲醚	8.8	6.9	4.7
4-正丁基酚	5.7	8.0	4.4
2,4-二叔丁基酚	7.7	5.7	4.1
2,4,6-三溴苯甲醚	4.3	7.5	6.8

4) 方法的准确度

取地表水样品进行加标检测,结果见表 5-7,回收率为 67.6%～111%,方法的准确度良好。

表 5-7　方法准确度

异味物质	加标浓度/(μg/L)	回收率范围/%
2-氯苯酚	5.00	67.6～83.4
4-氯苯甲醚	5.00	78.6～91.8
2-氯-4-甲基酚	5.00	85.6～99.2
2-叔丁基酚	5.00	88.0～111
4-叔丁基酚	5.00	84.4～109
2,4,6-三氯苯甲醚	5.00	95.0～108
4-正丁基酚	5.00	85.8～103
2,4-二叔丁基酚	5.00	76.6～99.6
2,4,6-三溴苯甲醚	5.00	96.2～109

5.3.3.2　吹扫捕集-气相色谱-质谱法测定水中糠醛和 2,4-二氯苯甲醚

目前国内尚未有水中糠醛和 2,4-二氯苯甲醚两种异味物质的检测方法。本研究建立了吹扫捕集-气相色谱-质谱法同时测定水中糠醛和 2,4-二氯苯甲醚的检测方法。本方法灵敏度高、快速准确,检出限远低于 2 种异味物质的嗅阈值,能够满足应对糠醛和 2,4-二氯苯甲醚水质风险的检测需求。

本方法重点优化了质谱参数及色谱分离条件,从而得到较好的检测结果。实验结果表明,2 种异味物质的线性关系良好,相关系数(r)≥0.995,检出限分别为 2.2 μg/L、0.02 μg/L。在地表水样品中的加标回收率为 83.3%～107%,方法相对标准偏差(RSD)为 2.1%～10.8%。

1. 实验部分

1) 仪器与试剂

仪器：气相色谱/质谱联用仪（Agilent 7890A-5975C）；吹扫捕集进样器（Teckmark 9800/AQUATEK100）。

试剂：氯化钠（分析纯）；甲醇（色谱纯）；实验用水为超纯去离子水。

标准品：糠醛、2,4-二氯苯甲醚（二者纯度＞99%）。

2) 样品采集与保存

水样采集于硬质磨口玻璃瓶中，于 4℃下密封保存，采样后 24 h 内完成测定。

3) 分析条件

a) 吹扫捕集自动进样器条件

取样体积：25 mL；吹扫气：N_2，纯度 99.999%；吹扫时长：10 min；吹扫流速：40 mL/min；吹扫温度：室温；解吸温度：250℃；解吸时间：4 min。

b) 色谱条件

色谱柱：DB-624（60 m×0.25 mm×1.4 μm）；升温程序：起始温度 80℃，以 20℃/min 的速度升至 190℃，以 10℃/min 的速度升至 230℃；进样方式：分流进样，分流比 25∶1；进样口温度：250℃；载气流量：1.0 mL/min，恒流。

c) 质谱条件

接口温度：280℃；电离能量：70 eV；离子源温度：230℃；四极杆温度：150℃；选择离子检测参数见表 5-8。

表 5-8　糠醛和 2,4-二氯苯甲醚的保留时间和碎片离子

物质名称	保留时间/min	碎片离子
糠醛（FF）	7.779	39,67,95
2,4-二氯苯甲醚（2,4-DCAS）	13.197	133,161,176

4) 测定方法

称取 5.0 g 氯化钠于进样瓶中，倒入水样至满瓶不留气泡，拧紧瓶盖后放入吹扫捕集自动进样器中进样检测。以目标物的保留时间和特征离子进行定性，外标法计算目标物含量。

在上述实验条件下，糠醛和 2,4-二氯苯甲醚的提取离子流图如图 5-9 所示，分离效果良好。

2. 结果与讨论

1) 线性关系及检出限

配制 6 个浓度水平的混合标准工作溶液进行测定，以目标物浓度为横坐标，峰面积为纵坐标，得到标准工作曲线的线性关系，如表 5-9 所示。实验结果表明糠醛和 2,4-二氯苯甲醚在相应的浓度范围内呈良好的线性关系，相关系数（r）≥0.995。根据《环境监测分析方法标准制订技术导则》（HJ 168—2020）的要求，连续分析 7 个实验室空白加标样品，以测得浓度的标准偏差（SD）的 3.143 倍作为方法检出限，4 倍方法检出限作为测定下限。结果显示，糠醛和 2,4-二氯苯甲醚的方法检出限分别为 2.2 μg/L、0.02 μg/L，测定下限分别为 8.8 μg/L、0.08 μg/L。

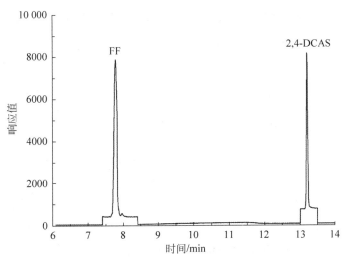

图 5-9　糠醛和 2,4-二氯苯甲醚的提取离子流图

表 5-9　线性关系及检出限

目标物质	线性回归方程	曲线范围 /(μg/L)	相关系数	检出限 /(μg/L)	测定下限 /(μg/L)	嗅阈值 /(μg/L)
糠醛	$y = 545x - 649$	10.0~100	0.997	2.2	8.8	600~1000
2,4-二氯苯甲醚	$y = 2.29 \times 10^4 x - 1.36 \times 10^4$	0.10~1.00	0.998	0.02	0.08	0.21

2) 方法的精密度

分别对低浓度、中浓度、高浓度的标准溶液进行 6 次平行测定,检测结果见表 5-10,相对标准偏差(RSD)为 2.1%~10.8%,方法精密度良好。

表 5-10　方法精密度

异味物质	不同测定浓度的 RSD/%		
	低浓度	中浓度	高浓度
糠醛	6.4	5.1	2.1
2,4-二氯苯甲醚	10.8	5.8	4.3

3) 方法的准确度

取地表水样品进行加标检测,结果如表 5-11 所示,回收率为 83.3%~107%,方法的准确度良好。

表 5-11　方法准确度

异味物质	加标浓度/(μg/L)	回收率范围/%
糠醛	30.0	86.9~100
2,4-二氯苯甲醚	0.30	83.3~107

5.3.3.3 固相微萃取-衍生化-气相色谱-质谱法测定水中 2-氯苯酚、4-氯苯酚等 11 种氯酚类异味物质

本研究建立了固相微萃取-衍生化-气相色谱-质谱法同时测定水中 11 种氯酚类异味物质的检测方法。本方法自动化程度高，无须人工衍生化处理，准确可靠，覆盖对象广泛。

本方法对萃取温度、萃取时间、衍生化时间等前处理条件进行了优化，重点研究了样品加入氯化钠的最佳浓度和调节样品的最佳 pH，从而得到目标物衍生化后最佳的萃取效果。实验结果表明，11 种异味物质的线性关系良好，相关系数(r)≥0.995，检出限为 0.009～0.043 $\mu g/L$。在地表水样品中的加标回收率为 70.5%～128%，方法相对标准偏差（RSD）为 2.5%～17.9%。因 2,6-二溴苯酚嗅阈值极低，本方法检出限高于其嗅阈值水平。在实际应用中若有需要，可以采用固相微萃取-衍生化与气相色谱-串联质谱仪或其他灵敏度更高的质谱仪联用来检测该物质。

1. 实验部分

1）仪器与试剂

仪器：气相色谱-质谱联用仪（Agilent 6890-5973N）；三合一自动进样器（CTC PAL）。

试剂：氯化钠（分析纯）；甲醇（色谱纯）；盐酸（分析纯）；实验用水为超纯去离子水。

标准品：2-氯苯酚、4-氯苯酚、2-溴苯酚、2-氯-4-甲基酚、4-氯-2-甲基酚、4-氯-3-甲基酚、2,6-二氯苯酚、2,4,5-三氯苯酚、2,6-二溴苯酚、2,4-二溴苯酚、2,4,6-三溴苯酚均为纯品（纯度＞99%）。

硅烷化试剂：BSTFA＋1%TMCS＞99%。

2）样品采集与保存

水样采集于硬质磨口玻璃瓶中，于 4℃下密封保存，采样后 24 h 内完成测定。

3）分析条件

a）固相微萃取条件

样品体积：10 mL；固相萃取纤维柱：85 μm Car/PDMS；老化温度：290℃；萃取前老化时间：10 min；萃取温度：80℃；萃取时间：30 min；萃取前摇晃速度：500 r/min；衍生试剂体积：80 μL；衍生化时间：600 s；解吸温度：250℃；解吸时间：5 min。

b）色谱条件

色谱柱：DB-5（60 m×0.25 mm×0.25 μm）；升温程序：起始温度 35℃，以 10℃/min 的速度升至 260℃；进样方式：分流进样，分流比 5∶1；进样口温度：250℃；载气流量：1.0 mL/min，恒流。

c）质谱条件

接口温度：280℃；电离能量：70 eV；离子源温度：230℃；四极杆温度：150℃；选择离子参数详见表 5-12。

表 5-12 11 种异味物质离子的保留时间碎片离子和定量离子

物质名称	保留时间/min	碎片离子	定量离子
2-氯苯酚(2-CP)	9.613	93,185,200	185
4-氯苯酚(4-CP)	10.096	93,185,200	185
2-溴苯酚(2-BP)	10.781	139,149,229	229
2-氯-4-甲基酚(2-C-4-MP)	11.083	93,105,199	199
4-氯-2-甲基酚(4-C-2-MP)	11.282	91,199,201,214	199
4-氯-3-甲基酚(4-C-3-MP)	11.336	91,199,201,214	199
2,6-二氯苯酚(2,6-DCP)	11.728	93,183,219	219
2,4,5-三氯苯酚(2,4,5-TCP)	13.827	93,255,268	255
2,6-二溴苯酚(2,6-DBP)	14.053	137,309,324	309
2,4-二溴苯酚(2,4-DBP)	14.257	137,309,324	309
2,4,6-三溴苯酚(2,4,6-TBP)	16.938	109,139,387	387

4）测定方法

用稀盐酸溶液（1∶9）调节水样 pH 至 2～3，称量 4.0 g 氯化钠于 20 mL 进样瓶中，加入 10 mL 水样，拧紧瓶盖后放入三合一自动进样器进样盘中。取硅烷化试剂（0.3～1 mL）至 2 mL 进样瓶中，放入另外一个进样盘中，萃取纤维柱经过萃取、衍生化后热解吸进入 GC-MS 检测。以目标物的保留时间和特征离子进行定性，外标法计算目标物含量。

在上述实验条件下，各目标物提取离子流图如图 5-10 所示，分离效果良好。

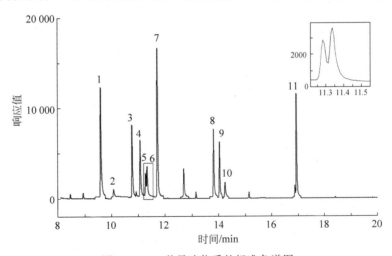

图 5-10 11 种异味物质的标准色谱图

1—2-氯苯酚；2—4-氯苯酚；3—2-溴苯酚；4—2-氯-4-甲基酚；5—4-氯-2-甲基酚；6—4-氯-3-甲基酚；7—2,6-二氯苯酚；8—2,4,5-三氯苯酚；9—2,6-二溴苯酚；10—2,4-二溴苯酚；11—2,4,6-三溴苯酚。

2. 结果与讨论

1）固相微萃取-衍生化的条件优化

a）萃取温度的优化

选择萃取温度分别为 60、70、80 和 90℃，在其他条件相同的情况下，考察萃取温度对目标物萃取效果的影响,结果如图 5-11。结果表明,随着温度的升高目标物的峰面积逐渐增大并在 80℃时达到最大值,之后温度的升高导致水蒸气增多,从而影响目标物的萃取效率以及后续的衍生化反应。因此,本方法萃取温度选择为 80℃。

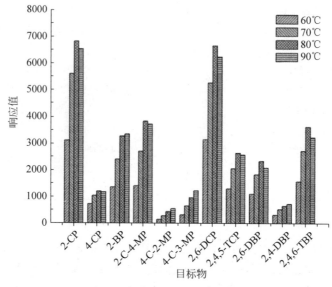

图 5-11　萃取温度对 11 种目标物萃取效率的影响

b) 萃取时间的优化

选择萃取时间分别为 10、20、30 min,在其他条件相同的情况下,考察固相微萃取涂层的吸附动力学曲线,结果如图 5-12 所示。由图可知,除了 4-氯苯酚(4-CP)之外,其余 10 种目标物随着萃取时间的延长,峰面积不断增加。综合考虑萃取效率和检测时长,本方法选择萃取时间为 30 min。

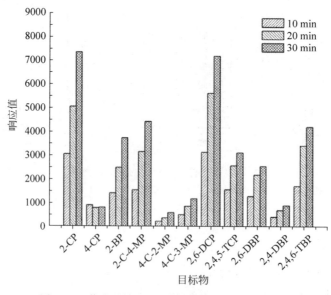

图 5-12　萃取时间对 11 种目标物萃取效率的影响

c) 衍生化时间的优化

顶空固相微萃取之后,直接在萃取纤维上进行衍生化反应。选择衍生化时间分别为 1、3、5、10、15 min,在其他条件相同的情况下,考察时间对衍生化效率的影响。结果如图 5-13 所示,目标物的峰面积随着衍生化时间的增加而增加,10 min 后所有物质峰面积的增长趋于平衡。因此,本方法衍生化时间选择为 10 min。

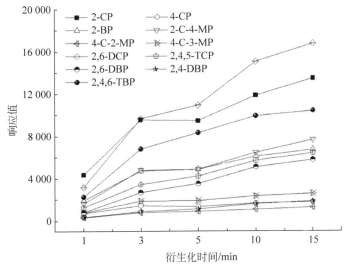

图 5-13　衍生化时间对衍生化效率的影响

d) 氯化钠浓度的优化

在 10 mL 水样中,分别加入 1.0、2.0、3.0、4.0 和 5.0 g 氯化钠,在其他条件相同的情况下,考察氯化钠加入量对目标物萃取效果的影响。结果如图 5-14 所示,随着离子浓度的增加目标物的峰面积不断增加,在离子浓度达到 0.4 g/mL 之后,部分目标物的峰面积开始急速下降,可能因为加盐量过大时无机盐的水合离子对部分目标物产生吸附作用,从而造成萃

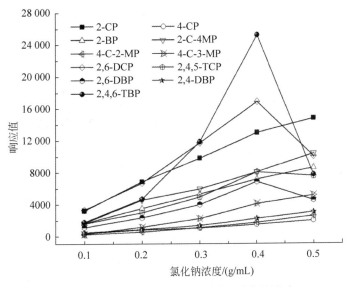

图 5-14　氯化钠浓度对目标物萃取效率的影响

取效率降低。因此,本方法氯化钠的加入量选择为 0.4 g/mL。

e）pH 的影响

酚类物质具有弱极性,pH 会影响其在溶液中的存在形式,从而对萃取效率产生影响。选择 4 个 pH 范围(pH<2、pH=2~3、pH=4~5、pH=7)来考察 pH 对目标物萃取效率的影响。如图 5-15 所示,在 pH=2~3 时各目标物峰面积达到最大值。因此本方法选择样品为 pH=2~3。

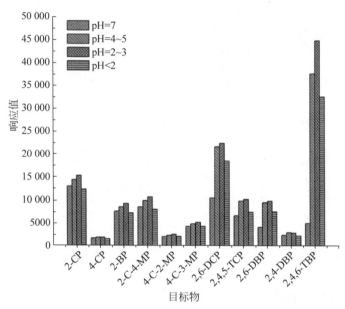

图 5-15   pH 对目标物萃取效率的影响

2）线性关系及检出限

配制 6 个浓度水平的混合标准工作溶液进行测定,以目标物浓度为横坐标,峰面积为纵坐标,得到标准工作曲线的线性方程,如表 5-13 所示。实验结果表明 11 种目标物在相应的浓度范围内呈良好的线性关系,相关系数(r)≥0.995。根据《环境监测分析方法标准制订技术导则》(HJ 168—2020)的要求,连续分析 7 个实验室空白加标样品,以测得浓度的标准偏差(SD)的 3.143 倍作为方法检出限,4 倍方法检出限作为测定下限。结果显示,各目标物的方法检出限为 0.009~0.043 μg/L,测定下限为 0.036~0.172 μg/L。

表 5-13   线性关系及检出限

化 合 物	线性回归方程	曲线范围 /(μg/L)	相关系数	检出限 /(μg/L)	测定下限 /(μg/L)	嗅阈值 /(μg/L)
2-氯苯酚	$y=17.6x+613$	0.05~1.00	0.997	0.010	0.040	10
4-氯苯酚	$y=2.25x+71.7$	0.05~1.00	0.999	0.009	0.036	—
2-溴苯酚	$y=11.1x+173$	0.05~1.00	0.997	0.014	0.056	0.1
2-氯-4-甲基酚	$y=12.1x+198$	0.05~1.00	0.996	0.013	0.052	0.15
4-氯-2-甲基酚	$y=4.14x-65.5$	0.05~1.00	0.999	0.013	0.052	200
4-氯-3-甲基酚	$y=6.04x+9.15$	0.05~1.00	0.999	0.015	0.060	5
2,6-二氯苯酚	$y=23.6x+47.4$	0.05~1.00	0.998	0.013	0.052	22

化　合　物	线性回归方程	曲线范围 /(μg/L)	相关系数	检出限 /(μg/L)	测定下限 /(μg/L)	嗅阈值 /(μg/L)
2,4,5-三氯苯酚	$y=10.1x-385$	0.05~1.00	0.999	0.010	0.040	63
2,6-二溴苯酚	$y=12.9x-237$	0.05~1.00	0.999	0.015	0.060	0.0005
2,4-二溴苯酚	$y=3.79x-31.9$	0.05~1.00	0.998	0.013	0.052	4
2,4,6-三溴苯酚	$y=21.2x-1.12\times10^3$	0.50~10.0	0.997	0.043	0.172	30

3) 方法的精密度

分别对 11 种异味物质低浓度、中浓度、高浓度的标准溶液进行 6 次平行测定,结果见表 5-14,相对标准偏差(RSD)为 2.5%~17.9%,精密度良好。

表 5-14　方法精密度

异味物质	不同测定浓度的 RSD/%		
	低浓度	中浓度	高浓度
2-氯苯酚	14.0	3.6	3.0
4-氯苯酚	14.0	2.7	3.8
2,6-二氯苯酚	9.5	6.9	4.3
2-溴苯酚	8.8	3.7	3.3
2-氯-4-甲基苯酚	12.3	6.3	3.5
4-氯-2-甲基苯酚	11.7	2.5	5.6
4-氯-3-甲基苯酚	13.3	5.5	2.5
2,6-二氯苯酚	9.5	6.9	4.3
2,4,5-三氯苯酚	14.6	8.4	7.9
2,6-二溴苯酚	6.6	12.8	10.1
2,4-二溴苯酚	17.9	9.3	5.5
2,4,6-三溴苯酚	9.8	17.9	11.8

4) 方法的准确度

取地表水样品进行加标检测,结果如表 5-15 所示,回收率为 70.5%~128%,方法准确度良好。

表 5-15　方法准确度

异味物质	加标浓度/(μg/L)	回收率范围/%
2-氯苯酚	0.10	78.9~119
4-氯苯酚	0.10	107~128
2-溴苯酚	0.10	70.5~113
2-氯-4-甲基苯酚	0.10	73.0~121
4-氯-2-甲基苯酚	0.10	109~120
4-氯-3-甲基苯酚	0.10	101~126
2,6-二氯苯酚	0.10	98.1~121
2,4,5-三氯苯酚	0.10	118~124
2,6-二溴苯酚	0.10	108~117
2,4-二溴苯酚	0.10	91.7~125
2,4,6-三溴苯酚	1.00	90.8~121

5.3.3.4　固相萃取-高效液相色谱-串联质谱法测定水中2-溴苯酚、2,6-二氯苯酚等9种氯酚类异味物质

固相微萃取-衍生化-气相色谱-质谱法测定氯酚类异味物质,需要对目标物进行衍生化,前处理操作较为复杂,萃取时间长,不利于目标物的快速检测。本研究建立固相萃取-高效液相色谱-串联质谱法同时测定水中9种氯酚类异味物质的方法,无须使用衍生化,前处理简单,富集倍数大,灵敏度高。除2,6-二溴苯酚的检出限接近其嗅阈值水平外,其他物质的检出限均远低于其嗅阈值。

本方法通过对比试验选择了最佳固相萃取小柱,并分析了样品的pH对萃取效率的影响,从而得到最佳的萃取效果。实验结果表明,9种异味物质的线性关系良好,相关系数(r)≥0.995,检出限为0.002~0.006 $\mu g/L$。在地表水样品中的加标回收率除4-氯苯酚较差外,另外8种异味物质的加标回收率良好,为69.6%~99.9%,方法相对标准偏差(RSD)为0.4%~7.6%。

1. 实验部分

1)仪器与试剂

仪器:高效液相色谱-串联质谱仪(Waters ACQUITY UPLC,TQ检测器);自动固相萃取仪(岛津 AQUA Trace ASPE 799)。

试剂:甲醇(色谱纯);二氯甲烷(色谱纯);盐酸(分析纯);氨水(分析纯);实验用水为超纯去离子水。

标准品:2-溴苯酚、2,6-二氯苯酚、2,4-二溴苯酚、4-氯苯酚、2,6-二溴苯酚、2,4,5-三氯苯酚、2,4,6-三溴苯酚、4-氯-2-甲基酚、4-氯-3-甲基酚均为纯品(纯度>99%)。

2)样品采集与保存

水样采集于硬质磨口玻璃瓶中,于4℃下密封保存,采样后24 h内完成测定。

3)分析条件

a)全自动固相萃取条件

样品体积:500 mL;固相萃取柱:Waters Oasis HLB 6 CC(500 mg);进样流速:5 mL/min;淋洗液:甲醇:二氯甲烷=2:8(体积比);淋洗液体积:12 mL;淋洗流速:0.5 mL/min。

b)色谱条件

色谱柱:Waters ACQUITY UPLC BEH C_{18}(1.7 μm,2.1 mm×50 mm);柱温:30℃;进样量:15 μL;流速:0.4 mL/min;流动相A:0.2%氨水,B:甲醇;梯度洗脱顺序见表5-16。

表5-16　梯度洗脱顺序

时间/min	流速/(mL/min)	流动相(A:0.2%氨水;B:甲醇)
0~0.3	0.4	95%A,5%B
0.3~2	0.4	40%A,60%B
2~3.5	0.4	10%A,90%B
3.5~4	0.4	95%A,5%B

c)质谱条件

电喷雾离子源(ESI);负离子扫描模式;检测模式:多反应检测模式(MRM);毛细管

电压：3.0 kV；射频透镜电压：0.5 V；离子源温度：120℃；脱溶剂温度：400℃；锥孔反吹气流速：50 L/h；脱溶剂气流速：500 L/h；质谱检测器主要参数详见表 5-17。

表 5-17　9 种异味物质质谱参数及保留时间

目标物质	保留时间 /min	定量离子对	母离子碰撞电压/eV	子离子碰撞电压/eV
2-溴苯酚(2-BP)	0.71	170.86/78.85	30	18
2,6-二氯苯酚(2,6-DCP)	0.82	160.80/34.98	38	18
2,4-二溴苯酚(2,4-DBP)	1.24	248.89/78.92	36	25
4-氯苯酚(4-CP)	1.69	126.91/34.98	34	20
2,6-二溴苯酚(2,6-DBP)	1.81	248.83/78.92	36	24
2,4,5-三氯苯酚(2,4,5-TCP)	2.06	194.83/158.96	38	18
2,4,6-三溴苯酚(2,4,6-TBP)	2.22	326.68/78.92	42	26
4-氯-2-甲基酚(4-C-2-MP)	2.63	140.86/34.98	38	14
4-氯-3-甲基酚(4-C-3-MP)	2.81	140.89/34.98	38	14

4）测定方法

用浓盐酸调节水样 pH 至 2～3，取 500 mL 水样于样品瓶中，经自动固相萃取仪萃取后，将洗脱液收集于 20 mL 氮吹管，氮吹至 0.5 mL 左右转移至 2 mL 进样瓶中，用 10% 甲醇溶液（甲醇：去离子水＝1：9，体积比）定容至 1 mL，进入 LC-MS-MS 进行检测。以目标物的保留时间和定量离子对进行定性，外标法计算目标物含量。在上述实验条件下，各目标物的分离色谱图如图 5-16 所示，分离效果良好。

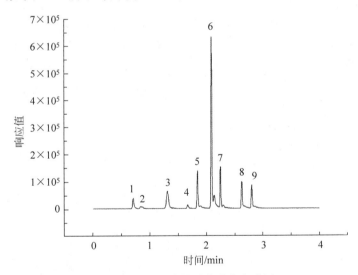

图 5-16　9 种异味物质的分离色谱图

1—2-溴苯酚；2—2,6-二氯苯酚；3—2,4-二溴苯酚；4—4-氯苯酚；5—2,6-二溴苯酚；
6—2,4,5-三氯苯酚；7—2,4,6-三溴苯酚；8—4-氯-2-甲基酚；9—4-氯-3-甲基酚。

2. 结果与讨论

1）前处理条件优化

a）固相萃取小柱的选择

根据 9 种目标物的化学性质，选取 500 mg Oasis HLB 和 500 mg Sep-Pak C$_{18}$（Waters）

2 种萃取柱,考察其对目标物的萃取效果,结果如图 5-17 所示。由图可知,Oasis HLB 萃取柱对 9 种目标物的萃取效率更高。因此,本方法选择萃取柱为 Oasis HLB。

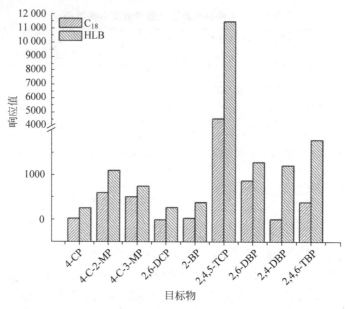

图 5-17　固相萃取小柱对目标物萃取效率的影响

b) pH 的优化

pH 会影响酚类物质在溶液中的存在形式,从而对固相萃取效率产生一定的影响。选择 3 个 pH 范围(pH=2~3、pH=4~5、pH=7)来考察 pH 对目标物萃取效率的影响。如图 5-18 所示,4-氯苯酚和 2,4,6-三溴苯酚 2 种物质在 pH 为 2~3 时,萃取效率最好。其余 7 种物质在 pH=2~3 与 pH=7 时萃取效率较好。综合考虑,本方法选择样品 pH 为 2~3。

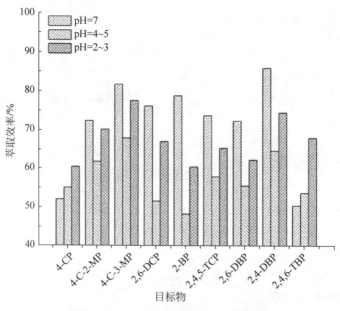

图 5-18　pH 对目标物萃取效率的影响

2）线性关系与检出限

配制 6 个浓度水平的混合标准工作溶液进行测定,以目标物浓度为横坐标,峰面积为纵坐标,得到标准工作曲线,如表 5-18 所示。实验结果表明 9 种目标物在相应的浓度范围内呈良好的线性关系,相关系数(r)>0.995。根据《环境监测分析方法标准制订技术导则》(HJ 168—2020)的要求,连续分析 7 个实验室空白加标样品,以测得浓度的标准偏差(SD)的 3.143 倍作为方法检出限,4 倍方法检出限作为测定下限。结果显示,各目标物的方法检出限为 0.002～0.006 μg/L,测定下限为 0.008～0.024 μg/L。

表 5-18　线性关系及检出限

异味物质	线性回归方程	曲线范围 /(μg/L)	相关系数	检出限[a] /(μg/L)	测定下限[b] /(μg/L)	嗅阈值 /(μg/L)
4-氯苯酚	$y=2.66x+8.46$	10.0～500	0.997	0.005	0.02	—
4-氯-2-甲基酚	$y=8.31x+23.2$	10.0～500	0.997	0.005	0.02	200
4-氯-3-甲基酚	$y=5.99x+13.3$	10.0～500	0.999	0.002	0.008	5
2,6-二氯苯酚	$y=2.04x+10.2$	10.0～500	0.996	0.005	0.02	22
2-溴苯酚	$y=3.55x-0.11$	10.0～500	0.999	0.006	0.024	0.1
2,4,5-三氯苯酚	$y=91.5x+920$	10.0～500	0.997	0.004	0.016	63
2,6-二溴苯酚	$y=10.3x+49.7$	10.0～500	0.998	0.005	0.02	0.0005
2,4-二溴苯酚	$y=9.44x-33.4$	10.0～500	0.998	0.003	0.012	4
2,4,6-三溴苯酚	$y=19.0x+179$	10.0～500	0.997	0.002	0.008	30

a、b：检出限和测定下限均是以 500 mL 水样计得。

3）方法的精密度

分别对低浓度,中浓度,高浓度的标准溶液进行 6 次平行测定,结果见表 5-19,相对标准偏差(RSD)为 0.4%～7.6%,方法的精密度良好。

表 5-19　方法精密度

异味物质	不同测定浓度的 RSD/%		
	低浓度	中浓度	高浓度
4-氯苯酚	7.1	3.4	2.8
4-氯-2-甲基酚	2.4	1.6	0.4
4-氯-3-甲基酚	7.6	2.9	2.0
2,6-二氯苯酚	7.6	2.9	2.0
2-溴苯酚	5.2	4.4	1.4
2,4,5-三氯苯酚	3.5	1.5	0.7
2,6-二溴苯酚	5.3	2.4	1.2
2,4-二溴苯酚	4.3	2.4	3.4
2,4,6-三溴苯酚	5.6	2.7	0.9

4）方法的准确度

取地表水样品进行加标检测,结果如表 5-20 所示,其中 4-氯苯酚的加标回收率较差,为

50.3％～64.6％,另外 8 种异味物质的加标回收率良好,为 69.6％～99.9％。

表 5-20　方法准确度试验

异 味 物 质	加标浓度/(ng/L)	回收率范围/％
4-氯苯酚	80.0	50.3～64.6
4-氯-2-甲基酚	80.0	72.0～80.3
4-氯-3-甲基酚	80.0	90.6～99.9
2,6-二氯苯酚	80.0	75.2～98.5
2-溴苯酚	80.0	75.7～87.3
2,4,5-三氯苯酚	80.0	77.6～83.7
2,6-二溴苯酚	80.0	69.6～76.8
2,4-二溴苯酚	80.0	76.0～88.8
2,4,6-三溴苯酚	80.0	80.3～94.4

5.3.3.5　顶空固相微萃取-气相色谱-质谱法测定水中 11 种异味物质

本研究建立了固相微萃取-气相色谱-质谱法同时测定水中天然源、工业源和消毒副产物源共 11 种异味物质的检测方法。本方法准确高效、灵敏度高、覆盖对象广泛,除 2,4,6-三氯苯甲醚和 2,4,6-三溴苯甲醚以外,其他物质的检出限均低于其嗅阈值。

本方法对萃取纤维涂层、氯化钠浓度、萃取时间、萃取温度、脱附时间和振荡速度等前处理条件进行了优化,从而得到最佳的萃取效果。实验结果表明,11 种异味物质的线性关系良好,相关系数(r)≥0.995,检出限为 0.70～23.2 ng/L。在地表水、地下水和生活饮用水样品中的加标回收率为 83.7％～107％,方法相对标准偏差(RSD)为 1.4％～9.7％。

1. 实验部分

1) 仪器与试剂

仪器:气相色谱-质谱联用仪(Agilent 7890A-5975C);三合一自动进样器(CTC PAL)。

试剂:氯化钠(分析纯);甲醇(色谱纯);实验用水为超纯去离子水。

标准品:2-甲基异茨醇、土臭素、2-异丙基-3-甲氧基吡嗪、2-异丁基-3-甲氧基吡嗪、4-氯苯甲醚、2,4,6-三氯苯甲醚、2,4,6-三溴苯甲醚、2-叔丁基酚、4-叔丁基酚、4-丁基酚、2,4-二叔丁基酚均为有证标准溶液,100 mg/L。

2) 样品采集与保存

水样采集于硬质磨口玻璃瓶中,于 4℃下密封保存,采样后 24 h 内完成测定。

3) 分析条件

a) 固相微萃取条件

样品体积:10 mL;固相微萃取纤维柱:DVB/CAR/PDMS;老化温度:270℃;萃取前老化时间:10 min;萃取温度:70℃;萃取时间:30 min;萃取前摇晃速度:400 r/min;解吸温度:270℃;解吸时间:3 min。

b) 气相色谱条件

色谱柱:DB-5(30 m×0.25 mm×0.25 μm);升温程序:初始温度 50℃,保持 0.5 min,以 10℃/min 升温至 160℃,保持 2 min,再以 20℃/min 升温至 260℃;进样方式:不分流进

样；进样口温度：270℃；载气流量：1.0 mL/min，恒流。

c）质谱条件

四极杆温度：150℃；离子源温度：230℃；传输线温度：280℃；电离能量：70 eV；扫描模式：SIM；溶剂延迟时间：6 min；选择离子检测参数见表 5-21。

表 5-21　11 种异味物质的保留时间及选择离子参数

序号	化合物名称	保留时间/min	定量特征离子	定性特征离子
1	1,2-二氯苯-D4*	6.69	150	78 152
2	2-异丙基-3-甲氧基吡嗪	7.47	137	124 152
3	4-氯苯甲醚	7.81	142	99 127
4	2-异丁基-3-甲氧基吡嗪	8.79	124	94 151
5	2-甲基异莰醇	9.13	95	107 135
6	2-叔丁基酚	10.11	135	107 150
7	4-叔丁基酚	10.42	135	107 150
8	2,4,6-三氯苯甲醚	11.02	195	167 210
9	4-丁基酚	11.33	107	77 150
10	土臭素	12.36	112	55 149
11	氘代萘-D10**	13.41	164	160 162
12	2,4-二叔丁基酚	13.69	191	163 206
13	2,4,6-三溴苯甲醚	15.31	329	301 344

＊ 1,2-二氯苯-D4 为 2-异丙基-3-甲氧基吡嗪、4-氯苯甲醚、2-异丁基-3-甲氧基吡嗪、2-甲基异莰醇的内标；

＊＊ 氘代萘-D10 为 2-叔丁基酚、4-叔丁基酚、2,4,6-三氯苯甲醚、4-丁基酚、土臭素、2,4-二叔丁基酚、2,4,6-三溴苯甲醚的内标。

4）测定方法

在顶空样品瓶中依次加入 3.5 g 氯化钠、10 mL 待测水样、200 μL 甲醇和 50 μL 内标使用液（氘代-1,2-二氯苯和氘代-萘浓度为 0.20 mg/L），拧紧瓶盖后放入三合一自动进样器样品盘中，固相微萃取方式进样检测。以目标物的保留时间和特征离子进行定性，内标法计算目标物含量。

在上述实验条件下，各目标物提取离子流图如图 5-19 所示，分离效果良好。

2. 结果与讨论

1）固相微萃取条件优化

a）固相微萃取涂层的选择

选择 Carboxen/PDMS、PDMS、Polyacrylate 和 DVB/CAR/PDMS 4 种常见的萃取纤维，在其他条件相同的情况下，考察不同涂层的萃取效果，结果如图 5-20 所示。当采用 DVB/CAR/PDMS 萃取纤维时，11 种目标物的萃取效果最好。因此，本方法萃取纤维选择为 DVB/CAR/PDMS。

b）氯化钠浓度的优化

在 10 mL 水样中，分别加入 0.0、1.0、2.0、3.0、3.5、4.0 g 氯化钠，在其他条件相同的情况下，考察氯化钠的加入量对目标物萃取效果的影响，结果如图 5-21 所示。当氯化钠加入

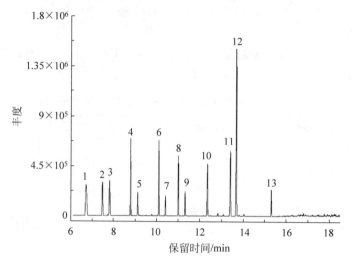

图 5-19 11 种异味物质的提取离子流图

1—1,2-二氯苯-D4(内标 1)；2—2-异丙基-3-甲氧基吡嗪；3—4-氯苯甲醚；4—3-异丁基-3-甲氧基吡嗪；5—2-甲基异莰醇；6—2-叔丁基酚；7—4-叔丁基酚；8—2,4,6-三氯苯甲醚；9—4-丁基酚；10—土臭素；11—氘代苊-D10(内标 2)；12—2,4-二叔丁基酚；13—2,4,6-三溴苯甲醚。

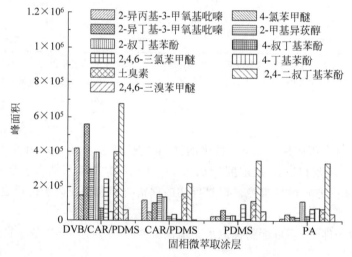

图 5-20 4 种萃取纤维对目标物萃取效果的影响

量为 3.5 g 时,各目标物的峰面积最大,萃取效率最好。因此,本方法选择氯化钠加入量为 3.5 g/10mL。

c) 萃取时间的优化

选择萃取时间分别为 10、20、30、40、50、60 min,在其他条件相同的情况下,考察固相微萃取涂层的吸附动力学曲线,如图 5-22 所示。随着萃取时间的延长,各目标物的峰面积逐渐升高,在 30 min 之后接近吸附平衡,增加萃取时间对萃取效率没有明显的提高。因此,本方法的萃取时间选择为 30 min。

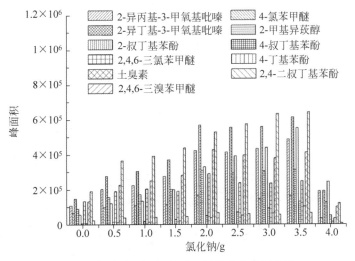

图 5-21 氯化钠的加入量对目标物萃取效果的影响

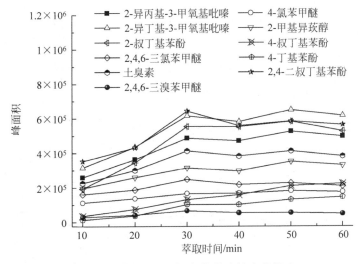

图 5-22 萃取时间对目标物萃取效率的影响

d）萃取温度的优化

选择萃取温度分别为 40、50、60、70、80℃，在其他条件相同的情况下，考察萃取温度对目标物萃取效果的影响，结果如图 5-23 所示。由图可知，萃取温度为 70℃时，11 种目标物的峰面积达到最大值。因此，本方法的萃取温度选择为 70℃。

e）振荡速度的优化

选取振荡速度分别为 300、400、500、600、700 r/min，在其他条件相同的情况下，考察振荡速度对目标物萃取效果的影响，如图 5-24 所示。结果表明，随着振荡速度的增加，11 种目标物的峰面积也相应提高，振荡速度为 400 r/min 时达到吸附平衡。因此，本方法选择振荡速度为 400 r/min。

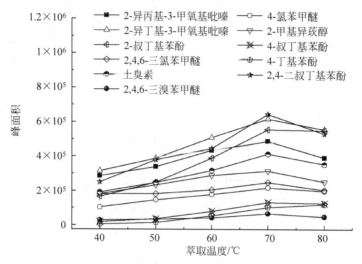

图 5-23　萃取温度对目标物萃取效率的影响

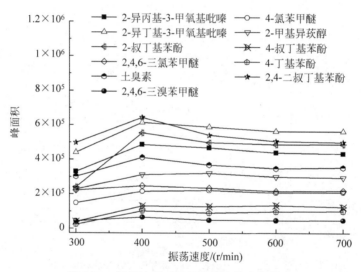

图 5-24　振荡速度对目标物萃取效率的影响

f）脱附时间的优化

在其他条件相同的情况下，脱附时间分别选择 1、2、3、4、5、6 min 进行优化，结果如图 5-25 所示。结果表明，随着脱附时间的增加，11 种目标物的脱附量也相应增加，当脱附时间为 3 min 时，脱附达到平衡。因此，本方法脱附时间选择为 3 min。

2）线性关系及检出限

配制 6 个浓度水平的混合标准工作溶液进行测定，以目标物浓度与对应内标物浓度的比值为横坐标，以目标物定量离子峰面积与对应内标物定量离子峰面积的比值为纵坐标，得到标准工作曲线，如表 5-22 所示。实验结果表明 11 种目标物在相应的浓度范围内呈良好的线性关系，相关系数（r）≥0.995。根据《环境监测分析方法标准制订技术导则》（HJ 168—2020）的要求，连续分析 7 个实验室空白加标样品，以测得浓度的标准偏差（SD）

的 3.143 倍作为方法检出限,4 倍方法检出限作为测定下限。结果显示,各目标物的方法检出限为 0.70～23.2 ng/L,测定下限为 2.80～92.8 ng/L。

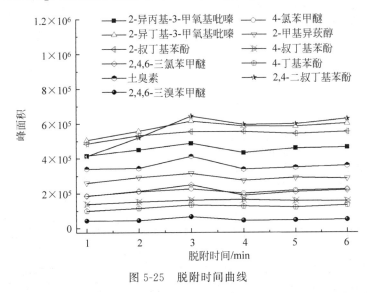

图 5-25　脱附时间曲线

表 5-22　线性关系及检出限

化合物	线性回归方程	曲线范围 /(ng/L)	相关系数	检出限 /(ng/L)	测定下限 /(ng/L)	嗅阈值 /(ng/L)
2-异丙基-3-甲氧基吡嗪	$y=3.96\times10^{-2}x+1.41\times10^{-3}$	5.00～200	0.999	0.75	3.00	2
4-氯苯甲醚	$y=4.92\times10^{-1}x+2.62\times10^{-2}$	100～4000	0.999	23.2	92.8	2000
2-异丁基-3-甲氧基吡嗪	$y=4.95\times10^{-2}x+3.98\times10^{-4}$	5.00～200	0.999	0.79	3.16	1
2-甲基异莰醇	$y=2.88\times10^{-2}x+7.06\times10^{-4}$	5.00～200	0.999	0.72	2.88	10
2-叔丁基苯酚	$y=5.41\times10^{-2}x-2.33\times10^{-3}$	5.00～200	0.999	0.98	3.92	—
4-叔丁基苯酚	$y=6.49\times10^{-1}x-3.93\times10^{-2}$	100～4000	0.998	17.1	68.4	—
2,4,6-三氯苯甲醚	$y=4.05\times10^{-2}x+4.81\times10^{-5}$	5.00～200	0.999	1.08	4.32	0.08
4-丁基苯酚	$y=7.31\times10^{-1}x-6.31\times10^{-2}$	100～4000	0.998	19.1	76.4	—
土臭素	$y=9.41\times10^{-2}x-7.86\times10^{-4}$	5.00～200	0.999	0.70	2.80	4
2,4-二叔丁基苯酚	$y=5.91x-4.62\times10^{-1}$	100～4000	0.997	22.1	88.4	—
2,4,6-三溴苯甲醚	$y=2.63\times10^{-1}x-5.81\times10^{-3}$	100～4000	0.999	22.8	91.2	0.03

3)方法的精密度

分别对低浓度、中浓度、高浓度的标准溶液进行 6 次平行测定,结果见表 5-23,相对标准偏差(RSD)为 1.4%～9.7%,方法的精密度良好。

4)方法的准确度

取地表水、地下水、生活饮用水样品进行加标检测,结果见表 5-24,回收率为 83.7%～107%,方法的准确度良好。

表 5-23   方法精密度

异味物质	不同测定浓度的 RSD/%		
	低浓度	中浓度	高浓度
2-异丙基-3-甲氧基吡嗪	9.2	5.8	3.3
4-氯苯甲醚	7.8	5.7	5.7
2-异丁基-3-甲氧基吡嗪	6.9	5.5	4.7
2-甲基异莰醇	8.7	4.3	4.6
2-叔丁基苯酚	9.7	6.3	3.4
4-叔丁基苯酚	2.2	2.6	5.6
2,4,6-三氯苯甲醚	6.4	3.2	4.4
4-丁基苯酚	4.2	5.6	5.9
土臭素	4.9	1.4	2.0
2,4-二叔丁基苯酚	5.0	1.6	4.8
2,4,6-三溴苯甲醚	5.4	2.2	2.8

表 5-24   方法准确度

异味物质	加标浓度 /(ng/L)	回收率/%		
		地表水	地下水	生活饮用水
2-异丙基-3-甲氧基吡嗪	10.0	102	94.7	107
	100	95.9	95.5	106
4-氯苯甲醚	200	93.2	95.4	93.6
	2000	93.9	93.2	91.2
2-异丁基-3-甲氧基吡嗪	10.0	94.9	83.7	102
	100	97.3	94.7	101
2-甲基异莰醇	10.0	95.1	94.8	100
	100	94.9	96.2	101
2-叔丁基苯酚	10.0	91.5	88.9	95.0
	100	91.3	93.7	86.0
4-叔丁基苯酚	200	90.4	87.9	88.6
	2000	86.6	92.5	85.9
2,4,6-三氯苯甲醚	10.0	90.4	93.7	95.4
	100	94.0	94.6	84.8
4-丁基苯酚	200	93.3	85.4	89.3
	2000	88.7	89.5	86.8
土臭素	10.0	106	93.7	85.7
	100	97.3	97.7	85.8
2,4-二叔丁基苯酚	200	93.9	86.0	93.0
	2000	93.5	94.1	97.7
2,4,6-三溴苯甲醚	200	94.5	89.3	92.1
	2000	89.9	92.4	91.3

5.3.3.6　顶空固相微萃取-气相色谱-串联质谱法检测水中 β-环柠檬醛、α-紫罗兰酮等 30 种异味物质

本研究建立了顶空固相微萃取-气相色谱-串联质谱法同时测定水中天然源和工业源共 30 种异味物质的检测方法。本方法准确高效,灵敏快速,所有物质的检出限均低于其嗅阈值,极大地扩展了检测对象范围,提高了异味物质的筛查效率。

本方法对萃取时间、萃取温度、解吸时间和氯化钠浓度等前处理条件进行了优化,从而得到 30 种异味物质的最佳萃取效果。实验结果表明,30 种异味物质的线性关系良好,相关系数(r)≥0.995,检出限为 0.001～2.10 μg/L。在地表水和生活饮用水样品中的加标回收率为 56.7%～140%,方法相对标准偏差(RSD)为 1.2%～12.6%。

1. 实验部分

1) 仪器与试剂

仪器:气相色谱/串联质谱仪(Trace 1300/TSQ 8000 EVO);三合一自动进样器(CTC PAL)。

试剂:甲醇(色谱纯);氯化钠(分析纯);实验用水为超纯去离子水。

标准品:2-甲基异莰醇(2-MIB),土臭素,β-环柠檬醛,反式-2,4-癸二烯醛,α-紫罗兰酮,β-紫罗兰酮,丙硫醇,2-戊硫醇,异戊硫醇,二甲基二硫,二甲基三硫,乙苯,对二甲苯,间二甲苯,邻二甲苯,苯乙烯,1,4-二氯苯,苯硫酚,邻甲酚,间甲酚,3-甲基吲哚,2-氯乙基甲基醚,1,4-二噁烷,茚满,吡嗪,2,6-二甲基吡嗪,2-异丙基-3-甲氧基吡嗪,川芎嗪,正己醛和苯甲醛均为 100 mg/L。

2) 样品采集与保存

水样采集于硬质磨口玻璃瓶中,于 4℃下密封保存,采样后 24 h 内完成测定。

3) 实验条件

a) 固相微萃取条件

样品体积 10 mL;固相微萃取纤维柱(SPME Arrow 85 μm CWR/PDMS);萃取温度:50℃;萃取时间:30 min;解吸温度:260℃;解吸时间:120 s。

b) 气相色谱条件

色谱柱:DB-WAX UI(60 m×0.25 mm×0.5 μm);升温程序:起始温度 35℃,保持5.5 min,以 8℃/min 的速度升至 240℃,保持 18 min;进样口温度:260℃;进样方式:不分流模式;载气流速:恒流,1.00 mL/min。

c) 质谱条件

离子源温度:280℃;传输线温度:280℃;扫描方式:选择离子扫描(SRM),检测参数参见表 5-25。

4) 测定方法

称取 3 g 氯化钠于 20 mL 顶空瓶中,加入 10.0 mL 水样,将顶空瓶放置于三合一自动进样器进样盘中进行萃取和分析。生活饮用水样品需先添加抗坏血酸除氯(每 100 mL 水样添加 50 mg)。

表 5-25　30 种异味物质的选择离子参数及保留时间

化合物名称	保留时间/min	母离子	子离子	碰撞能量/V	化合物名称	保留时间/min	母离子	子离子	碰撞能量/V
丙硫醇	10.09	47	45	10	二甲基三硫	22.32	79	64	15
		76*	42.1*	5			126	61	9
		76	47	15			126*	79*	15
2-戊硫醇	12.79	61	35	10	2-异丙基-3-甲氧基吡嗪	22.67	137	109	9
		104	55.1	10			152	124	6
		104*	70.1*	5			152*	137*	9
异戊硫醇	13.69	55	29.1	10	1,4-二氯苯	23.18	146	75	26
		104	55.1	10			146*	111*	12
		104*	70.1*	5			148	75	24
2-氯乙基甲基醚	13.79	45.1	40.9	60	川芎嗪	23.61	54.1	39.1	5
		45.1	43.2	15			136.1*	54.1*	15
		94.1*	45.1*	5			136.1	135.1	10
1,4-二噁烷	15.37	58.1	28.1	5	苯硫酚	24.15	66.1	65.1	10
		88.1*	28.1*	15			110	51.1	30
		88.1	57.1	10			110*	66.1*	15
二甲基二硫	15.61	79	64	15	苯甲醛	24.67	77	51	15
		94	61	9			105*	77*	15
		94*	79*	12			106	77	21
正己醛	15.63	56	39	18	2-MIB	25.69	95.1	41.1	16
		56*	41*	9			95.1	55.1	16
		82	67	6			95.1*	67.1*	10
乙苯	16.75	91	39	27	β-环柠檬醛	26.30	137.1*	109.1*	5
		91	65	18			152.1	123.1	5
		106*	91*	15			152.1	137.1	5
对二甲苯	16.93	91	39	27	反式-2,4-癸二烯醛	28.81	81	53	15
		91	65	18			81	79	6
		106*	91*	15			152*	81*	6
间二甲苯	17.07	91	39	27	α-紫罗兰酮	29.57	93.1*	77*	10
		91	65	18			121	77	18
		106*	91*	15			121	91	12
邻二甲苯	18.08	91	39	27	土臭素	29.64	112.1	69.1	16
		91	65	18			112.1	83.1	8
		106*	91*	15			112.1*	97.1*	8
吡嗪	18.70	53.1	26.1	5	β-紫罗兰酮	30.93	43	41	5
		80	26.1	20			177.1*	147.1*	20
		80*	53.1*	10			177.1	162.1	10
苯乙烯	19.51	78	52	18	邻甲酚	31.25	90	63	27
		104	52	27			108*	77*	27
		104*	78*	12			108	79	18
2,6-二甲基吡嗪	21.03	42.1	41	5	间甲酚	32.76	108*	77*	27
		108.1*	42.1*	15			108	79	18
		108.1	107.1	15			108	90	18
茚满	22.03	117.1	91.1	20	3-甲基吲哚	43.94	77	51	15
		117.1	115.1	10			130*	77*	27
		118.1*	117.1*	10			130	103	18

注：标 * 的为定量离子对。

在上述实验条件下,各目标物提取离子流图如图 5-26 所示,分离效果良好。

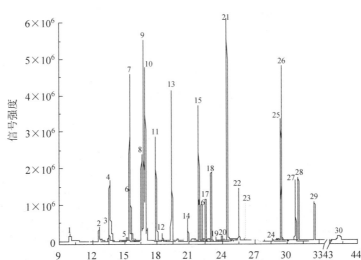

图 5-26　30 种化合物气相色谱-质谱图

1—丙硫醇;2—2-戊硫醇;3—异戊硫醇;4—2-氯乙基甲基醚;5—1,4-二噁烷;6—二甲基二硫;7—正己醛;8—乙苯;9—对二甲苯;10—间二甲苯;11—邻二甲苯;12—吡嗪;13—苯乙烯;14—2,6-二甲基吡嗪;15—茚满;16—二甲基三硫;17—2-异丙基-3-甲氧基吡嗪;18—1,4-二氯苯;19—川芎嗪;20—苯硫酚;21—苯甲醛;22—2-MIB;23—β-环柠檬醛;24—反式-2,4-癸二烯醛;25—α-紫罗兰酮;26—土臭素;27—β-紫罗兰酮;28—邻甲酚;29—间甲酚;30—3-甲基吲哚。

2. 结果与讨论

1)固相微萃取条件优化

a)氯化钠浓度的优化

在样品中加入浓度分别为 0、0.05、0.1、0.2、0.3、0.4、0.5 g/mL 的氯化钠溶液,研究盐浓度对萃取效率的影响。结果如图 5-27 所示,随着氯化钠加入量的增加,各目标物的峰面

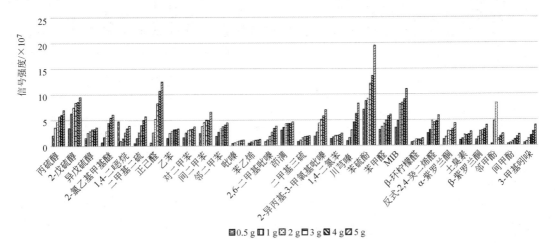

□0.5 g □1 g □2 g □3 g □4 g □5 g

图 5-27　氯化钠浓度对目标物萃取效率的影响

积逐渐增大,盐浓度 0.3 g/mL 时达到最大值,盐浓度继续增大,萃取效率无明显增加。这是因为盐析效应使目标物在样品溶液中的溶解度下降,促进了异味物质的挥发,提高了萃取效率。盐浓度达到 0.3 g/mL 时趋于饱和。因此本方法氯化钠的加入量选为 0.3 g/mL。

　　b) 萃取温度

　　研究了萃取温度(30、40、50、60、70、80℃)对萃取效率的影响。结果如图 5-28 所示,随着萃取温度的增加,低沸点目标物的萃取效率逐渐减小,高沸点目标物的萃取效率逐渐增大。综合考虑,本方法选择萃取温度为 50℃。

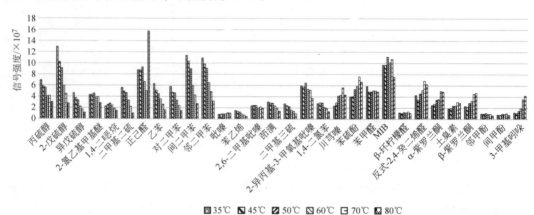

图 5-28　萃取温度对目标物萃取效率的影响

　　c) 萃取时间

　　研究了萃取时间(5、10、20、30、40 min)对萃取效率的影响。结果如图 5-29 所示,随着萃取时间的增加,各目标物的峰面积逐渐增大。萃取时间为 30 min 时,各目标物均达到萃取平衡状态。因此本方法选择萃取时间为 30 min。

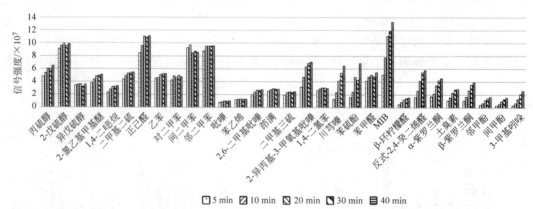

图 5-29　萃取时间对目标物萃取效率的影响

　　d) 解吸时间

　　研究了解吸时间(30、60、90、120、180、240、300 s)对检测结果的影响。结果如图 5-30 所示,随着解吸时间的延长,各目标物的峰面积逐渐增加。当解吸时间为 120 s 时,各目标物均达到解吸平衡状态。因此本方法选择解吸时间为 120 s。

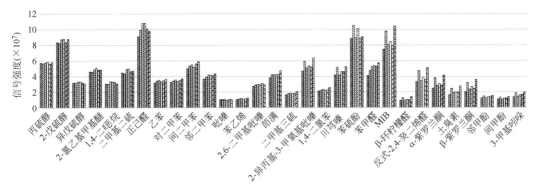

图 5-30 解吸时间的影响

2) 线性关系及检出限

配制 6 个浓度水平的混合标准工作溶液进行测定,以目标物浓度为横坐标,峰面积为纵坐标,得到标准工作曲线的线性方程,如表 5-26 所示。实验结果表明 30 种目标物在相应的浓度范围内呈良好的线性关系,相关系数(r)>0.995。根据《环境监测分析方法标准制订技术导则》(HJ 168—2020)的要求,连续分析 7 个实验室空白加标样品,以测得浓度的标准偏差(SD)的 3.143 倍作为方法检出限,4 倍方法检出限作为测定下限。结果显示,各目标物的方法检出限为 0.001~2.10 μg/L,测定下限为 0.004~8.40 μg/L。

表 5-26 线性关系及检出限

异味物质	线性回归方程	曲线范围 /(μg/L)	相关系数	检出限 /(μg/L)	测定下限 /(μg/L)	嗅阈值 /(μg/L)
丙硫醇	$y=1.40\times10^{6}x-1.10\times10^{5}$	0.20~2.00	0.997	0.05	0.20	1.6
2-戊硫醇	$y=3.10\times10^{6}x-2.40\times10^{5}$	0.10~1.00	0.998	0.025	0.10	0.8
异戊硫醇	$y=3.94\times10^{6}x-2.01\times10^{5}$	0.12~1.00	0.997	0.03	0.12	—
2-氯乙基甲基醚	$y=1.77\times10^{6}x+1.01\times10^{4}$	0.40~10.0	0.999	0.10	0.40	—
1,4-二噁烷	$y=8.71\times10^{3}x+2.91\times10^{4}$	8.40~100	0.998	2.10	8.40	—
二甲基二硫	$y=3.46\times10^{7}x+1.08\times10^{5}$	0.02~0.20	0.999	0.005	0.02	4
正己醛	$y=1.19\times10^{7}x+3.05\times10^{6}$	0.12~2.00	0.995	0.03	0.12	0.28
乙苯	$y=3.92\times10^{8}x+5.11\times10^{6}$	0.012~0.10	0.997	0.003	0.012	29
对二甲苯	$y=4.43\times10^{8}x+1.34\times10^{7}$	0.012~0.10	0.998	0.003	0.012	1000
间二甲苯	$y=6.01\times10^{8}x+1.33\times10^{7}$	0.008~0.10	0.996	0.002	0.008	1000
邻二甲苯	$y=4.11\times10^{8}x+7.82\times10^{6}$	0.012~0.10	0.998	0.003	0.012	270
吡嗪	$y=2.48\times10^{5}x+5.67\times10^{4}$	0.12~5.00	0.999	0.03	0.12	2.76
苯乙烯	$y=3.95\times10^{8}x+8.82\times10^{5}$	0.008~0.05	0.996	0.002	0.008	150
2,6-二甲基吡嗪	$y=3.53\times10^{6}x+7.83\times10^{4}$	0.08~1.00	0.998	0.02	0.08	6
茚满	$y=1.86\times10^{8}x+3.04\times10^{5}$	0.004~0.05	0.996	0.001	0.004	—
二甲基三硫	$y=7.61\times10^{7}x-5.94\times10^{4}$	0.006~0.05	0.997	0.002	0.008	1.1-10
2-异丙基-3-甲氧基吡嗪	$y=7.87\times10^{7}x-6.33\times10^{4}$	0.004~0.05	0.997	0.001	0.004	—
1,4-二氯苯	$y=1.04\times10^{8}x+4.94\times10^{4}$	0.004~0.05	0.999	0.001	0.004	30
川芎嗪	$y=8.07\times10^{6}x+41.5$	0.006~0.05	0.997	0.002	0.008	1000

续表

异味物质	线性回归方程	曲线范围 /(μg/L)	相关系数	检出限 /(μg/L)	测定下限 /(μg/L)	嗅阈值 /(μg/L)
苯硫酚	$y=2.90\times10^6x+7.48\times10^4$	0.04~0.40	0.999	0.01	0.04	0.28
苯甲醛	$y=4.17\times10^7x+1.72\times10^6$	0.04~0.50	0.997	0.01	0.04	4.29
2-MIB	$y=5.20\times10^7x+4.37\times10^4$	0.006~0.10	0.998	0.002	0.008	0.01
β-环柠檬醛	$y=1.78\times10^7x-7.07\times10^4$	0.008~0.20	0.997	0.002	0.008	19
反式-2,4-癸二烯醛	$y=3.69\times10^5x-1.21\times10^3$	0.04~0.40	0.996	0.01	0.04	0.3
α-紫罗兰酮	$y=1.38\times10^8x-3.68\times10^5$	0.012~0.10	0.998	0.003	0.012	0.007
土臭素	$y=3.57\times10^8x-5.16\times10^5$	0.005~0.05	0.997	0.001	0.004	0.004
β-紫罗兰酮	$y=7.83\times10^7x-2.39\times10^5$	0.01~0.10	0.998	0.002	0.008	0.007
邻甲酚	$y=3.59\times10^6x-3.39\times10^4$	0.12~2.00	0.998	0.03	0.12	650
间甲酚	$y=2.50\times10^6x-9.03\times10^4$	0.20~2.00	0.998	0.05	0.20	680
3-甲基吲哚	$y=6.97\times10^6x-3.49\times10^4$	0.02~0.20	0.997	0.005	0.02	1

3）方法的精密度

分别对低浓度和中浓度的标准溶液进行 6 次平行测定,结果见表 5-27,相对标准偏差 (RSD)为 1.2%~12.6%,方法的精密度良好。

表 5-27　方法精密度

异味物质	浓度/(μg/L)	RSD/%	异味物质	浓度/(μg/L)	RSD/%
丙硫醇	0.80	2.7	二甲基三硫	0.02	3.1
	1.60	2.4		0.04	1.4
2-戊硫醇	0.40	2.2	2-异丙基-3-甲氧基吡嗪	0.02	2.1
	0.80	8.3		0.04	1.5
异戊硫醇	0.40	4.8	1,4-二氯苯	0.02	3.6
	0.80	12.6		0.04	2.1
2-氯乙基甲基醚	4.00	1.2	川芎嗪	0.02	3.2
	8.00	2.00		0.04	8.9
1,4-二噁烷	40.0	1.3	苯硫酚	0.16	2.8
	80.0	2.5		0.32	3.3
二甲基二硫	0.08	4.2	苯甲醛	0.20	3.7
	0.16	1.9		0.40	4.3
正己醛	0.80	4.3	2-MIB	0.04	2.4
	1.60	4.2		0.08	1.3
乙苯	0.02	2.4	β-环柠檬醛	0.08	1.4
	0.04	4.4		0.16	2.0
对二甲苯	0.02	9.7	反式-2,4-癸二烯醛	0.16	5.2
	0.04	3.9		0.32	4.3
间二甲苯	0.02	5.5	α-紫罗兰酮	0.04	1.8
	0.04	4.9		0.08	3.0
邻二甲苯	0.02	4.5	土臭素	0.02	1.8
	0.04	3.0		0.04	1.7

续表

异味物质	浓度/(μg/L)	RSD/%	异味物质	浓度/(μg/L)	RSD/%
吡嗪	2.00	2.0	β-紫罗兰酮	0.04	3.3
	4.00	2.0		0.08	4.0
苯乙烯	0.02	3.1	邻甲酚	0.80	3.7
	0.04	3.0		1.60	6.7
2,6-二甲基吡嗪	0.40	3.6	间甲酚	0.80	4.3
	0.80	5.3		1.60	4.8
茚满	0.02	2.0	3-甲基吲哚	0.08	9.2
	0.04	1.9		0.16	6.2

4) 方法的准确度

采集珠三角地区生活饮用水和地表水样品进行加标检测,结果如表 5-28 所示,加标回收率为 56.7%~140%,说明方法抗干扰性较好,可满足实际水样的检测要求。

表 5-28　方法准确度

异味物质	加标浓度/(μg/L)	回收率/%		异味物质	加标浓度/(μg/L)	回收率/%	
		地表水	生活饮用水			地表水	生活饮用水
丙硫醇	0.20	82.5	100	二甲基三硫	0.01	127	130
	0.60	81.7	110		0.03	130	123
2-戊硫醇	0.20	90.0	110	2-异丙基-3-甲氧基吡嗪	0.01	123	110
	0.60	86.7	115		0.03	110	113
异戊硫醇	2.00	60.0	117	1,4-二氯苯	0.01	133	110
	6.00	56.7	105		0.03	120	127
2-氯乙基甲基醚	20.0	130	114	川芎嗪	0.08	120	87.5
	60.0	117	113		0.24	75.0	100
1,4-二噁烷	0.04	116	100	苯硫酚	0.10	67.0	130
	0.12	119	100		0.30	70.0	123
二甲基二硫	0.40	125	112	苯甲醛	0.02	83.3	125
	1.20	140	98.3		0.06	130	125
正己醛	0.01	82.5	80.0	2-MIB	0.04	125	120
	0.03	91.7	100		0.12	118	125
乙苯	0.01	70.0	80.0	β-环柠檬醛	0.08	120	112
	0.03	110	116		0.24	112	117
对二甲苯	0.01	80.0	70.0	反式-2,4-癸二烯醛	0.02	95.8	125
	0.03	100	107		0.06	110	122
间二甲苯	0.01	120	80.0	α-紫罗兰酮	0.01	110	120
	0.03	90.0	100		0.03	120	120
邻二甲苯	1.00	110	95.0	土臭素	0.02	113	125
	3.00	106	95.7		0.06	110	123
吡嗪	0.01	104	110	β-紫罗兰酮	0.40	120	118
	0.03	130	130		1.20	118	127

异味物质	加标浓度/(μg/L)	回收率/% 地表水	回收率/% 生活饮用水	异味物质	加标浓度/(μg/L)	回收率/% 地表水	回收率/% 生活饮用水
苯乙烯	0.20	137	130	邻甲酚	0.40	119	115
	0.60	125	123		1.20	118	122
2,6-二甲基吡嗪	0.01	125	110	间甲酚	0.04	116	100
	0.03	100	110		0.12	100	125
茚满	0.01	120	110	3-甲基吲哚	0.20	117	100
	0.03	120	140		0.60	82.5	110

5.3.3.7　吹扫捕集-气相色谱-串联质谱法测定水中丙酮、四氢呋喃等 7 种有机溶剂异味物质

本研究建立了吹扫捕集-气相色谱-串联质谱法同时测定水中丙酮、四氢呋喃等 7 种有机溶剂异味物质的检测方法。本方法灵敏度高,准确性好,7 种物质的检出限均低于其嗅阈值,可以实现对 7 种有机溶剂异味物质同时、快速测定。

本方法对吹扫时间、吹扫温度、脱附时间等前处理条件进行了优化,从而得到最佳的萃取效果。实验结果表明,7 种异味物质的线性关系良好,相关系数(r)≥0.995,检出限为 $1.2\% \sim 2.2\ \mu g/L$。在地表水样品中的加标回收率为 $71.7\% \sim 129\%$,方法相对标准偏差(RSD)为 $1.9\% \sim 7.7\%$。

1. 实验部分

1) 仪器与试剂

仪器:气相色谱三重四极杆质谱仪(型号:Trace 1300/TSQ 8000 EVO);全自动吹扫捕集装置(型号:Lumin Teklink),捕集阱 Trap 9。

试剂:甲醇(色谱纯);实验用水为超纯去离子水。

标准品:丙酮、四氢呋喃、乙酸乙酯、异丙醇、乙酸丁酯、丁醇、异戊醇均为色谱纯。

2) 样品采集与保存

水样采集于硬质磨口玻璃瓶中,于 4℃下密封保存,采样后 24 h 内完成测定。

3) 分析条件

a) 吹扫捕集自动进样器条件

吹扫温度:40℃;吹扫气:N_2;吹扫流速:40 mL/min;吹扫时间:9 min;脱附温度:250℃;脱附时间:2 min,脱附流速:300 mL/min;脱附后捕集阱 260℃烘烤 10 min。

b) 色谱条件

色谱柱:DB-WAX UI(60 m×0.25 mm×0.5 μm);载气:氦气,流速:1.0 mL/min;进样口温度:260℃;分流比:10∶1;升温程序:起始温度35℃,保持 3.0 min,以 8℃/min 的速度升至 150℃,保持 1.0 min。

c) 质谱条件

溶剂延迟:6 min;离子源温度:280℃;传输线温度:280℃;EI 源;扫描方式:SRM。

其他测定参数见表 5-29。

表 5-29　7 种目标物的保留时间及选择离子参数

物质名称	保留时间/min	离子对,碰撞能量/V
丙酮	7.42	43→15.1,10;58→43,5*
四氢呋喃	8.40	42.1→39,10;71→43.1,5;72.1→71.1,5*
乙酸乙酯	8.82	61→43,10;70→43.1,15;70→55,5*
异丙醇	9.83	45→27.1,15*;45→29.1,10;59→31,10
乙酸丁酯	12.91	56.1→39,15;56.1→41.1,5*;73→43,5
丁醇	14.47	43.1→27.1,10;56.1→39,15*;56.1→41,5
异戊醇	15.70	42.1→41.1,5;55→29.1,10;70.1→55.1,5*

注:标 * 的为定量离子对。

4）测定方法

取待测水样装满吹扫瓶,拧紧瓶盖后放入吹扫捕集自动进样器中进样检测。以目标物的保留时间和特征离子对进行定性,外标法计算目标物含量。

在上述实验条件下,丙酮、四氢呋喃等 7 种目标物的提取离子流如图 5-31 所示,分离效果良好。

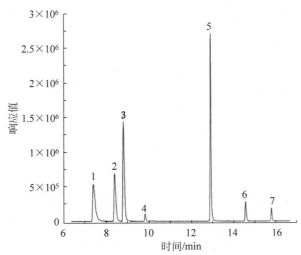

图 5-31　7 种目标物的提取离子流图
1—丙酮;2—四氢呋喃;3—乙酸乙酯;4—异丙醇;5—乙酸丁酯;6—丁醇;7—异戊醇。

2. 结果与讨论

1）吹扫捕集条件优化

a）吹扫时间的优化

选择吹扫时间分别为 3、6、9、12 min,在其他分析条件不变的情况下,考察工作曲线中间浓度点中各目标物的响应值。随着吹扫时间的增加,各目标物的响应值在 9 min 之后达到峰值,在此之后延长吹扫时间对响应值没有明显提高。因此,选择吹扫时间为 9 min。

b）吹扫温度的优化

选择吹扫温度分别为 30、35、40、45℃,在其他分析条件不变的情况下,考察工作曲线中间浓度点中各目标物的响应值。随着吹扫温度的增加,各目标物的响应值在 40℃之后达到峰值,在此之后提高吹扫温度对响应值没有明显提高。因此,选择吹扫温度为 40℃。

　　c) 脱附时间的选择

　　选择脱附时间分别为 1、1.5、2、3 min,在其他分析条件不变的情况下,考察工作曲线中间浓度点中各目标物的响应值。随着脱附时间的增加,各目标物的响应值在 2 min 之后达到峰值,在此之后延长脱附时间对响应值没有明显提高。因此,选择脱附时间为2min。

　　2) 线性关系及检出限

　　配制 6 个浓度水平的混合标准工作溶液进行测定,以目标物浓度为横坐标,峰面积为纵坐标,得到标准工作曲线的线性方程,如表 5-30 所示。实验结果表明 7 种目标物在相应的浓度范围内呈良好的线性关系,相关系数(r)≥0.995。根据《环境监测分析方法标准制订技术导则》(HJ 168—2020)的要求,连续分析 7 个实验室空白加标样品,以测得浓度的标准偏差(SD) 的 3.143 倍作为方法检出限,4 倍方法检出限作为测定下限。结果显示,各目标物的方法检出限为 1.2~2.2 μg/L,测定下限为 4.8~8.8 μg/L。

表 5-30　线性关系及检出限

目标物质	线性回归方程	曲线范围 /(μg/L)	相关系数	检出限 /(μg/L)	测定下限 /(μg/L)	嗅阈值 /(μg/L)
丙酮	$y=8.35\times10^4 x+1.60\times10^5$	5.00~50.0	0.995	1.2	4.8	20 000
四氢呋喃	$y=8.73\times10^4 x-1.52\times10^5$	5.00~50.0	0.997	1.2	4.8	—
乙酸乙酯	$y=3.06\times10^5 x-9.03\times10^5$	5.00~50.0	0.997	1.2	4.8	2600
异丙醇	$y=5.33\times10^3 x+1.92\times10^4$	10.0~100	0.995	2.2	8.8	28 200
乙酸丁酯	$y=3.32\times10^5 x-1.36\times10^6$	5.00~50.0	0.995	1.2	4.8	66
丁醇	$y=4.49\times10^4 x+5.69\times10^5$	10.0~100	0.996	2.1	8.4	2000
异戊醇	$y=3.74\times10^4 x+3.67\times10^3$	5.00~50.0	0.999	1.2	4.8	270

　　3) 方法的精密度和准确度

　　取地表水样品分别进行低、中、高浓度加标检测,每组各 6 个作为平行样。检测结果见表 5-31,在低、中、高 3 种浓度水平下的加标回收率为 71.7%~129%、相对标准偏差(RSD)为 1.9%~7.7%,方法精密度和准确度良好。

表 5-31　方法精密度和准确度

异味物质	加标浓度 /(μg/L)	回收率 /%	RSD /%	异味物质	加标浓度 /(μg/L)	回收率/%	RSD /%
丙酮	5.00	73.7~88.7	6.9	乙酸丁酯	5.00	108~128	3.5
	10.0	76.0~82.3	3.1		10.0	93.5~98.7	1.9
	30.0	80.7~84.9	2.2		30.0	83.9~87.9	2.6
四氢呋喃	5.00	105~120	4.9	丁醇	10.0	61.4~72.3	6.1
	10.0	87.0~95.6	3.6		20.0	94.7~112	7.7
	30.0	80.6~88.2	3.6		60.0	94.3~105	5.3

续表

异味物质	加标浓度/(μg/L)	回收率/%	RSD/%	异味物质	加标浓度/(μg/L)	回收率/%	RSD/%
乙酸乙酯	5.00	115～129	5.7	异戊醇	5.00	100～109	2.9
	10.0	91.6～102	4.0		10.0	86.3～97.3	6.1
	30.0	81.9～90.6	4.0		30.0	83.0～92.2	4.8
异丙醇	10.0	71.7～88.2	6.8				
	20.0	81.6～96.6	5.5				
	60.0	90.3～95.6	2.3				

5.3.4　半定量分析技术

开发多种异味物质的定量检测方法需要耗费大量的人力、物力及时间,而异味物质种类繁多,来源广泛,可借助气相色谱-串联质谱仪的半定量技术,弥补定量分析的局限性。

本研究以"水体异味物质数据库"为基础,筛选出262种常见的异味物质,研究这些物质在SRM模式下的特征离子对,优化离子碰撞能量等参数,并根据物质的沸点、极性等特征,选择适用性最广的色谱柱及相应的升温程序,提高分离效果。同时利用箭形固相微萃取和吹扫捕集两种前处理方法,实现对高低沸点物质的有效萃取,两种方法互为补充,扩大了半定量检测的覆盖范围,提高异味物质筛查的成功率。本研究通过异味物质与对应参考物质的峰面积比,只用正构烷烃标准品就能获取半定量校正系数,从而建立了可靠性强、稳定性好、涵盖异味物质多的半定量分析方法。以下将对这些方法进行详细介绍。

5.3.4.1　箭形固相微萃取-气相色谱-串联质谱法半定量检测水中250种异味物质

本研究根据异味物质的特点和实际应用需求,筛选出250种典型异味物质,建立了箭形固相微萃取-气相色谱-串联质谱半定量检测方法。本方法只用正构烷烃标准品就能进行250种异味物质的定性和半定量分析,其结果可靠、稳定性好、覆盖对象广泛,大大提高了异味物质筛查的效率。

本方法重点研究了箭形固相微萃取的最佳萃取温度、萃取时间等条件和目标物的色谱质谱参数,并对样品运输保存条件和时效性进行了探讨。实验结果表明,250种异味物质的加标回收率为41.9%～161%,方法相对标准偏差(RSD)为3.0%～13.9%。

1. 实验部分

1) 仪器与试剂

仪器:气相色谱三重四极杆质谱仪(型号:Trace 1300/TSQ 8000 EVO);固相微萃取仪(PAL RTC)。

试剂:正己烷(色谱纯);氯化钠(分析纯);实验用水为超纯去离子水。

标准品：正构烷烃（$C_8 \sim C_{30}$）500 mg/L，正己烷介质。

2）分析条件

a）固相微萃取条件

样品体积 10 mL；固相微萃取纤维柱（SPME Arrow 85 μm CWR/PDMS）；萃取温度：70℃；萃取时间：30 min；解吸温度：260℃；老化温度：245℃；解吸时间：160 s。

b）气相色谱条件

色谱柱：DB-WAX UI（60 m×0.25 mm×0.5 μm）；升温程序：起始温度 35℃，保持 3 min，以 8℃/min 的速度升至 240℃，保持 21 min；进样口温度：260℃；进样方式：不分流模式；载气流速：恒流，1.00 mL/min。

c）质谱条件

离子源温度：300℃；传输线温度：300℃；扫描模式：SRM+全扫描；质量和分辨率调谐：峰强度（69.1）：3×10^7；目标物测定参数见表 5-32。

表 5-32　250 种异味物质的测定参数

物质名称	CAS 号	保留时间/min	校正系数	参考物质	母离子	子离子	碰撞能量/V
辛烷（C_8）	111-65-9	6.95	1.0	C_8	43.1	41.1	5
					85.1	41.1	10
					85.1	43.1	5
丙酮	67-64-1	7.36	350	C_8	43	15.1	10
					43	41.1	5
					58	43	5
1-丙硫醇	107-03-9	7.72	10	C_8	47	45	10
					76	42.1	5
					76	47	15
氯丁二烯	126-99-8	7.86	15	C_8	53.1	27	10
					88	53.1	10
丙烯醛	107-02-8	8.00	1000	C_9	55	27	10
					56	28.1	5
					56	55	10
反-1,2-二氯乙烯	156-60-5	8.16	3.0	C_9	95.9	61	15
					98	63	15
四氢呋喃	109-99-9	8.37	25	C_9	42.1	39	10
					71	43.1	5
					72.1	71.1	5
四氯化碳	56-23-5	8.64	2.0	C_9	116.9	81.9	25
					118.9	83.9	25
1,1,1-三氯乙烷	71-55-6	8.67	45	C_9	61	43	10
					96.9	61	15
					98.9	61	10

物质名称	CAS 号	保留时间/min	校正系数	参考物质	母离子	子离子	碰撞能量/V
乙酸乙酯	141-78-6	8.77	4.0	C₉	61	43	10
					70	43.1	15
					70	55	5
壬烷(C₉)	111-84-2	8.91	1.0	C₉	57.1	41.1	5
					85.1	41	15
					85.1	43.1	5
乙酸异丙酯	108-21-4	8.99	3.0	C₉	61	43	10
					87	43	5
2-甲基-1-丙硫醇	513-44-0	9.00	10	C₉	56.1	39	20
					56.1	41.1	10
					90	41.1	10
					90	56.1	10
2-甲基丁醛	96-17-3	9.47	50	C₉	86	58	5
					86	71	5
异戊醛	590-86-3	9.50	10	C₉	86	58	5
					86	71	5
二氯甲烷	75-09-2	9.62	8.0	C₉	49.1	47.1	15
					84	49	10
异丙醇	67-63-0	9.83	1000	C₉	45	27.1	15
					45	29.1	10
					59	31	10
苯	71-43-2	10.05	1.0	C₁₀	51	50	10
					77	51	10
					78	52	15
2-戊基硫醇	2084-19-7	10.34	15	C₁₀	61	35	10
					104	55.1	10
					104	70.1	5
戊醛	110-62-3	10.70	20	C₁₀	67	65	5
					71	53	10
					86	58	5
乙酸仲丁酯	105-46-4	10.80	10	C₁₀	56	39	15
					56	41	5
					87	43	5
顺-1,2-二氯乙烯	156-59-2	11.02	5.0	C₁₀	95.9	61	15
					98	63	15
丙烯腈	107-13-1	11.08	200	C₁₀	53	26	10
					53	52	10

续表

物质名称	CAS号	保留时间/min	校正系数	参考物质	母离子	子离子	碰撞能量/V
癸烷(C₁₀)	124-18-5	11.15	1.0	C₁₀	57.1	41.1	5
					71.1	41.1	10
					71.1	43.1	5
三氯乙烯	79-01-6	11.15	2.0	C₁₀	94.9	60	20
					129.9	95	15
甲基丙烯酸甲酯	80-62-6	11.20	20	C₁₀	69	39	15
					69	41	5
					100	69	5
3-甲基-1-丁基硫醇	541-31-1	11.22	5.0	C₁₀	55	29.1	10
					70.1	42.1	5
					70.1	55.1	5
2-氯乙基甲基醚	627-42-9	11.33	5	C₁₀	45.1	40.9	35
					45.1	43.2	15
					94.1	45.1	5
4-甲基-2-戊酮	108-10-1	11.52	3.0	C₁₀	85	43	15
					85	67	10
					100	85	5
三氯甲烷	67-66-3	11.69	30	C₁₀	82.9	48	30
					84.9	50	35
四氯乙烯	127-18-4	11.90	0.5	C₁₀	128.9	93.9	15
					165.8	93.9	30
					165.8	130.9	10
α-蒎烯	80-56-8	11.92	100	C₁₀	93	51	25
					93	77	10
					136	93	10
2-甲基丁酸乙酯	7452-79-1	12.30	5.0	C₁₁	102	56	10
					102	74	5
					115	87	5
甲苯	108-88-3	12.32	0.1	C₁₁	65	39	15
					91	39	25
					91	65	15
1,2-二氯丙烷	78-87-5	12.32	4.0	C₁₁	63	62.1	15
					76	41	10
1,2-二氯乙烷	107-06-2	12.65	100	C₁₁	62	27	15
					64	27.1	15
乙酸丁酯	123-86-4	12.91	5.0	C₁₁	56.1	39	15
					56.1	41.1	5
					73	43	5

续表

物质名称	CAS 号	保留时间/min	校正系数	参考物质	母离子	子离子	碰撞能量/V
1,4-二噁烷	123-91-1	12.94	1000	C₁₁	58.1	28.1	5
					88.1	57.1	10
					88.1	58.1	5
十一烷(C₁₁)	1120-21-4	13.24	1.0	C₁₁	57.1	41.1	5
					71.1	41.1	10
					71.1	43.1	5
二甲基二硫醚	624-92-0	13.04	1.0	C₁₁	79	64	10
					94	61	5
					94	79	10
正己醛	66-25-1	13.12	0.1	C₁₁	56	39	15
					56	41	5
					82	67	5
甲基丁基甲酮	591-78-6	13.30	5.0	C₁₁	85	57	5
					100	71	5
					100	85	5
β-蒎烯	127-91-3	13.77	200	C₁₁	93	51	20
					93	77	10
					93	91	5
反-1,3-二氯丙烯	10061-02-6	14.18	5.0	C₁₂	75	49	15
					110	75	5
乙苯	100-41-4	14.18	0.5	C₁₂	91	65	15
					106	65	25
					106	91	10
异亚丙基丙酮	141-79-7	14.20	5.0	C₁₂	83	55	5
					98	55	15
					98	83	5
对二甲苯	106-42-3	14.35	0.3	C₁₂	91	39	25
					91	65	15
					106	91	15
1-丁醇	71-36-3	14.47	40	C₁₂	43.1	27.1	10
					56.1	39	15
					56.1	41	5
间二甲苯	108-38-3	14.50	0.2	C₁₂	91	39	25
					91	65	15
					106	91	15
烯丙基丙酮	109-49-9	14.60	20	C₁₂	83	55	5
					98	43	5
					98	83	5

续表

物质名称	CAS 号	保留时间/min	校正系数	参考物质	母离子	子离子	碰撞能量/V
二氯一溴甲烷	75-27-4	14.67	400	C$_{12}$	82.9	48	30
					84.9	49	25
3-庚酮	106-35-4	15.10	15	C$_{12}$	85	41	10
					85	57	5
					114	85	5
十二烷(C$_{12}$)	112-40-3	15.40	1.0	C$_{12}$	57.1	41.1	5
					71.1	41.1	10
					71.1	43.1	5
异丙苯	98-82-8	15.18	0.2	C$_{12}$	105.1	77	15
					105.1	79	10
					120.1	105.1	5
庚醛	111-71-7	15.39	3.0	C$_{12}$	70.1	42.1	5
					70.1	55.1	5
					81.1	79	5
1,3-二氯丙烷	142-28-9	15.41	3.0	C$_{12}$	76	41.1	5
					78	41.1	5
邻二甲苯	95-47-6	15.49	0.2	C$_{12}$	91	65	15
					106	65	25
					106	91	15
2-庚酮	110-43-0	15.54	20	C$_{12}$	71	41	15
					71	43	5
					114	85	5
2-甲基丁醇	137-32-6	15.55	5.0	C$_{12}$	42.1	41.1	5
					55	29.1	10
					70.1	55.1	5
环氧氯丙烷	106-89-8	15.68	120	C$_{12}$	57	31	10
					62	27.1	10
异戊醇	123-51-3	15.70	50	C$_{12}$	42.1	41.1	5
					55	29.1	10
					70.1	55.1	5
双戊烯	138-86-3	15.71	2.0	C$_{12}$	107	65	20
					107	91	10
					136	93	10
顺-1,3-二氯丙烯	10061-01-5	15.72	5.0	C$_{12}$	75	49	15
					110	75	5
吡啶	110-86-1	15.72	30	C$_{12}$	52	50	10
					52	51.1	10
					79	51	25
					79	52	15

物质名称	CAS 号	保留时间/min	校正系数	参考物质	母离子	子离子	碰撞能量/V
桉叶油醇	470-82-6	15.73	10	C₁₂	139	43	15
					154	125	5
					154	139	5
二乙基二硫	110-81-6	16.05	1.0	C₁₂	94	66	5
					122	66	15
					122	94	5
丙二醇甲醚醋酸酯	108-65-6	16.10	20	C₁₂	72	29	15
					72	57	5
					87	43	5
氯苯	108-90-7	16.10	0.4	C₁₂	112	51	25
					112	77	10
					114	77	10
乙酰丙酮	123-54-6	16.11	50	C₁₂	85	43	10
					100	43	15
					100	85	5
吡嗪	290-37-9	16.19	200	C₁₂	53.1	26.1	5
					80	26.1	20
					80	53.1	10
戊醇	71-41-0	16.40	20	C₁₃	55	53	5
					70	53	10
					70	55	5
1,2-二溴乙烯	540-49-8	16.62	20	C₁₃	106.9	26	20
					185.9	107	15
1,1,2-三氯乙烷	79-00-5	16.76	100	C₁₃	84.9	49	25
					84.9	50	25
					97	61	10
乙酸己酯	142-92-7	16.90	5.0	C₁₃	69	41	5
					84	55	10
					84	69	5
苯乙烯	100-42-5	16.94	3.0	C₁₃	78	52	15
					104	52	25
					104	78	10
1,2-二溴乙烷	106-93-4	17.03	25	C₁₃	106.9	27.1	15
					108.9	26.1	45
					108.9	27.1	15
十三烷(C₁₃)	629-50-5	17.43	1.0	C₁₃	57.1	41.1	5
					71.1	41.1	10
					71.1	43.1	5

物质名称	CAS 号	保留时间/min	校正系数	参考物质	母离子	子离子	碰撞能量/V
2-甲基吡嗪	109-08-0	17.29	100	C_{13}	67	40	5
					94	40	15
					94	67	10
2-乙氧基乙基乙酸酯	111-15-9	17.50	10	C_{13}	72	42	10
					72	44	5
					88	61	5
正辛醛	124-13-0	17.60	20	C_{13}	84	55	10
					84	69	5
					100	82	5
一氯二溴甲烷	124-48-1	17.64	150	C_{13}	126.8	48	30
					126.8	126.4	15
乙偶姻	513-86-0	17.80	20	C_{13}	45	27	15
					45	43	15
					88	45	5
2-辛酮	111-13-7	17.86	10	C_{13}	128	57	15
					128	72	5
					128	85	5
1-辛烯-3-酮	4312-99-6	18.05	5.0	C_{13}	70	55	5
					126	55	10
(E)-2-庚烯醛	18829-55-5	18.17	5.0	C_{13}	83	53	10
					83	55	5
					112	83	5
苯基异丙烯	98-83-9	18.26	0.5	C_{14}	103	51	25
					103	77	10
					118	91	15
2,6-二甲基吡嗪	108-50-9	18.48	50	C_{14}	42.1	41	5
					108.1	42.1	15
					108.1	107.1	10
乙二硫醇	540-63-6	18.62	200	C_{14}	60.1	45	15
					94	60	5
					94	61.1	10
苯甲醚	100-66-3	18.63	1.0	C_{14}	78	52	10
					108	65	15
					108	78	10
2-乙基吡嗪	13925-00-3	18.70	30	C_{14}	80	53	5
					107	52	20
					107	79	10

续表

物质名称	CAS 号	保留时间/min	校正系数	参考物质	母离子	子离子	碰撞能量/V
二氯乙腈	3018-12-0	18.76	20	C$_{14}$	73.9	39	25
					73.9	47	15
					81.9	47	30
二丁基甲酮	502-56-7	18.78	5.0	C$_{14}$	85	41	10
					85	57	5
					142	100	5
2,3-二甲基吡嗪	5910-89-4	18.86	10	C$_{14}$	108	67	10
					108	81	5
					108	93	10
十四烷（C$_{14}$）	629-59-4	19.38	1.0	C$_{14}$	57.1	41.1	5
					71.1	41.1	10
					71.1	43.1	5
茚满	496-11-7	19.33	0.2	C$_{14}$	117.1	91.1	20
					117.1	115.1	10
					118.1	117.1	10
2-丙基吡啶	622-39-9	19.40	5.0	C$_{14}$	93	66	10
					93	78	15
					106	78	15
二甲基三硫	3658-80-8	19.60	10	C$_{14}$	79	64	10
					126	61	5
					126	79	10
乙二醇单丁醚	111-76-2	19.71	20	C$_{14}$	87	45	5
					87	57	5
					100	72	5
2-乙基-6-甲基吡嗪	13925-03-6	19.74	5.0	C$_{14}$	94	67	5
					121	66	20
					121	93	10
4-溴氟苯	460-00-4	19.78	0.5	C$_{14}$	95	75	10
					174	75	25
					174	95	10
2-壬酮	821-55-6	19.85	5.0	C$_{14}$	71	41	10
					71	43	5
					142	99	5
5-乙基-2-甲基-吡啶	104-90-5	20.10	5.0	C$_{15}$	106	77	10
					106	79	5
					121	106	10
2-异丙基-3-甲氧基吡嗪	25773-40-4	20.13	1.0	C$_{15}$	137	109	5
					152	124	5
					152	137	5

物质名称	CAS 号	保留时间/min	校正系数	参考物质	母离子	子离子	碰撞能量/V
乙酸	64-19-7	20.18	20 000	C₁₅	45	41	15
					60	45	10
反-2-辛烯醛	2548-87-0	20.25	10	C₁₅	70	55	10
					83	70	10
1,2,4,5-四甲苯	95-93-2	20.25	0.5	C₁₅	119	77	20
					119	91	10
					134	119	25
蘑菇醇	3391-86-4	20.30	5.0	C₁₅	57	41	10
					85	57	10
1-庚醇	111-70-6	20.35	5.0	C₁₅	70	53	10
					70	55	5
三溴甲烷	75-25-2	20.46	20	C₁₅	170.7	91.9	30
					172.7	93.9	30
					174.7	93.9	30
1,4-二氯苯	106-46-7	20.55	0.2	C₁₅	146	75	25
					146	111	10
					148	75	20
糠醛	98-01-1	20.70	15	C₁₅	96	39.1	25
					96	95	5
十五烷(C₁₅)	629-62-9	21.07	1.0	C₁₅	57.1	41.1	5
					71.1	41.1	10
					71.1	43.1	5
川芎嗪	1124-11-4	21.10	3.0	C₁₅	54.1	39.1	5
					136.1	54.1	15
					136.1	135.1	10
异辛醇	104-76-7	21.10	3.0	C₁₅	83	41	15
					83	55	5
					98	56	5
山梨酸乙酯	2396-84-1	21.30	15	C₁₅	95	65	10
					95	67	5
					140	97	10
反式-2,4-庚二烯醛	4313-03-5	21.35	20	C₁₅	81	27	15
					81	53	10
					110	81	5
1,2-二氯苯	95-50-1	21.43	0.5	C₁₅	145.9	75	20
					145.9	111	10
					147.9	75	20

续表

物质名称	CAS号	保留时间/min	校正系数	参考物质	母离子	子离子	碰撞能量/V
六氯丁二烯	87-68-3	21.44	2.0	C_{15}	222.7	187.8	10
					224.8	154.9	30
					224.8	189.8	15
癸醛	112-31-2	21.45	10	C_{15}	112	55	10
					112	70	5
					112	83	5
苯并呋喃	271-89-6	21.50	5.0	C_{15}	118	63	10
					118	90	10
苯硫酚	108-98-5	21.50	5.0	C_{15}	66.1	65.1	10
					110	51.1	30
					110	66.1	15
甲酸	64-18-6	21.57	20 000	C_{15}	45	41	10
					46	29.1	10
					46	45	5
2-壬醇	628-99-9	21.60	10	C_{15}	69	39	20
					69	41	5
					98	56	5
丙酸	79-09-4	21.64	8000	C_{15}	57.1	29.1	5
					73	55	5
2-甲氧基-3-异丁基吡嗪	24683-00-9	21.70	2.0	C_{15}	124	79	15
					124	81	5
					124	94	10
正辛醇	111-87-5	21.98	2.0	C_{16}	69	41	5
					84	55	5
					84	69	5
戊二醛	111-30-8	21.99	2000	C_{16}	72	57	5
					82	39	10
					82	81	5
2-壬烯醛	2463-53-8	22.00	10	C_{16}	83	29	10
					83	55	5
					96	81	5
芳樟醇	78-70-6	22.00	10	C_{16}	93	51	25
					93	77	10
					121	93	5
苯甲醛	100-52-7	22.01	1.0	C_{16}	77	51	10
					105	77	10
					106	77	20

物质名称	CAS 号	保留时间 /min	校正系数	参考物质	母离子	子离子	碰撞能量/V
2-莰酮	76-22-2	22.07	5.0	C_{16}	95	55	15
					95	67	10
					152	108	5
异丁酸	79-31-2	22.12	100	C_{16}	41.1	39	10
					73	55	10
3-乙基-4-甲基吡啶	529-21-5	22.52	1.0	C_{16}	106	77	10
					106	79	5
					121	106	10
十六烷(C_{16})	544-76-3	22.70	1.0	C_{16}	57.1	41.1	5
					71.1	41.1	10
					71.1	43.1	5
5-甲基呋喃醛	620-02-0	22.80	10	C_{16}	81	53	5
					110	53	25
					110	81	5
苯甲腈	100-47-0	23.00	5.0	C_{16}	103	50	10
					103	76	10
正丁酸	107-92-6	23.08	500	C_{16}	60	42	10
					73	55	5
2-甲基异莰醇	2371-42-8	23.10	1.5	C_{16}	95	41	15
					95	55	15
					95	67	10
异佛尔酮	78-59-1	23.20	5.0	C_{16}	82	39	15
					82	54	5
					138	82	5
丙烯酸	79-10-7	23.30	20 000	C_{16}	55	27.1	10
					72	43.1	10
					72	55	10
甲基壬基甲酮	112-12-9	23.45	5.0	C_{17}	71	41	15
					71	43	5
					170	85	10
2-甲基丁酸	116-53-0	23.60	100	C_{17}	74	56	5
					87	59	5
					87	69	5
薄荷醇	2216-51-5	23.60	10	C_{17}	95	55	15
					95	67	10
					138	95	5
4-氯苯甲醚	623-12-1	23.63	0.5	C_{17}	127	99	10
					142	127	10

续表

物质名称	CAS号	保留时间/min	校正系数	参考物质	母离子	子离子	碰撞能量/V
β-环柠檬醛	432-25-7	23.67	2.0	C₁₇	137.1	109.1	5
					152.1	123.1	5
					152.1	137.1	5
异戊酸	503-74-2	23.73	200	C₁₇	60	42	10
					87	69	5
3-甲基苯甲醛	620-23-5	24.00	5.0	C₁₇	119	91	10
					119	119	1
					120	119	10
苯乙醛	122-78-1	24.00	20	C₁₇	91	39	25
					91	65	15
					120	91	15
十七烷(C₁₇)	629-78-7	24.22	1.0	C₁₇	57.1	41.1	5
					71.1	41.1	10
					71.1	43.1	5
苯乙酮	98-86-2	24.15	20	C₁₇	105	51	20
					105	77	10
					120	105	5
马鞭烯醇	473-67-6	24.20	50	C₁₇	119	77	15
					119	91	10
					119	117	5
苄硫醇	100-53-8	24.24	50	C₁₇	91	39	25
					91	65	10
					124	91	5
2-羟基苯甲醛	90-02-8	24.35	10	C₁₇	104	76	10
					122	65	20
					122	93	20
α-松油醇	98-55-5	24.55	10	C₁₇	121	93	5
					136	93	10
					136	121	5
五氯丙烷	15104-61-7	24.60	3.0	C₁₇	142.9	82.9	15
					144.9	82.9	15
					144.9	84.9	15
1,4-二溴苯	106-37-6	24.70	0.5	C₁₇	155	76	15
					236	155	15
					236	157	15
反,反-2,4-壬二烯醛	5910-87-2	24.70	1.0	C₁₇	81	27	20
					81	53	15
					138	81	5

续表

物质名称	CAS 号	保留时间/min	校正系数	参考物质	母离子	子离子	碰撞能量/V
2-莰醇	507-70-0	24.70	2.0	C_{17}	95	55	10
					95	67	10
					139	95	5
1,2-二溴-3-氯丙烷	96-12-8	24.72	1.0	C_{17}	154.9	75	5
					156.9	75	5
					156.9	77	5
正戊酸	109-52-4	24.75	200	C_{17}	60	42	10
					73	55	5
十二醛	112-54-9	25.15	10	C_{18}	110	67	5
					110	81	5
					140	70	5
萘	91-20-3	25.20	0.5	C_{18}	102	76	10
					128	78	15
					128	102	15
水杨酸甲酯	119-36-8	25.32	20	C_{18}	120	64	15
					120	92	10
					152	120	5
马鞭草烯醇	1196-01-6	25.35	20	C_{18}	107	65	15
					107	91	10
					150	107	10
2,4-癸二烯醛	2363-88-4	25.48	5.0	C_{18}	81	53	10
					81	79	5
					152	81	5
苯胺	62-53-3	25.48	15	C_{18}	66.1	65	10
					93.1	65	20
					93.1	66.1	10
十八烷（C_{18}）	593-45-3	25.73	1.0	C_{18}	57.1	41.1	5
					71.1	41.1	10
					71.1	43.1	5
硝基苯	98-95-3	25.56	0.2	C_{18}	77	51	10
					123	77.1	10
异己酸	646-07-1	25.90	150	C_{18}	74	56	5
					83	55	5
					101	55	10
反式-2,4-癸二烯醛	25152-84-5	26.26	3.0	C_{19}	81	53	10
					81	79	5
					152	81	5

续表

物质名称	CAS 号	保留时间 /min	校正系数	参考物质	母离子	子离子	碰撞能量/V
正己酸	142-62-1	26.50	100	C₁₉	73	27	15
					73	55	5
					87	45	5
2,4,6-三氯苯甲醚	87-40-1	26.53	1.0	C₁₉	195	167	10
					210	167	15
					210	195	10
2-氯苯酚	95-57-8	26.56	5.0	C₁₉	100	65	5
					128	64	15
					128	92	5
邻硝基苯酚	88-75-5	26.57	2.0	C₁₉	65.1	39.1	10
					139	81.1	10
					139	109.1	5
香叶醇	106-24-1	26.75	20	C₁₉	69	39	15
					69	41	5
					123	81	5
1-十一醇	112-42-5	26.80	5.0	C₁₉	83	41	15
					83	55	5
					111	69	5
十九烷（C₁₉）	629-92-5	27.13	1.0	C₁₉	57.1	41.1	5
					71.1	41.1	10
					71.1	43.1	5
土臭素	19700-21-1	26.95	0.1	C₁₉	112	69	15
					112	83	10
					112	97	10
α-紫罗酮	127-41-3	26.98	0.1	C₁₉	121	77	15
					121	91	10
					192	177	5
2-甲基萘	91-57-6	27.00	0.5	C₁₉	115	63	25
					115	89	15
					142	115	25
邻甲氧基苯酚	90-05-1	27.10	5.0	C₁₉	109	81	10
					124	81	20
					124	109	10
苄基醇	100-51-6	27.15	10	C₁₉	79	51	20
					108	77	25
					108	79	15
1-甲基萘	90-12-0	27.35	0.5	C₁₉	115	65	15
					115	89	15
					142	115	25

续表

物质名称	CAS 号	保留时间/min	校正系数	参考物质	母离子	子离子	碰撞能量/V
苄基丙酮	2550-26-7	27.35	10	C_{19}	105	77	15
					148	105	10
					148	133	5
丙位辛内酯	104-50-7	27.40	20	C_{19}	85	57	5
					100	58	5
					100	72	5
2,4-二氯苯甲醚	553-82-2	27.50	1.0	C_{19}	161	133	10
					176	133	25
					176	161	10
苯乙醇	60-12-8	27.70	20	C_{19}	91	63	20
					91	65	10
					122	92	5
正庚酸	111-14-8	27.77	50	C_{20}	87	45	10
					87	59	5
					101	55	10
2-氯-4-甲基酚	6640-27-3	27.82	0.2	C_{20}	107	77.1	15
					142	107.1	10
2,6-二叔丁基对甲酚	128-37-0	27.85	5.0	C_{20}	205	145	10
					205	177	5
					220	205	10
1-氯-3-硝基苯	121-73-3	27.89	0.2	C_{20}	75	74	15
					111	75.1	10
异辛酸	149-57-5	28.03	50	C_{20}	88	73	10
					101	88	10
β-紫罗酮	79-77-6	28.21	0.1	C_{20}	177	147	20
					177	162	10
					192	177	5
二十烷（C_{20}）	112-95-8	28.30	1.0	C_{20}	57.1	41.1	5
					71.1	41.1	10
					71.1	43.1	5
2-溴苯酚	95-56-7	28.28	1.5	C_{20}	171.9	65.1	15
					173.9	63.1	30
					173.9	65.1	15
十二醇	112-53-8	28.35	5.0	C_{20}	111	55	10
					111	69	5
					125	69	5
1-氯-4-硝基苯	100-00-5	28.44	0.2	C_{20}	75	74	15
					111	75.1	10

续表

物质名称	CAS 号	保留时间/min	校正系数	参考物质	母离子	子离子	碰撞能量/V
苯并噻唑	95-16-9	28.50	5.0	C_{20}	108	69	15
					135	91	15
					135	108	15
苯酚	108-95-2	28.51	2.0	C_{20}	66	40	10
					94	40	20
					94	66	5
邻甲酚	95-48-7	28.53	2.0	C_{20}	90	63	25
					108	77	25
					108	79	15
甲基丁香酚	93-15-2	28.62	10	C_{20}	147	91	10
					178	107	15
					178	163	5
4-乙基-2-甲氧基苯酚	2785-89-9	28.90	10	C_{20}	137	94	15
					137	122	10
					152	137	10
联苯	92-52-4	28.98	0.1	C_{20}	152	151	20
					154	152	25
					154	153.1	15
2-溴-4-甲基苯酚	6627-55-0	29.25	2.0	C_{21}	186	77	25
					186	107	15
					188	107	15
正辛酸	124-07-2	29.33	30	C_{21}	101	45	10
					101	55	10
					115	45	10
1-氯-2-硝基苯	88-73-3	29.34	0.1	C_{21}	75	74	15
					111	75.1	10
二十一烷(C_{21})	629-94-7	29.70	1.0	C_{21}	57.1	41.1	5
					71.1	41.1	10
					71.1	43.1	5
4-甲基苯酚	106-44-5	29.60	1.0	C_{21}	77	51	15
					107	51	25
					107	77	15
间甲酚	108-39-4	29.75	1.0	C_{21}	108	77	25
					108	79	15
					108	90	10
2,6-二氯苯酚	87-65-0	30.31	0.2	C_{22}	162	63	15
					162	98	10
					164	63	15

续表

物质名称	CAS 号	保留时间/min	校正系数	参考物质	母离子	子离子	碰撞能量/V
丙位癸内酯	706-14-9	30.50	50	C₂₂	85	57	5
					128	71	5
					128	95	5
2,3-二甲基苯酚	526-75-0	30.60	1.0	C₂₂	107	77	15
					107	79	5
					122	107	10
壬酸	112-05-0	30.70	30	C₂₂	115	45	10
					115	69	5
					129	87	5
2-叔丁基酚	88-18-6	30.90	0.04	C₂₂	107.1	77.1	15
					135.1	107.1	10
二十二烷（C₂₂）	629-97-0	31.10	1.0	C₂₂	57.1	41.1	5
					71.1	41.1	10
					71.1	43.1	5
乙二醇苯醚	122-99-6	31.00	10	C₂₂	94	55	15
					94	66	10
					138	94	5
丁香酚	97-53-0	31.00	5.0	C₂₂	149	121	5
					164	131	10
					164	149	10
1-十四醇	112-72-1	31.05	20	C₂₂	111	41	20
					111	69	5
					168	55	20
3-乙基苯酚	620-17-7	31.06	1.0	C₂₂	107	51	25
					107	77	10
					122	107	10
2,4-二氯酚	120-83-2	31.24	1.0	C₂₂	126	98	5
					162	98	10
					162	126	5
4-乙基苯酚	123-07-9	31.30	1.0	C₂₂	107	51	25
					107	77	10
					122	107	10
1,6-己内酰胺	105-60-2	31.60	5.0	C₂₂	85	67	5
					113	56	5
					113	85	5
2,4,6-三氯苯胺	634-93-5	31.68	0.1	C₂₂	159	124	5
					195	124	15
					195	159	10

物质名称	CAS 号	保留时间/min	校正系数	参考物质	母离子	子离子	碰撞能量/V
3,4-二甲酚	95-65-8	31.80	1.0	C$_{23}$	107	51	25
					107	77	15
					122	107	10
4-丙基苯酚	645-56-7	32.30	1.0	C$_{23}$	107	51	25
					107	77	15
					136	107	5
二十三烷(C$_{23}$)	638-67-5	32.60	1.0	C$_{23}$	57.1	41.1	5
					71.1	41.1	10
					71.1	43.1	5
正癸酸	334-48-5	32.56	5.0	C$_{23}$	129	59	15
					129	87	5
					143	87	5
2,4-二叔丁基酚	96-76-4	32.75	0.05	C$_{23}$	57.1	29.1	10
					191.1	57.1	15
4-叔丁基酚	98-54-4	32.80	0.05	C$_{23}$	135.1	77.1	20
					135.1	107.1	10
4,6-二氯甲酚	1570-65-6	33.20	0.5	C$_{23}$	141	77	15
					176	77	30
					176	141	15
2,4,6-三氯酚	88-06-2	33.28	0.5	C$_{23}$	132	97	10
					196	97	25
					196	132	15
异丁香酚	97-54-1	33.40	2.0	C$_{23}$	149	121	5
					164	131	15
					164	149	10
2,4,6-三溴苯甲醚	607-99-8	33.92	0.2	C$_{24}$	301	141	25
					344	301	20
					344	329	10
二十四烷(C$_{24}$)	646-31-1	35.20	1.0	C$_{24}$	57.1	41.1	5
					71.1	41.1	10
					71.1	43.1	5
4-正丁基酚	1638-22-8	34.36	0.01	C$_{24}$	107.1	77.1	15
					150.1	107.1	10
2,4-二溴苯酚	615-58-7	34.89	0.2	C$_{24}$	250	63	25
					250	143	15
					252	63	25
丙位十二内酯	2305-05-7	34.90	5.0	C$_{24}$	85	29	10
					85	57	5
					128	95	5

物质名称	CAS 号	保留时间 /min	校正系数	参考物质	母离子	子离子	碰撞能量/V
2-氯-6-甲基苯酚	87-64-9	35.00	0.02	C₂₄	107	77	15
					107	79	5
					142	107	10
4-氯-2-甲基苯酚	1570-64-5	35.55	0.02	C₂₅	107	77	15
					142	77	25
					142	107.1	10
4-氯苯酚	106-48-9	35.96	0.2	C₂₅	128	65	15
					128	100	5
					130	65	15
二十五烷(C₂₅)	629-99-2	37.55	1.0	C₂₅	57.1	41.1	5
					71.1	41.1	10
					71.1	43.1	5
吲哚	120-72-9	36.60	0.1	C₂₅	90	63	20
					117	64	25
					117	90	15
二苯甲酮	119-61-9	36.80	0.5	C₂₅	105	51	25
					105	77	10
					182	105	10
2,6-二溴苯酚	608-33-3	36.99	0.2	C₂₅	250	143	20
					252	63	25
					252	143	15
香豆素	91-64-5	37.00	2.0	C₂₅	118	90	10
					146	90	20
					146	118	10
4-氯-3-甲酚	59-50-7	37.63	0.02	C₂₅	107.1	77	10
					142.1	77	25
					142.1	107	10
3-甲基吲哚	83-34-1	37.86	0.02	C₂₅	103	77	5
					130	77	25
					130	103	15
2,4,5-三氯苯酚	95-95-4	38.34	0.02	C₂₅	195.9	97	25
					195.9	132	10
					197.9	97	25
苯乙酸	103-82-2	38.60	1.0	C₂₅	91	63	25
					91	65	15
					136	91	10
香兰素	121-33-5	39.10	1.0	C₂₅	123	108	5
					152	109	10
					152	123	15

3）测定方法

样品：称取 3.0 g 氯化钠于 20 mL 进样瓶中，加入 10 mL 水样，拧紧瓶盖后放入固相微萃取自动进样器样品盘中，按上述仪器条件，箭形固相微萃取方式进样检测。

参考标准：取正构烷烃标准溶液（$C_8 \sim C_{30}$），配制成各烷烃浓度均为 20 μg/L 的标准点。同样品测定方法。

实验空白：以实验用水为空白，同样品测定方法。

4）定性分析

以各化合物的保留时间和离子对（表 5-32）初步定性，将质谱图与 NIST 谱库对比，若相似度≥75%（参考《气相色谱-质谱联用仪校准规范》（JJF 1164—2018）），可确认定性，否则标记为疑似物质。

5）半定量分析

按式(5-1)计算各化合物的浓度：

$$C = \frac{A - A_0}{A_i \times C_i \times f_i} \tag{5-1}$$

式中：C 为样品中异味物质浓度，单位为 μg/L；A 为样品中异味物质离子对峰总面积；A_0 为空白中异味物质离子对峰总面积；A_i 为对应参考标准正构烷烃离子对峰面积和；C_i 为对应参考标准正构烷烃标准物质浓度，单位为 μg/L；f_i 为对应异味物质定量校正系数（表 5-32）。

6）结果判断

将筛查出的异味物质输入"水体异味物质数据库"进行信息检索，可得到其异味特征、嗅阈值及来源等信息，再与感官分析的嗅辨结果对比，若异味特征匹配且半定量浓度高于嗅阈值，则可确定此物质为导致水体异味的主要物质。

2. 结果与讨论

1）样品运输保存

本方法将样品置于泡沫箱中，并在样品四周放满冰袋，不留空隙。将泡沫箱密封后运输。表 5-33 为运输时间对样品损失的影响。结果显示运输时间为 48 h 时样品损失率为 0～30%，运输时间为 72 h 时样品损失率为 53%～86%。这可能是因为冰袋的冷藏时间有限。运输时间越长，样品因运输振摇和温度升高的损失越大，因此本方法将运输时间限制在 48 h 内。

表 5-33 运输时间对样品损失的影响

物质	沸点/℃	损失率/%	
		48 h	72 h
三氯乙烯	87	21	68
甲苯	111	7	53
四氯乙烯	121	30	80
乙苯	138	27	67

续表

物质	沸点/℃	损失率/%	
		48 h	72 h
苯乙烯	145	18	63
2-苯基-1-丙烯	167	24	72
1,4-二氯苯	174	20	76
对氯苯甲醚	200	29	70
2,4,6-三氯苯甲醚	246	14	81
2,4-二叔丁基苯酚	264	0	86

2）方法的准确度和精密度

选取 63 种不同类型的异味物质,平行配制 6 份加标样品进行测定,结果见表5-34。不同物质的回收率为 41.9%～161%,相对标准偏差(RSD)为 3.0%～13.9%,准确度和精密度均可满足半定量检测的要求。

表 5-34　方法准确度和精密度

化合物	加标浓度/(μg/L)	回收率/%	RSD/%
1-丙硫醇	4.00	148	9.3
氯丁二烯	10.0	63.3	6.0
反-1,2-二氯乙烯	10.0	130	9.2
四氯化碳	10.0	154	8.8
二氯甲烷	10.0	78.8	9.6
苯	10.0	91.6	6.4
2-戊基硫醇	2.00	132	7.8
顺-1,2-二氯乙烯	10.0	91.8	9.1
三氯乙烯	10.0	161	9.6
3-甲基-1-丁基硫醇	2.00	111	10.1
2-氯乙基甲基醚	20.0	66.2	8.5
三氯甲烷	10.0	54.3	7.5
四氯乙烯	10.0	131	11.1
甲苯	10.0	128	5.4
乙酸丁酯	500	88.5	3.0
二甲基二硫醚	0.40	90.3	10.4
正己醛	8.00	83.9	3.4
异丙苯	10.0	111	9.3
庚醛	100	72.1	8.8
邻二甲苯	10.0	97.1	7.2
环氧氯丙烷	50.0	116	8.7
异戊醇	100	43.4	7.2
氯苯	10.0	143	6.8
苯乙烯	10.0	66.9	8.7
苯甲醚	50.0	127	6.5
茚满	2.00	65.3	10.2

续表

化合物	加标浓度/(μg/L)	回收率/%	RSD/%
二甲基三硫醚	1.00	56.5	8.1
2-异丙基-3-甲氧基吡嗪	0.10	150	11.1
三溴甲烷	10.0	102	12.5
1,4-二氯苯	10.0	97.8	12.0
糠醛	100	74.5	13.6
川芎嗪	1.00	52.8	7.6
六氯丁二烯	10.0	93.0	13.8
苯硫酚	40.0	89.1	11.2
正辛醇	100	98.7	5.6
苯甲醛	10.0	48.6	10.3
异丁酸	4000	41.9	3.8
2-甲基异冰片	0.20	49.8	9.6
4-氯苯甲醚	20.0	113	9.1
β-环柠檬醛	0.40	123	13.9
硝基苯	20.0	117	3.0
苯胺	50.0	151	9.9
反-2,4-癸二烯醛	8.00	53.0	9.1
2,4,6-三氯苯甲醚	0.10	86.5	12.7
2-氯苯酚	20.0	131	7.2
邻硝基苯酚	2.00	73.8	7.2
土臭素	0.20	111	9.4
α-紫罗酮	0.10	92.1	10.2
2-氯-4-甲基酚	0.20	80.5	6.4
β-紫罗酮	0.10	140	13.3
1-氯-4-硝基苯	20.0	74.2	3.9
2,6-二氯苯酚	10.0	116	9.2
2-叔丁基酚	10.0	140	5.1
2,4,6-三氯苯胺	100	81.7	5.3
2,4-二叔丁基酚	10.0	136.2	11.6
2,4,6-三溴苯甲醚	10.0	112	13.8
4-正丁基酚	10.0	70.5	5.1
2,4-二溴苯酚	10.0	86.9	8.5
4-氯-2-甲基苯酚	10.0	64.3	3.8
4-氯苯酚	10.0	76.9	4.4
吲哚	50.0	97.1	3.6
3-甲基吲哚	8.00	73.9	3.6
2,4,5-三氯苯酚	10.0	99.7	8.0

5.3.4.2 吹扫捕集-气相色谱-串联质谱法半定量检测水中 23 种异味物质

箭形固相微萃取-气相色谱-串联质谱半定量法,样品前处理过程中处于加热状态,有些异味物质的沸点低于加热温度而无法达到吸附平衡,萃取的稳定性较差。针对这类沸点较低的异味物质,本研究建立了吹扫捕集-气相色谱-串联质谱法对 23 种低沸点异味物质的半定量检测方法,适用于保留指数 500～900、低沸点的异味物质。本方法目标物的加标回收率为 61.0%～140%,方法相对标准偏差(RSD)为 2.5%～9.2%。

1. 实验部分

1) 仪器与试剂

仪器:气相色谱三重四极杆质谱仪(型号:Trace 1300/TSQ 8000 EVO);全自动吹扫捕集装置(型号:Lumin Teklink),捕集阱 Trap 9。

试剂:甲醇(色谱纯);实验用水为超纯去离子水。

标准品:正构烷烃标(C_4～C_{10})100 mg/L,甲醇介质。

2) 分析条件

a) 吹扫捕集条件

样品体积:5 mL;捕集阱:Trap 9(Teledyne Tekmar);流量:40 mL/min;吹扫时长:9 min;解吸温度:260℃;解吸时间:160 s。

b) 气相色谱条件

色谱柱:DB-WAX UI(60 m×0.25 mm×0.5 μm);升温程序:起始温度35℃,保持3 min,以 8℃/min 的速度升至160℃,保持 2 min;进样口温度:260℃;进样方式:分流模式;分流比:10∶1;载气流速:恒流,1.00 mL/min。

c) 质谱条件

离子源温度:300℃;传输线温度:300℃;扫描模式:SRM+全扫描;质量和分辨率调谐:峰强度(69.1):$3×10^7$;目标物测定参数见表5-35。

表 5-35　23 种异味物质的测定参数

物质名称	CAS 号	保留时间/min	校正系数	参考物质	母离子	子离子	碰撞能量/V
戊烷(C_5)	109-66-0	4.42	1.0	C_5	43.1	27.1	10
					43.1	41.1	5
					72.1	43	5
三甲胺	75-50-3	4.72	500	C_6	58.1	42	15
					58.1	43.1	10
					59.1	58.1	10
氯乙烯	75-01-4	4.80	20	C_6	62	27.1	10
					64	27	10
己烷(C_6)	110-54-3	4.82	1.0	C_6	43.1	41	5
					57.1	29.1	10
					57.1	41	5
甲基叔丁基醚	1634-04-4	5.52	0.4	C_7	57.1	29.1	10
					73.1	43	10
					73.1	45	10
庚烷(C_7)	142-82-5	5.62	1.0	C_7	43.1	41.1	5
					71.1	41.1	10
					71.1	43.1	5

续表

物质名称	CAS 号	保留时间/min	校正系数	参考物质	母离子	子离子	碰撞能量/V
甲硫醇	74-93-1	5.65	100	C₇	45	15	10
					47	45	10
					48.1	47	10
乙醛	75-07-0	5.68	50	C₇	43.1	15.1	10
					43.1	42.2	5
					44	29	10
1,1-二氯乙烯	75-35-4	6.03	1.0	C₇	95.9	61	15
					98	63	15
二硫化碳	75-15-0	6.04	500	C₇	44	32	10
					76	44	10
乙硫醇	75-08-1	6.20	150	C₇	47.1	45	10
					62	46.1	5
					62	47	10
甲硫醚	75-18-3	6.40	1.0	C₈	47	45	10
					47	46.1	20
					62	46	10
					62	47	10
辛烷(C₈)	111-65-9	6.95	1.0	C₈	43.1	41.1	5
					85.1	41.1	10
					85.1	43.1	5
丙酮	67-64-1	7.36	5.0	C₈	43	15.1	10
					43	41.1	5
					58	43	5
1-丙硫醇	107-03-9	7.72	200	C₈	47	45	10
					76	42.1	5
					76	47	15
氯丁二烯	126-99-8	7.86	1.0	C₈	53.1	27	10
					88	53.1	10
丙烯醛	107-02-8	8.00	150	C₉	55	27	10
					56	28.1	5
					56	55	10
反-1,2-二氯乙烯	156-60-5	8.16	0.5	C₉	95.9	61	15
					98	63	15
四氢呋喃	109-99-9	8.37	2.0	C₉	42.1	39	10
					71	43.1	5
					72.1	71.1	5
四氯化碳	56-23-5	8.64	0.5	C₉	116.9	81.9	25
					118.9	83.9	25
1,1,1-三氯乙烷	71-55-6	8.67	0.5	C₉	61	43	10
					96.9	61	15
					98.9	61	10

续表

物质名称	CAS 号	保留时间/min	校正系数	参考物质	母离子	子离子	碰撞能量/V
乙酸乙酯	141 78-6	8.77	5.0	C$_9$	61	43	10
					70	43.1	15
					70	55	5
壬烷(C$_9$)	111-84-2	8.91	1.0	C$_9$	57.1	41.1	5
					85.1	41	15
					85.1	43.1	5

3）测定方法

样品：将样品缓慢倒入吹扫捕集样品瓶中，充满不留气泡，拧紧瓶盖后放入吹扫捕集进样器样品盘中，按上述仪器条件进样检测。

参考标准：取正构烷烃标准溶液（C$_4$～C$_{12}$），配制成各烷烃浓度均为 20 μg/L 配制的标准点。同样品测定方法。

实验空白：以实验用水为空白，同样品测定方法。

4）定性分析

以各化合物的保留时间和离子对（表 5-35）初步定性，将质谱图与 NIST 谱库对比，若相似度≥75%（参考《气相色谱-质谱联用仪校准规范》（JJF 1164—2018）），可确认定性，否则标记为疑似物质。

5）半定量分析

按式（5-2）计算各化合物的浓度：

$$C = \frac{A - A_0}{A_i \times C_i \times f_i} \tag{5-2}$$

式中：C 为样品中异味物质浓度，单位为 μg/L；A 为样品中异味物质离子对峰总面积；A_0 为空白中异味物质离子对峰总面积；A_i 为对应参考标准正构烷烃离子对峰面积和；C_i 为对应参考标准正构烷烃标准物质浓度，单位为 μg/L；f_i 为对应异味物质定量校正系数（表 5-35）。

6）结果判断

将筛查出的异味物质输入"水体异味物质数据库"进行信息检索，可得到其异味特征、嗅阈值及来源等信息，再与感官分析的嗅辨结果对比，若异味特征匹配，且半定量浓度高于嗅阈值，则可确定为导致水体异味的主要物质。

2. 结果与讨论

1）适用范围

化合物的保留指数是其沸点和极性等的综合反映，可以在一定程度上作为选择前处理方法的参考。比较吹扫捕集和箭形固相微萃取正构烷烃色谱图（图 5-32），箭形固相微萃取具有更高的灵敏度，但当目标物质保留指数小于 900 时，色谱图出现峰展宽，定性和半定量结果易受干扰，保留指数小于 800 时，峰拖尾严重，无法检测。吹扫捕集虽然灵敏度较低，但适合用于保留指数 500～900、低沸点的物质，因此吹扫捕集可作为箭形固相微萃取的补充，扩大筛查物质的范围。

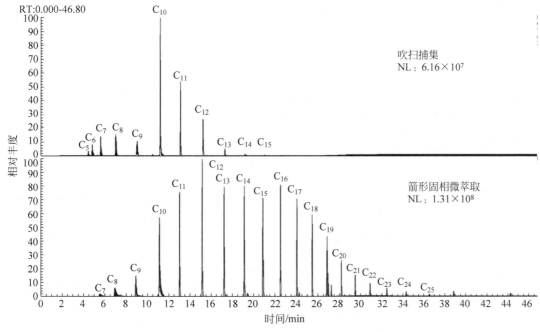

图 5-32　吹扫捕集和箭形固相微萃取正构烷烃色谱图比较

2）方法的准确度和精密度

选取 16 种不同类型的异味物质，平行配制 6 份加标样品进行测定，结果见表 5-36，不同物质的回收率为 61.0%～140%，相对标准偏差（RSD）为 2.5%～9.2%，准确度和精密度均可满足半定量检测的要求。

表 5-36　方法准确度和精密度

化　合　物	加标浓度/(μg/L)	回收率/%	RSD/%
氯乙烯	20.0	61.0	3.8
三甲胺	80 000	87.6	9.2
甲基叔丁基醚	100	130	6.6
乙醛	100	98.9	7.4
1,1-二氯乙烯	20.0	87.5	3.9
二硫化碳	100	94.1	5.9
甲硫醚	200	124	3.2
丙酮	100	87.9	5.6
1-丙硫醇	100	90.6	6.6
丙烯醛	100	106	4.9
氯丁二烯	20.0	103	5.5
反-1,2-二氯乙烯	20.0	84.1	4.2
四氢呋喃	100	79.2	2.5
乙酸乙酯	200	89.5	4.9
四氯化碳	20.0	94.6	4.2
1,1,1-三氯乙烷	20.0	140	3.2

5.3.5　定性分析技术

　　定量和半定量等靶标分析方法需要预选择分析物并获得离子和出峰时间等信息,虽然准确度和灵敏度较高,但是筛查的目标物范围受到局限。非靶标筛查可在无标准品、不预选择分析物的条件下,对样品所含污染物进行总筛查。虽然灵敏度低于定量和半定量等靶标分析方法,但由于质谱扫描方式为全扫描模式,在合适的前处理技术辅助下,理论上可检测的污染物数量不受限制,种类也大大扩展。可作为异味物质筛查中定量和半定量分析方法的重要补充。

　　本研究以箭形固相微萃取和吹扫捕集为前处理方法,连接气相色谱-质谱仪,通过优化进样口温度等色谱或质谱参数,同时根据检测的灵敏度,重点优化解卷积方法面积阈值和离子重叠窗口等参数,从而建立了筛查范围广、筛查成功率高的定性分析方法。以下将对这些方法进行详细介绍。

5.3.5.1　水中异味物质非靶标筛查 箭形固相微萃取-气相色谱-质谱法

　　本研究以箭形固相微萃取作为前处理技术,样品经过有效萃取后,通过气相色谱-质谱仪进行全扫描检测,并采用 TF Deconvolution 新型解卷积软件进行谱图分析,对异味物质进行定性筛查。本方法适用于大部分异味物质的定性筛查分析。

　　本方法对 60 种异味物质进行加标检测,可成功识别出 56 种,定性准确度高,方法可靠。

1. 实验部分

　　1) 仪器与试剂

　　仪器:气相色谱三重四极杆质谱仪(型号:Trace 1300/TSQ 8000 EVO);固相微萃取仪(PAL RTC)。

　　试剂:氯化钠(分析纯);实验用水为超纯去离子水。

　　标准品:正构烷烃($C_8 \sim C_{30}$)500 mg/L,正己烷介质。

　　2) 分析条件

　　a) 固相微萃取条件

　　样品体积 10 mL;固相微萃取纤维柱(SPME Arrow 85μm CWR/PDMS);萃取温度:70℃;萃取时间:30 min;解吸温度:260℃;老化温度:245℃;解吸时间:160 s。

　　b) 气相色谱条件

　　色谱柱:DB-WAX UI(60 m×0.25 mm×0.5 μm);升温程序:起始温度 35℃,保持3 min,以 8℃/min 的速度升至 240℃,保持 21 min;进样口温度:260℃;进样方式:不分流模式;载气流速:恒流,1.00mL/min。

　　c) 质谱条件

　　离子源温度:300℃;传输线温度:300℃;扫描模式:全扫描;质量和分辨率调谐:峰强度(69.1):$3×10^7$;方法类型:Acquisition-General;溶剂延迟:3.00 min;扫描范围:19~420;停留或扫描时间:0.2s。

　　d) 解卷积关键参数

　　质量偏差:1000 mmu;检测算法:Avalon;TIC 面积阈值:10 000,离子重叠窗口：98％。

RI-正构烷烃：使用全局列表进行处理，色谱柱类型：Std polar。

正构烷烃保留时间见表5-37。

表 5-37 正构烷烃保留时间

碳 数	保留时间/min	碳 数	保留时间/min
5	4.36	16	22.70
6	4.75	17	24.22
7	5.55	18	25.73
8	7.02	19	27.16
9	8.91	20	28.30
10	11.15	21	29.70
11	13.24	22	31.10
12	15.40	23	32.55
13	17.43	24	35.20
14	19.38	25	37.55
15	21.07	26	40.00

3）测定方法

样品：称取 3.0 g 氯化钠于 20 mL 进样瓶中，加入 10 mL 水样，拧紧瓶盖后放入固相微萃取自动进样器样品盘中，按上述仪器条件，箭形固相微萃取方式进样检测。

参考样品：为保证基质的相似性，优先选择同一位点，不同时间点，无异味的样品作为参考样品，若无法获得此类样品，则将异味样品置于烧杯中，煮沸至无异味，用实验用水定容至原来体积，作为参考样品，选择与样品相同的测试条件进行分析。

实验空白：以实验用水为空白，同样品测定方法。

4）样品扣背景

将样品与空白样品总离子流图进行差减，减少背景干扰，提高定性的准确度。

5）样品解析

按上述解卷积参数对扣除背景干扰后样品的质谱图进行解卷积，通过相似性整体得分（score）和保留指数相对偏差（ΔRI）判断定性结果。若 score≥75 且 ΔRI≤6.1％，可确认定性；若 score≥75，无 ΔRI 或 score≤75 且 ΔRI≤6.1％，则列为疑似物质。

6）结果判断

对比参考样品，将样品多出的峰或峰面积为参考样品 3 倍以上的峰对应的物质输入"水体异味化学物质数据库"进行信息检索，可得到其异味特征、嗅阈值及来源等信息，再与感官分析的嗅辨结果对比，若异味特征匹配则可判断为导致异味的主要物质。

2. 结果与讨论

1）保留指数相对偏差的确认

选择各种类型的异味物质共 100 种，获取实际保留时间，计算实际保留指数，并与数据库保留指数对比，结果见表 5-38，不同类型物质 ΔRI 为 0.0％～6.1％，因此将 ΔRI≤6.1％

作为定性确认条件之一。

表 5-38　保留指数验证

化　合　物	数据库保留指数	实际保留指数	ΔRI/%
氯乙烯	554	577	4.0
甲基叔丁基醚	677	688	1.6
1,1-二氯乙烯	736	730	0.8
丙酮	819	818	0.1
反-1,2-二氯乙烯	866	860	0.7
四氢呋喃	869	871	0.2
乙酸乙酯	884	893	1.0
四氯化碳	888	886	0.2
1,1,1-三氯乙烷	898	887	1.2
异丙醇	930	936	0.6
二氯甲烷	933	932	0.1
苯	945	951	0.6
2-戊基硫醇	968	964	0.4
顺-1,2-二氯乙烯	1006	994	1.2
三氯乙烯	1008	1000	0.8
3-甲基-1-丁基硫醇	1017	1003	1.4
三氯甲烷	1022	1026	0.4
α-蒎烯	1028	1037	0.9
四氯乙烯	1028	1036	0.8
甲苯	1042	1056	1.3
1,2-二氯丙烷	1051	1056	0.5
乙酸丁酯	1074	1080	0.6
二甲基二硫醚	1077	1090	1.2
1,2-二氯乙烷	1079	1072	0.7
1,4-二噁烷	1082	1081	0.1
正己醛	1083	1094	1.0
β-蒎烯	1112	1125	1.2
反-1,3-二氯丙烯	1112	1144	2.8
乙苯	1129	1144	1.3
对二甲苯	1138	1151	1.1
间二甲苯	1143	1158	1.3
环氧氯丙烷	1172	1213	3.4
二氯一溴甲烷	1174	1166	0.7
异丙苯	1178	1190	1.0
顺-1,3-二氯丙烯	1183	1215	2.6
吡啶	1184	1215	2.6
邻二甲苯	1186	1204	1.5

续表

化 合 物	数据库保留指数	实际保留指数	ΔRI/%
庚醛	1187	1199	1.0
1,3-二氯丙烷	1198	1201	0.2
乙酰丙酮	1198	1233	2.8
异戊醇	1209	1215	0.5
吡嗪	1212	1239	2.2
氯苯	1233	1234	0.1
苯乙烯	1261	1276	1.2
1,2-二溴乙烷	1266	1280	1.1
1,1,2-三氯乙烷	1267	1267	0.0
一氯二溴甲烷	1310	1311	0.1
2,6-二甲基吡嗪	1328	1354	1.9
乙二硫醇	1337	1361	1.8
苯甲醚	1346	1362	1.2
茚满	1365	1397	2.3
二甲基三硫	1377	1411	2.4
2-异丙基-3-甲氧基吡嗪	1427	1444	1.2
三溴甲烷	1430	1464	2.3
1,4-二氯苯	1449	1469	1.4
乙酸	1449	1447	0.1
糠醛	1462	1478	1.1
川芎嗪	1469	1502	2.2
六氯丁二烯	1480	1522	2.8
苯硫酚	1491	1525	2.2
1,2-二氯苯	1492	1521	1.9
甲酸	1503	1530	1.8
苯甲醛	1520	1557	2.4
丙酸	1535	1535	0.0
异丁酸	1570	1564	0.4
2-甲基异冰片	1592	1625	2.0
β-环柠檬醛	1605	1664	3.5
正丁酸	1625	1625	0.0
4-氯苯甲醚	1630	1661	1.9
丙烯酸	1639	1640	0.1
异戊酸	1666	1668	0.1
1,2-二溴-3-氯丙烷	1671	1733	3.6
硝基苯	1683	1786	5.8
正戊酸	1733	1735	0.1
苯胺	1757	1784	1.5
2,4,6-三氯苯甲醚	1809	1857	2.6

续表

化合物	数据库保留指数	实际保留指数	ΔRI/%
土臭素	1810	1887	4.1
反-2,4-癸二烯醛	1811	1838	1.5
邻硝基苯酚	1818	1860	2.3
2-氯苯酚	1825	1859	1.8
α-紫罗酮	1840	1889	2.6
3-硝基氯苯	1847	1963	5.9
4-硝基氯苯	1887	2010	6.1
2-溴苯酚	1914	1945	1.6
β-紫罗酮	1940	1942	0.1
2-硝基氯苯	1946	2072	6.1
苯酚	2000	1954	2.4
邻甲酚	2008	1954	2.8
间甲酚	2091	2002	4.4
2,6-二氯苯酚	2124	2144	0.9
2,4-二氯酚	2145	2210	2.9
2-叔丁基酚	2161	2186	1.1
2,4,6-三氯酚	2306	2326	0.9
2,4-二叔丁基酚	2318	2306	0.5
4-正丁基酚	2360	2368	0.3
4-氯苯酚	2368	2429	2.5
2,6-二溴苯酚	2368	2388	0.8
2,4,5-三氯苯酚	2458	2534	3.0
3-甲基吲哚	2492	2513	0.8
4-氯-3-甲酚	2513	2505	0.3

2）定性准确度

选择 60 种异味物质进行实际水样加标检测,结果如表 5-39 所示,共识别出 56 种异味物质,score 为 76.9～96.6,ΔRI 为 0.1%～4.1%。未能成功筛查的物质主要为低沸点物质,主要因为箭形固相微萃取过程中低沸点物质的萃取效率较差,且色谱峰拖尾,本底干扰严重。

表 5-39　60 种异味物质的定性结果

化合物	浓度/(μg/L)	TIC	score	ΔRI/%
1,1,2-三氯乙烷	20	71044790	96.3	0.1
1,2-二氯苯	5	121228744	95.1	1.6
1,2-二氯乙烷	5	1457701	87.1	0.7
1,2-二溴-3-氯丙烷	20	242572545	94.4	2.8
1,4-二氯苯	2	193806613	95	1.1
2,4,5-三氯苯酚	20	145505243	88.8	2.7

化合物	浓度/(μg/L)	TIC	score	ΔRI/%
2,4,6-三氯苯甲醚	1	170166314	94.3	2.3
2,4-二叔丁基苯酚	1	232821785	86.9	0.6
2,6-二甲基吡嗪	4	49687728	91.7	1.7
2,6-二氯苯酚	1	7281826	85.7	2.2
2,6-二溴苯酚	1	3831901	83	4.1
2-甲基异冰片	0.1	7870417	86.3	2
2-氯苯酚	1	141320564	90.7	1.5
2-叔丁基苯酚	1	349344375	94.8	0.9
2-戊硫醇	4	17971477	82	0.6
2-异丙基-3-甲氧基吡嗪	0.05	7406694	91.7	1
3-甲基-1-丁硫醇	4	56909286	93.5	1.6
3-甲基吲哚	16	313688195	92.8	0.6
4-丁基苯酚	1	58475929	88.9	0.2
4-甲基-2-戊酮	50	70099264	93.7	0.7
4-氯-3-甲基苯酚	1	5881741	87.8	0.6
4-氯苯酚	20	60345320	91.1	2.5
4-氯苯甲醚	1	157812522	95.4	1.6
α-紫罗兰酮	0.1	24058321	81.7	2.3
苯	5	5748231	76.9	0.8
苯甲醛	20	879541266	95.2	2.2
苯硫酚	80	24811989	94.7	2.1
苯乙烯	5	115800489	95.5	0.9
吡嗪	20	4500746	93.1	1.7
对二甲苯	2	137718579	96	1
二甲基二硫醚	0.2	1306233	89.8	1
反,反-2,4-癸二烯醛	16	73714413	92.9	1.3
环柠檬醛	0.2	15474423	92.6	3.1
甲苯	2	34908196	92.5	1.1
间二甲苯	2	130368088	96.6	1
间甲酚	8	225677820	95	0.9
糠醛	200	258573616	94.5	0.9
联苯	10	4412299	78.3	3
邻甲酚	8	297466260	94.4	0.2
邻硝基苯酚	32	66908350	93.8	1.9
六氯丁二烯	5	101530890	82.2	1.7
氯苯	5	79608622	95.4	0.2
三氯甲烷	5	2279582	89.2	0.2
三氯乙烯	5	13452764	94.4	1
三溴甲烷	5	28064814	93.7	2.1

续表

化合物	浓度/(μg/L)	TIC	score	ΔRI/%
顺-1,2-二氯乙烯	5	2725095	93	1.4
川芎嗪	2	111922546	90.7	1.9
四氯化碳	5	1980625	89.6	0.5
四氯乙烯	5	28601535	94.8	0.6
一溴二氯甲烷	20	13185188	94.1	0.8
乙苯	2	104688670	94.6	1
异丙基苯	5	115271869	94.3	0.7
茚满	2	232345306	92.6	2.2
正丁醇	200	58521748	92.7	1.2
正己醛	2	155957841	95.1	0.9
庚醛	200	701528382	93.7	1.2
丙酮	100	—	—	—
乙酸乙酯	10	—	—	—
丙烯醛	200	—	—	—
反-1,2-二氯乙烯	3.0	—	—	—

5.3.5.2　水中异味物质非靶标筛查 吹扫捕集-气相色谱-质谱法

本研究以吹扫捕集作为前处理技术,样品经过有效萃取后,通过气相色谱-质谱仪进行全扫描检测,并采用 TF Deconvolution 新型解卷积软件进行谱图分析,对异味物质进行定性筛查。本方法适用于低沸点的异味物质定性筛查分析。

本方法对低沸点的 14 种异味物质进行加标检测,可成功识别出全部物质,定性准确度高,方法可靠。

1. 实验部分

1) 仪器与试剂

仪器:气相色谱三重四极杆质谱仪(型号:Trace 1300/TSQ 8000 EVO);全自动吹扫捕集装置(型号:Lumin Teklink)。

试剂:甲醇(色谱纯);实验用水为超纯去离子水。

标准品:正构烷烃($C_4 \sim C_{10}$),浓度均为 100 mg/L,甲醇介质,购于德国 Dr. Ehrenstorfer 公司。

2) 分析条件

a) 吹扫捕集条件

样品体积 5 mL;捕集阱:Trap ♯9(Teledyne Tekmar);流量:40 mL/min;吹扫时长:9 min;解吸温度:260℃;解吸时间:160 s。

b) 气相色谱条件

色谱柱:DB-WAX UI(60 m×0.25 mm×0.5 μm);升温程序:起始温度 35℃,保持3 min,以 8℃/min 的速度升至 160℃,保持 2 min;进样口温度:260℃;进样方式:分流模

式；分流比：10∶1；载气流速：恒流，1.00 mL/min。

c）质谱条件

离子源温度：300℃；传输线温度：300℃；扫描模式：全扫描；质量和分辨率调谐：峰强度（69.1）：3×10^7；方法类型：Acquisition-General；溶剂延迟：3.00 min；扫描范围：19~420；停留或扫描时间：0.2 s。

d）解卷积关键参数

质量偏差：1000 mmu；检测算法：Avalon；TIC 面积阈值：10 000，离子重叠窗口：98%；

RI-正构烷烃：使用全局列表进行处理，色谱柱类型：Std polar；

正构烷烃保留时间见表 5-40。

表 5-40　正构烷烃保留时间

碳数	RT/min	碳数	RT/min
5	4.36	10	11.15
6	4.75	11	13.24
7	5.55	12	15.40
8	7.02	13	17.43
9	8.91		

3）测定方法

样品：将样品缓慢倒入吹扫捕集样品瓶中，充满不留气泡，拧紧瓶盖后放入吹扫捕集进样器样品盘中，按上述仪器条件进样检测。

参考样品：为保证基质的相似性，优先选择同一位点，不同时间点，无异味的样品作为参考样品，若无法获得此类样品，则将异味样品置于烧杯中，煮沸至无异味，用实验用水定容至原来体积，作为参考样品，选择与样品相同的测试条件进行分析。

实验空白：以实验用水为空白，同样品测定方法。

4）样品扣背景

将样品与空白样品总离子流图进行差减，减少背景干扰，提高定性的准确度。

5）样品解析

按上述解卷积参数对扣除背景干扰后样品的质谱图进行解卷积，通过相似性整体得分（score）和保留指数相对偏差（ΔRI）判断定性结果。若 score≥75 且 ΔRI≤6.1%，可确认定性；若 score≥75，无 ΔRI 或 score≤75 且 ΔRI≤6.1%，则列为疑似物质。

6）结果判断

对比参考样品，将样品多出的峰或峰面积为参考样品 3 倍以上的峰对应的物质输入"水体异味化学物质数据库"进行信息检索，可得到其异味特征、嗅阈值及来源等信息，再与感官分析的嗅辨结果对比，若异味特征匹配则可判断为导致异味的主要物质。

2. 结果与讨论

定性准确度：选择 14 种低沸点异味物质进行实际水样加标检测，结果如表 5-41 所示，全部物质均可识别，score 为 79.5~97.3，ΔRI 为 0.0%~3.1%，定性结果良好。

表 5-41　14 种低沸点异味物质的定性结果

化合物	浓度/(μg/L)	TIC	score	ΔRI
戊烷	6.0	1075054	94.1	3.1
正己烷	6.0	20049568	93.7	1.2
甲基叔丁基醚	5.0	2713769	95.8	2.3
庚烷	6.0	3448313	91.5	0.4
乙醛	50	76958	84.1	0.8
1,1-二氯乙烯	3.0	65316	79.5	0.7
二硫化碳	100	7260200	97.3	0.5
辛烷	6.0	3450150	92.2	0.1
丙酮	100	26299400	94	0.4
反-1,2-二氯乙烯	3.0	12847	85.5	0.5
四氯化碳	3.0	105172	85	0
乙酸乙酯	10	2052118	91.4	0.9
壬烷	6.0	3450065	92	0.3
丙烯醛	200	71826	93.5	0

6

水体消毒副产物检测技术

6.1 消毒副产物

消毒是去除水中病原微生物,防止介水传染病传播的必要途径,目前普遍采用的化学消毒方式,无可避免会产生消毒副产物(DBPs),直接威胁民众身体健康,水厂需要对其进行持续监控,以便调整和改进消毒工艺,减少 DBPs 的产生。

DBPs 种类繁多,随着消毒剂、消毒方式和原水化学组成的变化而有所不同,目前发现的 DBPs,主要种类有卤代烃、卤乙酸、卤代氰、卤乙腈、卤代硝基甲烷、卤代酮、卤代醛、卤代酚、卤代呋喃酮、卤代对苯醌、亚硝胺、醛类、溴酸盐、氯酸盐和亚氯酸盐等,部分 DBPs 的理化性质见表 6-1。

表 6-1 部分 DBPs 的理化性质

类别	化合物	CAS 号	相对分子质量	化学式	结构式	熔点/℃	沸点/℃
卤代烃	三氯甲烷	67-66-3	119.38	$CHCl_3$		−63.5	61.3
	四氯化碳	56-23-5	153.82	CCl_4		−23	76~77
	一溴二氯甲烷	75-27-4	163.83	$CHBrCl_2$		−55	87
	一氯二溴甲烷	124-48-1	208.28	$CHBr_2Cl$		−22	119~120
	三溴甲烷	75-25-2	252.73	$CHBr_3$		8	150
	1,1,1-三氯乙烷	71-55-6	133.40	$C_2H_3Cl_3$		−32	74

续表

类别	化合物	CAS 号	相对分子质量	化学式	结构式	熔点/℃	沸点/℃
卤乙酸	一氯乙酸	79-11-8	94.49	$C_2H_3ClO_2$		50～63	189
	二氯乙酸	79-43-6	128.95	$C_2H_2Cl_2O_2$		9～11	194
	三氯乙酸	76-03-9	163.40	$C_2HCl_3O_2$		57.5	196
	一溴乙酸	79-08-3	138.95	$C_2H_3BrO_2$		41～46	206～208
	二溴乙酸	631-64-1	217.84	$C_2H_2Br_2O_2$		32～38	128～130
	三溴乙酸	75-96-7	296.74	$C_2HBr_3O_2$		130	245
	溴氯乙酸	5589-96-8	173.39	$C_2H_2BrClO_2$		27.5	214.8
	溴二氯乙酸	71133-14-7	207.84	$C_2HBrCl_2O_2$		69～72	200.7
	氯二溴乙酸	5278-95-5	252.29	$C_2HBr_2ClO_2$		99～102	217.7
	碘乙酸	64-69-7	185.95	$C_2H_3IO_2$		77	208

续表

类别	化合物	CAS 号	相对分子质量	化学式	结构式	熔点/℃	沸点/℃
卤代氰	氯化氰	506-77-4	61.47	CClN	N≡C—Cl	6.5	14
	溴化氰	506-68-3	105.92	CBrN	N≡C—Br	50~53	61~62
卤乙腈	氯乙腈	107-14-2	75.50	C_2H_2ClN		38	124~126
	溴乙腈	590-17-0	119.95	C_2H_2BrN		−36	60~62
	二氯乙腈	3018-12-0	109.94	C_2HCl_2N		−129	110~112
	三氯乙腈	545-06-2	144.39	C_2Cl_3N		−42	83~84
	溴氯乙腈	83463-62-1	154.39	$C_2HClBrN$		—	121.1
	二溴乙腈	3252-43-5	198.84	C_2HBr_2N		—	67~69
	三溴乙腈	75519-19-6	277.74	C_2Br_3N		—	129.8
卤代硝基甲烷	氯硝甲烷	1794-84-9	95.49	CH_2ClNO_2		—	122.5
	三氯硝基甲烷	76-06-2	164.38	CCl_3NO_2		−60	112
	一溴一氯硝基甲烷	135531-25-8	174.38	$CHBrClNO_2$		—	132.7
	三溴硝基甲烷	464-10-8	297.73	CBr_3NO_2		—	155.9

续表

类别	化合物	CAS 号	相对分子质量	化学式	结构式	熔点/℃	沸点/℃
卤代酮	1,3-二氯丙酮	534-07-6	126.97	$C_3H_4Cl_2O$		43	73
	1,1,1-三氯丙酮	918-00-3	161.41	$C_3H_3Cl_3O$		16	134
卤代醛	三氯乙醛	75-87-6	147.39	C_2HCl_3O		−57.5	97.8
卤代酚	2,4-二氯酚	120-83-2	163.00	$C_6H_4Cl_2O$		45	210
	2,4,6-三氯酚	88-06-2	197.45	$C_6H_3Cl_3O$		64~66	246
	五氯酚	87-86-5	266.34	C_6HCl_5O		165~180	310
卤代呋喃酮	3-氯-4-(二氯甲基)-5-羟基-2(5H)-呋喃酮	77439-76-0	217.44	$C_5H_3Cl_3O_3$		—	388.7
卤代对苯醌	2-氯-对苯醌	695-99-8	142.54	$C_6H_3ClO_2$		52~57	210.1
	2,5-二氯对苯醌	615-93-0	176.98	$C_6H_2Cl_2O_2$		160~163	241

续表

类别	化合物	CAS号	相对分子质量	化学式	结构式	熔点/℃	沸点/℃
卤代对苯醌	2,6-二氯对苯醌	697-91-6	176.98	$C_6H_2Cl_2O_2$		122~124	241.5
	四氯对苯醌	118-75-2	245.88	$C_6Cl_4O_2$		—	311.5
亚硝胺	亚硝基二甲胺	62-75-9	74.08	$C_2H_6N_2O$		50	153
	亚硝基甲乙胺	10595-95-6	88.11	$C_3H_8N_2O$		—	154.4
	亚硝基二乙胺	55-18-5	102.14	$C_4H_{10}N_2O$		−45	177
	亚硝基二丙胺	621-64-7	130.19	$C_6H_{14}N_2O$		—	206
	亚硝基二正丁胺	924-16-3	158.24	$C_8H_{18}N_2O$		−9	250.6
	亚硝基吡咯烷	930-55-2	100.12	$C_4H_8N_2O$		—	214
	亚硝基吗啉	59-89-2	116.12	$C_4H_8N_2O_2$		29	226.1
	亚硝基哌啶	100-75-4	114.15	$C_5H_{10}N_2O$		—	229.8
	亚硝基二苯胺	86-30-6	198.22	$C_{12}H_{10}N_2O$		65~66	268

类别	化合物	CAS号	相对分子质量	化学式	结构式	熔点/℃	沸点/℃
醛类	甲醛	50-00-0	30.03	CH_2O	O=	−18.8	−19.1
	乙醛	75-07-0	44.05	C_2H_4O		−123.5	20.8
	戊二醛	111-30-8	100.12	$C_5H_8O_2$		−14	187~189

6.2 检测方法综述

针对 DBPs 世界各国和地区颁布了相应的检测标准规范,现汇总如表 6-2。

表 6-2 主要国家、地区及组织相关标准检测方法

序号	标准名称	检测方法	前处理	检出限	适用范围	检测对象
1	《水质 挥发性卤代烃的测定 顶空气相色谱法》(HJ 620—2011)	气相色谱法(ECD 检测器)	顶空	0.02~2.38 μg/L	地表水、地下水、饮用水、海水、工业废水和生活污水	14 种卤代烃
2	《水质 挥发性有机物的测定 吹扫捕集/气相色谱法》(HJ 686—2014)	气相色谱法(ECD 或 FID 检测器)	吹扫捕集	0.1~0.5 μg/L	地表水、地下水、工业废水和生活污水	卤代烃等挥发性有机物
3	《气相色谱-质谱法测定挥发性有机物》(EPA 8260D—2018)	气相色谱-质谱法	顶空、吹扫捕集、共沸蒸馏	—	空气捕集介质、地表水、地下水、污泥、碱液、酸液、废溶剂、含油废物等	卤代烃等挥发性有机物
4	《生活饮用水标准检验方法 有机物指标》(GB/T 5750.8—2006)	气相色谱-质谱法	吹脱捕集	0.02~0.35 μg/L	生活饮用水、水源地表水和地下水	卤代烃等挥发性有机物
5	《挥发性有机物的测定 气相色谱-质谱法》(EPA 524.3)	气相色谱-质谱法	吹扫捕集	0.0077~0.14 μg/L	饮用水	卤代烃等挥发性有机物
6	《液液萃取衍生化 GC-ECD 测定饮用水中卤乙酸和二氯丙酸》(EPA 552)	气相色谱法(ECD 检测器)	液液萃取衍生化	0.066~0.820 μg/L	饮用水、地下水、原水和任何中间处理阶段的水	卤乙酸和二氯丙酸
7	《生活饮用水标准检验方法 消毒副产物指标》(GB/T 5750.10—2006)	气相色谱法(ECD 检测器)	液液萃取衍生化	1.0~5.0 μg/L	生活饮用水及其水源水	一氯乙酸、二氯乙酸和三氯乙酸

序号	标准名称	检测方法	前处理	检出限	适用范围	检测对象
8	《水质 氯酸盐、亚氯酸盐、溴酸盐、二氯乙酸和三氯乙酸的测定 离子色谱法》（HJ 1050—2019）	离子色谱法	直接进样	2～10 μg/L	地表水、地下水、生活污水和工业废水	氯酸盐、亚氯酸盐、溴酸盐、二氯乙酸和三氯乙酸
9	《城镇供水水质标准检验方法》（CJ/T 141—2018）	离子色谱法	直接进样	0.91～1.7 μg/L	城镇供水和水源水	二氯乙酸和三氯乙酸
10	《离子色谱-电喷雾串联质谱法测定饮用水中的卤乙酸、溴酸盐和二氯丙酸》（EPA 557）	离子色谱-电喷雾串联质谱法	直接进样	0.020～0.20 μg/L	饮用水	卤乙酸、溴酸盐和二氯丙酸
11	《城镇供水水质标准检验方法》（CJ/T 141—2018）	液相色谱-串联质谱法	直接进样	0.56～19 μg/L	城镇供水和水源水	9种卤乙酸
12	《水质 五氯酚的测定 气相色谱法》（HJ 591—2010）	气相色谱法（ECD检测器）	液液萃取衍生化	0.01～0.02 μg/L	地表水、地下水、生活污水和工业废水	五氯酚和五氯酚盐
13	《生活饮用水标准检验方法 消毒副产物指标》（GB/T 5750.10—2006）	气相色谱法（ECD检测器）	液液萃取衍生化	0.03～3.2 μg/L	生活饮用水及其水源水	2-氯酚、2,4-二氯酚、2,4,6-三氯酚和五氯酚
14	《水质 酚类化合物的测定 液液萃取-气相色谱法》（HJ 676—2013）	气相色谱法（FID检测器）	液液萃取	0.5～3.4 μg/L	地表水、地下水、生活污水和工业废水	13种酚类化合物
15	《水质 酚类化合物的测定 气相色谱-质谱法》（HJ 744—2015）	气相色谱-质谱法	液液萃取或固相萃取衍生化	0.1～0.2 μg/L	地表水、地下水、生活污水和工业废水	14种酚类化合物
16	《饮用水中酚类化合物的测定 固相萃取-气相色谱-质谱法》（EPA 528）	气相色谱-质谱法	固相萃取	0.025～0.22 μg/L	饮用水	12种酚类化合物
17	《城镇供水水质标准检验方法》（CJ/T 141—2018）	液相色谱法	固相萃取	0.12～0.61 μg/L	城镇供水及其水源水	2,4-二氯酚、2,4,6-三氯酚和五氯酚等6种酚类
18	《城镇供水水质标准检验方法》（CJ/T 141—2018）	液相色谱-串联质谱法	直接进样	0.79 μg/L	城镇供水及其水源水	五氯酚等
19	《固相萃取-气相色谱-串联质谱法测定饮用水中亚硝胺》（EPA 521）	气相色谱-串联质谱法	固相萃取	0.26～0.66 ng/L	饮用水	7种亚硝胺

续表

序号	标准名称	检测方法	前处理	检出限	适用范围	检测对象
20	《生活饮用水标准检验方法　消毒副产物指标》（GB/T 5750.10—2006）	离子色谱法	直接进样	2.4～5.0 µg/L	生活饮用水及水源水	亚氯酸盐、氯酸盐和溴离子
21	《离子色谱法测定水中无机阴离子》（EPA 300.1）	离子色谱法	直接进样	0.001～2.55 mg/L	试剂水、地表水、地下水、饮用水	亚氯酸盐、氯酸盐和溴酸盐等无机离子

　　DBPs 种类繁多，性质各异，在检测分析时需要根据不同的特性选择不同的前处理和检测方法，表 6-3 归纳了近年来各类 DBPs 检测技术的应用情况。

表 6-3　各类 DBPs 检测技术的应用情况

序号	化合物	检测方法	前处理方法	检出限	文献
1	6 种卤代烃	气相色谱法（ECD 检测器）	顶空	0.01～0.03 µg/L	秦无双，2020
2	10 种挥发性卤代烃	气相色谱法（ECD 检测器）	顶空	0.006～10.95 µg/L	徐小森，2018
3	二氯乙腈	气相色谱法（ECD 检测器）	顶空	0.05 µg/L	景二丹等，2018
4	三氯乙醛	气相色谱法（ECD 检测器）	顶空	0.233 µg/L	负海燕，2017
5	55 种挥发性卤代烃和苯系物	气相色谱-质谱法	顶空-固相微萃取	0.03～80 ng/L	冯丽丽等，2019
6	24 种挥发性卤代烃和苯系物	气相色谱-质谱法	顶空-固相微萃取	0.03～0.31 µg/L	张红等，2012
7	2,4-二氯酚、2,4,6-三氯酚和五氯酚	气相色谱法（ECD 检测器）	顶空-固相微萃取	0.023～0.13 µg/L	张红等，2015
8	20 种挥发性卤代烃和苯系物	气相色谱-质谱法	吹扫捕集	0.10～0.50 µg/L	刘超等，2015
9	9 种卤代烃	气相色谱-质谱法	吹扫捕集	0.01～0.93 µg/L	张振伟等，2015
10	19 种挥发性卤	气相色谱法（ECD 检测器）	吹扫捕集	0.0005～0.03 mg/L	白云娟等，2012
11	25 种挥发性卤代烃和苯系物	气相色谱-质谱法	吹扫捕集	<0.07 µg/L	陈国荣等，2015
12	卤代烃、苯系物、氯乙腈等 84 种挥发性有机物	气相色谱-质谱法	吹扫捕集	0.01～0.52 µg/L	俞文清等，2014
13	三氯乙醛	气相色谱-质谱法	吹扫捕集	0.05 µg/L	王红雨等，2008

序号	化合物	检测方法	前处理方法	检出限	文献
14	卤代乙酰胺,卤乙腈和卤代硝基甲烷	气相色谱-质谱法	液液萃取	0.8～1.7 μg/L	Carter R A A et al.,2018
15	卤乙腈、卤代硝基甲烷及含碘三卤甲烷	气相色谱-质谱法	固相微萃取	0.14～18.00 ng/L	裴赛峰等,2019
16	8种亚硝胺	气相色谱-串联质谱法	吹扫捕集	0.006～0.23 μg/L	刘苗等,2020
17	9种亚硝胺	气相色谱-质谱法	固相萃取	<4 ng/L	沈朝烨等,2019
18	二氯乙酸和三氯乙酸	液相色谱-串联质谱法	直接进样	0.41～0.66 μg/L	陈际等,2018
19	9种卤乙酸	液相色谱-串联质谱法	直接进样	0.016～2.31 μg/L	雷颖等,2013
20	7种卤乙酸	液相色谱-串联质谱法	直接进样	—	黄春等,2009
21	五氯酚	液相色谱-串联质谱法	固相萃取	0.003 μg/L	王群利等,2020
22	五氯酚	液相色谱-串联质谱法	固相萃取	0.03 μg/L	李丽等,2019
23	五氯酚	液相色谱-串联质谱法	直接进样	0.01 μg/L	李淑红等,2014
24	8种亚硝胺	液相色谱-串联质谱法	固相萃取	0.2～0.9 ng/L	赵宇等,2019
25	8种亚硝胺	液相色谱-串联质谱法	固相萃取	5.47～8.24 ng/L	王帅等,2020
26	亚氯酸盐、氯酸盐、溴酸盐、二氯乙酸、三氯乙酸、溴离子	离子色谱法	直接进样	0.46～0.81 μg/L	童俊等,2010
27	9种卤代乙酸	离子色谱-电喷雾串联质谱法	直接进样	0.02～1.61 μg/L	任洁芳等,2020
28	9种卤代乙酸	液相色谱-串联质谱法	直接进样	0.05～1.03 μg/L	李宗来等,2011

6.2.1 前处理方法

目前,DBPs检测中常用的前处理方法包括顶空、吹扫捕集、顶空-固相微萃取、液液萃取和固相萃取等。顶空和吹扫捕集主要用于沸点低于200℃的卤代DBPs的检测,如三卤甲烷、三氯乙醛和卤乙腈等;顶空-固相微萃取适用于绝大部分挥发性/半挥发性DBPs的检测;液液萃取适用于极性较强且难挥发的DBPs如卤乙酸和氯酚等的检测;固相萃取适用于难挥发痕量DBPs如亚硝胺和卤代苯醌等的检测。

6.2.2　检测方法

目前,DBPs 的检测方法主要包括气相色谱法、气相色谱-质谱法、高效液相色谱-串联质谱法和离子色谱法等。

气相色谱法配备顶空或吹扫捕集等前处理方法适用于挥发性卤代 DBPs 的检测,其操作较为简单,但对于卤乙酸和氯酚等难挥发物质则需要衍生化等复杂前处理,且对新兴DBPs 定性能力较差。气相色谱-质谱法具有更高的灵敏度和选择性,对卤代烃和氯酚等DBPs 的检测效果更好。目前新兴的 DBPs(卤乙腈、卤代乙酰胺、卤代硝基甲烷和亚硝胺等)主要采用气相色谱-质谱法,对于超痕量级 DBPs 则使用灵敏度更高的气相色谱-串联质谱法,该方法也是当前定性未知 DBPs 的主要手段。

高效液相色谱-串联质谱法具有灵敏度高、抗干扰能力强、选择性好等优点,更适用于水中极性较强且难挥发 DBPs 的检测。针对卤乙酸和氯酚等物质可直接进样检测,分析速度极快,可避免使用大量有机溶剂。同时在水中亚硝胺等 DBPs 检测中也有一定应用,但灵敏度不如气相色谱-串联质谱法。

离子色谱法主要用于无机 DBPs 的检测,如氯酸盐、亚氯酸盐和溴酸盐等。该方法非常成熟,灵敏度高,操作简单,也可用于二氯乙酸和三氯乙酸的检测,但存在离子干扰的问题。

总体来看,色谱质谱联用技术是水中 DBPs 检测最为理想的手段。本研究团队针对当前卤乙酸、氯酚类、亚硝胺类和醛类 DBPs 检测中存在的前处理复杂、缺乏标准方法等问题,通过选择不同前处理方法,优化色谱质谱参数,建立了高效液相色谱-串联质谱直接进样检测氯乙酸和氯酚类物质,方法具有灵敏度高、抗干扰能力强,直接进样检测,操作简单快速的特点;建立了气相色谱-串联质谱检测亚硝胺,方法采用的 EI 源气相色谱串联质谱仪,与美国环保部 EPA 521 标准方法所采用的 CI 源气相色谱串联质谱仪相比,普及度更高,本方法实用性强,更具有普遍推广应用价值;建立了气相色谱-质谱检测水中戊二醛,方法解决了戊二醛因易溶于水,在水中分配系数较大,难以通过液液萃取和固相萃取等常规前处理方式进行浓缩富集的难题,本方法灵敏度高,能满足饮用水中戊二醛的检测要求,填补了测定饮用水中戊二醛检测方法的空白。这些检测方法的具体内容将在下文进行详细介绍。

6.3　高效液相色谱-串联质谱法测定饮用水中 3 种氯乙酸

本方法建立了测定饮用水中一氯乙酸、二氯乙酸和三氯乙酸的高效液相色谱-串联质谱法,通过重点研究最佳流动相组成及除氯剂类型和加入量,减少基质干扰,提高了检测的准确度。实验结果表明,3 种氯乙酸的线性关系良好,相关系数(r)≥0.995,检出限为 0.25~1.00 μg/L,测定下限为 1.00~4.00 μg/L,方法相对标准偏差为 0.9%~3.8%,样品加标回收率为 95.8%~107%,方法快速、简单、灵敏、重现性良好、准确可靠,能够满足饮用水中3 种氯乙酸的检测要求。

6.3.1　实验部分

1. 仪器与试剂

仪器：超高效液相色谱-串联质谱仪（Waters ACQUITY UPLC-MS-MS TQD）。

试剂：甲醇（色谱纯）；乙腈（色谱纯）；乙酸（色谱纯）；抗坏血酸（分析纯）；五水硫代硫酸钠（分析纯）；实验用水为超纯去离子水。

标准品：一氯乙酸，二氯乙酸，三氯乙酸，浓度均为 100 mg/L，甲醇介质，购于美国 AccuStandard 公司。

2. 样品采集与保存

水样采集于带塑料螺纹盖的棕色玻璃瓶中，水样充满于样品瓶，添加五水硫代硫酸钠除氯（每 100 mL 水样添加 2 mg），在 4℃ 下避光保存，7 d 内完成分析。

3. 分析条件

1）色谱条件

色谱柱：CSH 氟苯基色谱柱（1.7 μm，2.1 mm×50 mm），BEH C$_{18}$ 柱（1.7 μm，2.1 mm×50 mm）和 HSS T3 柱（1.7 μm，2.1 mm×50 mm）均购于美国 Waters 公司。CSH 氟苯基色谱柱最终用于 3 种氯乙酸的分离，色谱条件为：流动相 A 为 0.1%（体积分数）乙酸水溶液，流动相 B 为 0.1%（体积分数）乙酸乙腈溶液，柱温 40℃，进样体积 10 μL，采用梯度洗脱，洗脱流速 0.4 mL/min，洗脱程序为：0 min 95% A，2 min 5% A，2.5 min 5% A，3 min 95% A。

2）质谱条件

毛细管电压：3.00 kV；离子源温度：120℃；脱溶剂温度：400℃；脱溶剂气流量：800 L/h；反吹气流量：20 L/h；采用负离子模式（ESI－），3 种目标物的多反应监测（MRM）参数如表 6-4 所示。

表 6-4　3 种目标物检测参数

序号	目标物	保留时间/min	母离子	子离子	驻留时间/s	锥孔电压/V	碰撞能量/V
1	一氯乙酸	1.73	92.90	35.00*	0.030	18.0	7.0
				48.90		18.0	12.0
2	二氯乙酸	2.41	126.90	82.90*	0.030	20.0	18.0
				35.00		20.0	10.0
3	三氯乙酸	2.64	160.80	116.80*	0.030	14.0	15.0
				35.00		14.0	6.0

注：标 * 的为定量离子对。

4. 测定方法

样品用 0.22 μm 的亲水聚四氟乙烯滤膜过滤，弃去至少 1 mL 初滤液后，移取 1.0 mL

过滤后的样品于棕色进样瓶,直接进样检测。以目标物的保留时间和特征离子对进行定性,外标法计算目标物含量。

在上述实验条件下,各目标物提取离子流图如图 6-1 所示,分离效果良好。

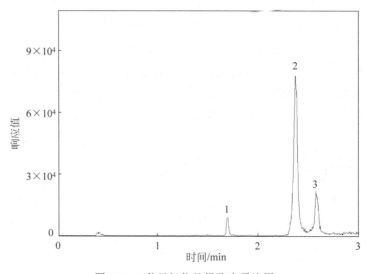

图 6-1　3 种目标物的提取离子流图

1——一氯乙酸;2—二氯乙酸;3—三氯乙酸。

6.3.2　结果与讨论

1. 前处理条件优化

1)滤膜影响

采用添加了一定浓度目标物的饮用水样品,分别对同一个样品膜过滤前和膜过滤后进行检测,结果详见表 6-5。结果表明,采用孔径为 0.22 μm 的亲水聚四氟乙烯滤膜过滤不会对样品中氯乙酸检测产生影响。

表 6-5　滤膜对测试结果的影响

目标物	样品	第一次浓度 /(μg/L)	第二次浓度 /(μg/L)	第三次浓度 /(μg/L)	浓度平均值 /(μg/L)
一氯乙酸	水样	16.6	16.6	16.3	16.5
	滤后水样	16.5	16.5	16.5	16.5
二氯乙酸	水样	3.95	3.98	3.98	3.97
	滤后水样	3.91	4.00	3.93	3.95
三氯乙酸	水样	10.2	10.7	10.2	10.4
	滤后水样	10.3	10.6	10.4	10.4

2)除氯剂的优化

研究硫代硫酸钠和抗坏血酸 2 种常用除氯剂对饮用水加标样品回收率的影响,结果详见表 6-6。测试结果表明,抗坏血酸作为除氯剂时,随着其加入量的增加,一氯乙酸回收率明显降低,表明抗坏血酸对一氯乙酸检测有干扰,而三氯乙酸回收率则明显呈不合理的增高趋势。从样品的提取离子流图(图 6-2)可看出,抗坏血酸对三氯乙酸定量离子对有明显的干扰。而以硫代硫酸钠为除氯剂时,当其含量为 20 mg/L 时,三种氯乙酸回收率良好。因此,采用 20 mg/L 硫代硫酸钠作为饮用水中氯乙酸检测的除氯剂。

表 6-6 除氯剂对样品回收率的影响

化合物名称	除氯剂	不同除氯剂含量时水样回收率/%				
		0 mg/L	10 mg/L	20 mg/L	40 mg/L	60 mg/L
一氯乙酸	硫代硫酸钠	85.7	95.2	99.2	99.4	93.4
	抗坏血酸	85.7	78.9	59.6	27.4	23.6
二氯乙酸	硫代硫酸钠	78.7	96.6	99.3	45.7	21.0
	抗坏血酸	78.7	89.1	94.6	96.6	95.7
三氯乙酸	硫代硫酸钠	107	101	99.1	73.9	3.1
	抗坏血酸	107	116	125	138	147

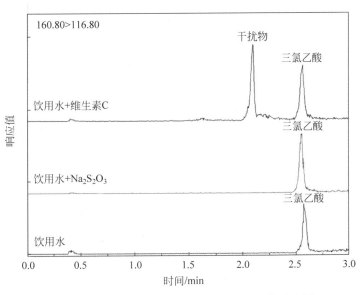

图 6-2 除氯剂对三氯乙酸测定的影响(提取离子流图)

3) 样品保存条件的选择

选择自来水样品进行加标,加标后样品浓度为一氯乙酸 16.3 μg/L,二氯乙酸 4.40 μg/L,三氯乙酸 19.2 μg/L,对 10 d 内目标物的浓度进行跟踪检测,详见表 6-7。检测结果表明,目标物浓度在第 8 d 时有略微下降(准确度相对误差范围为 3.1%~10.2%)。因此,建议样品在 4℃冰箱避光保存,7 d 内分析完毕。

表 6-7　加标样品保存测试结果

目标物	保存期/d	第一次浓度 /(μg/L)	第二次浓度 /(μg/L)	第三次浓度 /(μg/L)	浓度 平均值/(μg/L)
一氯乙酸	0	15.8	15.6	17.4	16.3
	1	17.0	16.3	17.4	16.9
	2	17.0	16.6	16.3	16.6
	3	16.8	16.4	16.1	16.4
	4	16.7	15.6	17.3	16.5
	7	17.0	16.9	15.6	16.5
	8	16.2	14.5	15.4	15.3
	10	14.2	15.0	13.6	14.3
二氯乙酸	0	4.39	4.37	4.44	4.40
	1	4.36	4.32	4.31	4.33
	2	4.47	4.44	4.29	4.40
	3	4.23	4.40	4.16	4.26
	4	4.48	4.22	4.20	4.30
	7	4.28	4.27	4.36	4.30
	8	4.43	3.77	3.65	3.95
	10	3.81	3.60	3.94	3.78
三氯乙酸	0	18.3	20.2	19.2	19.2
	1	18.7	19.1	19.3	19.0
	2	19.4	18.9	18.4	18.9
	3	19.4	18.9	19.0	19.1
	4	18.3	19.7	19.6	19.2
	7	18.8	18.9	19.7	19.1
	8	17.8	18.5	19.5	18.6
	10	15.9	17.6	19.8	17.7

2. 液相色谱-串联质谱条件优化

1) 流动相的优化

参考李宗来等的研究成果可知,采用含 0.005%(体积分数)乙酸水溶液和乙腈作为流动相时,氯乙酸的分离效果和响应值都较好。为保证检测结果的稳定性,在水相和有机相中同时添加乙酸,并研究了含不同比例乙酸的实验用水和乙腈作为流动相时,氯乙酸的分离效果和基质干扰情况,结果详见图 6-3。结果表明,在流动相中加入一定比例的乙酸有助于提高氯乙酸在色谱柱上的保留效果,改善出峰情况。但当乙酸比例达到 0.15%(体积分数)时,三氯乙酸出现一定程度的峰展宽。此外,在实际样品检测时,样品基质效应明显,影响结果的准确性,在流动相中添加乙酸也有利于抑制水体基质效应,当流动相中乙酸比例达 0.1%(体积分数)时,基质效应基本消失。因此,选择 0.1%(体积分数)乙酸水溶液和 0.1%(体积分数)乙酸乙腈溶液作为流动相。

2) 色谱柱的选择

研究 CSH 氟苯基色谱柱(1.7 μm,2.1 mm×50 mm),BEH C_{18} 柱(1.7 μm,2.1 mm×50 mm)和 HSS T3 柱(1.7 μm,2.1 mm×50 mm)对氯乙酸的分离效果,详见图 6-4。检测结果表明,采用 CSH 氟苯基色谱柱作为色谱分析柱氯乙酸的分离效果和灵敏度都优于

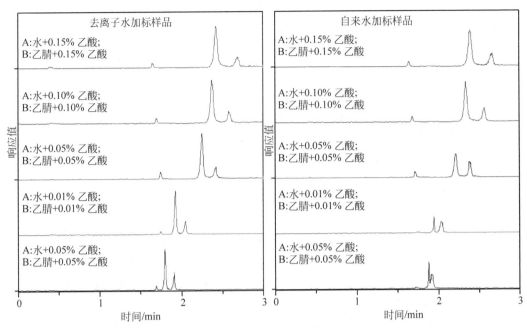

图 6-3　流动相中乙酸含量对氯乙酸分离效果和基质干扰的影响

注：样品出峰顺序为一氯乙酸、二氯乙酸、三氯乙酸。

BEH C$_{18}$ 柱和 HSS T3 柱。因此，建议采用 CSH 氟苯基色谱柱或具有相同效果的氟苯基柱作为饮用水中氯乙酸检测的色谱分析柱。

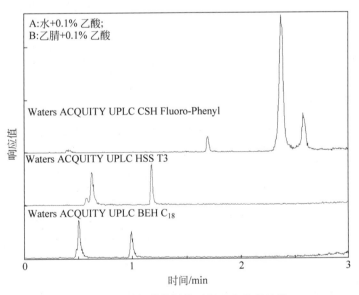

图 6-4　不同色谱分析柱对氯乙酸分离效果

3）质谱条件的优化

采用质谱直接进样的方式，以 0.1%（体积分数）乙酸水溶液和 0.1%（体积分数）乙酸乙腈溶液为流动相，采用电喷雾离子源（ESI），对氯乙酸的质谱条件进行优化，在正离子和负离子模式下全扫描,以选择适当的分子离子峰和电离方式。结果表明,氯乙酸作为含羧基结构的弱酸性氯代有机物,在离子源 ESI－电离方式下,可获得较高丰度的[M-H]⁻母离子。在确定各化合物的母离子后,采用子离子扫描方式对子离子进行优化选择,确定了定量离子和辅助定性离子。通过优化毛细管电压、锥孔电压、透镜电压、碰撞能量及质谱分辨率等质谱参数,使每种化合物的分子离子与特征碎片离子产生的离子对强度达到最大。然后,将液相色谱和三重四极杆质谱仪联机,进一步对离子源温度、脱溶剂气温度及流量、锥孔反吹气流量进行优化,使每种化合物的离子化效率达到最佳。

一般情况下,每种化合物均可稳定获得子离子,其中丰度较弱的一对作为定性的辅助分析,丰度较强的作为定量分析。实验结果详见图 6-5。

3. 线性关系及检出限

配制 6 个浓度水平的混合标准工作溶液进行测定,以目标物浓度为横坐标,峰面积为纵坐标,得到标准工作曲线,如表 6-8 所示。实验结果表明 3 种目标物在相应的浓度范围内呈良好的线性关系,相关系数(r)≥0.995。根据《环境监测分析方法标准制订技术导则》(HJ 168—2020)的要求,连续分析 7 个实验室空白加标样品,以测得浓度的标准偏差(SD)的 3.143 倍作为方法检出限,4 倍方法检出限作为测定下限。结果显示,各目标物的方法检出限为 0.25～1.00 μg/L,测定下限为 1.00～4.00 μg/L。

表 6-8　线性关系及检出限

目标物	线性回归方程	曲线范围 /(μg/L)	相关系数	检出限/(μg/L)	测定下限 /(μg/L)
一氯乙酸	$y=3.11x+0.615$	4.00～40.0	0.9995	1.00	4.00
二氯乙酸	$y=353x-13.8$	1.00～10.0	0.9994	0.25	1.00
三氯乙酸	$y=55.3x+2.86$	2.00～20.0	0.9994	0.50	2.00

4. 方法的精密度

分别对低浓度、中浓度、高浓度的标准溶液进行 6 次平行测定,结果见表 6-9,相对标准偏差(RSD)为 0.9%～3.8%,方法精密度良好。

表 6-9　方法精密度

目标物	RSD/%		
	低浓度	中浓度	高浓度
一氯乙酸	3.8	3.1	2.4
二氯乙酸	2.8	1.6	1.8
三氯乙酸	3.1	2.7	0.9

5. 方法的准确度

取自来水样品进行加标检测,结果见表 6-10,回收率为 95.8%～107%,方法的准确度良好。

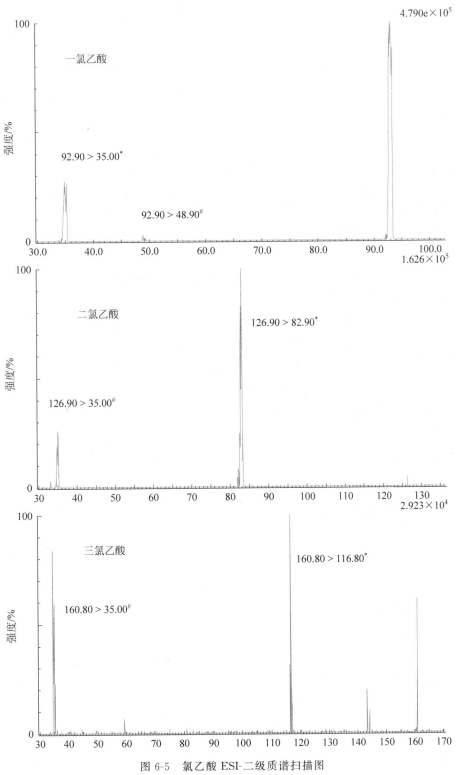

图 6-5 氯乙酸 ESI-二级质谱扫描图

标 * 的为定量离子对, 标 # 的为辅助定性离子对。

表 6-10　方法准确度

目　标　物	加标浓度/(μg/L)	回收率范围/%
一氯乙酸	4.00	101～107
	16.0	98.8～104
二氯乙酸	1.00	101～106
	4.00	95.8～103
三氯乙酸	2.00	96.1～105
	8.00	95.9～104

6.4　高效液相色谱-串联质谱法测定水中 2,4-二氯酚、2,4,6-三氯酚和五氯酚

本方法建立了测定水中 2,4-二氯酚、2,4,6-三氯酚和五氯酚的高效液相色谱-串联质谱法,通过重点优化色谱质谱条件,实现对这 3 种物质的同时检测。实验结果表明,3 种氯酚的线性关系良好,相关系数(r)≥0.995,检出限为 0.21～0.91 μg/L,测定下限为 0.84～3.88 μg/L,方法相对标准偏差为 2.6%～8.8%,样品加标回收率为 75.0%～116%,方法快速、简单、灵敏、重现性良好、准确可靠,能够满足水中 3 种氯酚的检测要求。

6.4.1　实验部分

1. 仪器与试剂

仪器:超高效液相色谱-串联质谱仪(Waters ACQUITY UPLC-MS-MS TQD)。试剂:甲醇(色谱纯);乙酸(色谱纯);抗坏血酸(分析纯);五水硫代硫酸钠(分析纯);实验用水为超纯去离子水。

标准品:2,4-二氯酚,2,4,6-三氯酚,五氯酚,浓度均为 100 mg/L,甲醇介质,购于美国 AccuStandard 公司。

2. 样品采集与保存

样品采集于带塑料螺纹盖的棕色玻璃瓶中,水样充满于样品瓶。

地表水及地下水等不含余氯的样品采集后,在 4℃下避光保存,7 d 内完成分析。

生活饮用水样品采集后添加抗坏血酸(每 100 mL 水样添加 2 mg)或五水合硫代硫酸钠(每 100 mL 水样添加 2 mg)除氯,在 4℃下避光保存,7 d 内完成分析。

3. 分析条件

1) 色谱条件

色谱柱:CSH 氟苯基色谱柱(1.7 μm,2.1 mm×50 mm),BEH C₁₈ 柱(1.7 μm,2.1 mm×50 mm)和 HSS T3 柱(1.7 μm,2.1 mm×50 mm)均购于美国 Waters 公司。HSS

T3 柱最终用于 3 种氯酚的分离,色谱条件为:流动相 A 为 0.01%(体积分数)乙酸水溶液,流动相 B 为甲醇;柱温 35℃,进样体积 10 μL;采用梯度洗脱,洗脱流速 0.4 mL/min,洗脱程序为:0.0 min 80% A,2.0 min 40%A,3.0 min 20% A,3.5 min 5%A,4.0 min 5%A,4.5 min 80% A,5.0 min 80%A。

　　2)质谱条件

　　毛细管电压:1.00 kV;离子源温度:120℃;脱溶剂温度:380℃;脱溶剂气流量:800 L/h;反吹气流量:20 L/h;采用负离子模式(ESI-),3 种目标物的多反应监测(MRM)参数如表 6-11 所示。

表 6-11　多反应监测参数

序号	目标物	保留时间/min	母离子	子离子	驻留时间/s	锥孔电压/V	碰撞能量/V
1	2,4-二氯酚	2.95	160.7	34.9	0.030	32.0	14.0
				124.9*		32.0	14.0
2	2,4,6-三氯酚	3.42	194.7	34.9*	0.030	44.0	20.0
				158.9		44.0	22.0
3	五氯酚	4.02	264.7	34.9*	0.030	46.0	22.0
				36.9		46.0	25.0

注:标 * 的为定量离子对。

4. 测定方法

　　样品用 0.22 μm 的亲水聚四氟乙烯滤膜过滤,弃去至少 1 mL 初滤液后,移取 1.0 mL 过滤后的样品于棕色进样瓶,直接进样检测。以目标物的保留时间和特征离子对进行定性,外标法计算目标物含量。

　　在上述实验条件下,各目标物提取离子流图如图 6-6 所示,分离效果良好。

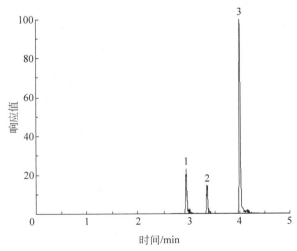

图 6-6　3 种目标物的提取离子流图

1—2,4-二氯酚;2—2,4,6-三氯酚;3—五氯酚。

6.4.2 结果与讨论

1. 前处理条件优化

1) 滤膜影响

对同一水样(添加一定浓度的目标物)中目标物滤前和滤后的浓度进行检测,结果详见表6-12。结果表明,采用孔径为 0.22 μm 的亲水聚四氟乙烯滤膜过滤时,滤前滤后目标物的浓度和回收率无明显变化,相对标准偏差变小,说明过滤不会对样品的检测准确度产生影响,另外过滤去除样品的颗粒物也可以提高结果的精密度。

表 6-12 滤膜影响测试结果

目标物	样品	第一次浓度 /(μg/L)	第二次浓度 /(μg/L)	第三次浓度 /(μg/L)	浓度平均值 /(μg/L)	回收率 /%	相对标准偏差/%
2,4-二氯酚	水样(滤前)	24.9	22.3	22.5	23.2	116	6.2
	水样(滤后)	22.7	23.0	23.7	23.1	116	2.2
2,4,6-三氯酚	水样(滤前)	21.5	18.1	18.9	19.5	97.5	9.1
	水样(滤后)	18.6	18.9	19.0	18.8	94.2	1.1
五氯酚	水样(滤前)	5.10	5.17	4.56	4.94	98.9	6.8
	水样(滤后)	4.48	4.58	4.78	4.61	92.3	3.3

2) 除氯剂的优化

研究抗坏血酸和五水硫代硫酸钠2种常用除氯剂,对生活饮用水加标样品回收率的影响,结果如表6-13所示。实验结果表明,20～60 mg/L 浓度范围内的抗坏血酸,或 20～80 mg/L 范围内的五水硫代硫酸钠作为除氯剂,加标回收结果均良好。因此,建议生活饮用水样品采集前添加抗坏血酸或五水硫代硫酸钠(每100 mL 水样加入2 mg)作为除氯剂,去除生活饮用水中的余氯。地表水和地下水样品无须进行除余氯操作。

表 6-13 除氯剂对样品回收率的影响

目标物	除氯剂	回收率/%			
		20 mg/L	40 mg/L	60 mg/L	80 mg/L
2,4-二氯酚	五水硫代硫酸钠	113	104	92.3	98.3
	抗坏血酸	93.6	93.1	125	110
2,4,6-三氯酚	五水硫代硫酸钠	101	105	93.5	99.6
	抗坏血酸	96.2	98.4	95.5	70.6
五氯酚	五水硫代硫酸钠	91.5	99.9	83.5	93.7
	抗坏血酸	91.6	107	86.8	90.6

3）样品保存条件的选择

选择水样进行加标，对 7 d 内目标物的浓度进行跟踪检测，详见表 6-14。检测结果表明，7 d 内 3 种目标物的浓度波动范围为 $-5.4\%\sim1.3\%$，结果可保证准确，满足质控要求。

表 6-14 加标样品保存测试结果

目标物	保存期/d	第一次浓度 /(μg/L)	第二次浓度 /(μg/L)	第三次浓度 /(μg/L)	浓度平均值 /(μg/L)	变化幅度 /%
2,4-二氯酚	0	13.6	14.2	16.9	14.9	—
	1	13.8	15.2	15.1	14.7	−1.3
	2	13.6	16.4	13.3	14.4	−3.4
	3	13.2	15.6	13.9	14.2	−4.7
	5	16.0	14.4	12.2	14.2	−4.7
	7	12.4	13.5	16.5	14.1	−5.4
2,4,6-三氯酚	0	17.0	16.3	14.5	15.9	—
	1	16.6	14.7	16.4	15.9	0.0
	2	17.0	15.5	15.9	16.1	+1.3
	3	16.7	13.6	16.4	15.6	−1.9
	5	17.5	16.4	13.7	15.9	0.0
	7	16.2	15.4	15.6	15.7	−1.3
五氯酚	0	4.15	3.97	3.94	4.02	—
	1	3.86	3.90	4.00	3.92	−2.5
	2	3.75	3.84	3.91	3.83	−4.7
	3	4.04	4.10	3.98	4.04	+0.5
	5	3.69	3.89	3.90	3.83	−4.7
	7	3.94	4.01	3.65	3.87	−3.7

2. 液相色谱/串联质谱条件优化

1）流动相的优化

参考《城镇供水水质标准检验方法》(CJ/T 141—2018)中 7.1.1，采用乙酸水溶液和甲醇作为流动相时，五氯酚有较好的响应值。研究不同比例乙酸水溶液和甲醇作为流动相时，2,4-二氯酚、2,4,6-三氯酚和五氯酚的分离效果和响应情况，结果如图 6-7 所示。在流动相中加入 0.01%（体积分数）的乙酸时，2,4-二氯酚、2,4,6-三氯酚和五氯酚的分离效果较好，随着乙酸比例进一步增大时，目标物的响应值会降低。因此，选择 0.01%（体积分数）乙酸水溶液和甲醇溶液作为流动相。

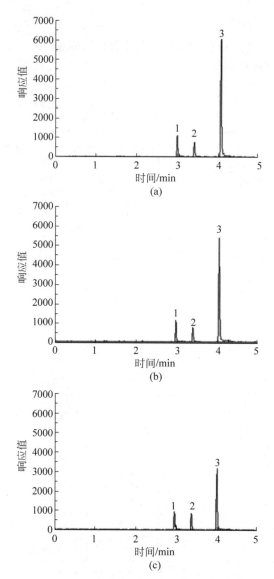

图 6-7　流动相中乙酸含量的影响

(a) 0.01％乙酸；(b) 0.02％乙酸；(c) 0.05％乙酸

1—2,4-二氯酚；2—2,4,6-三氯酚；3—五氯酚。

2）色谱柱的选择

研究 CSH 氟苯基色谱柱(1.7 μm,2.1 mm×50 mm)、BEH C$_{18}$ 柱(1.7 μm,2.1 mm×50 mm)和 HSS T3 柱(1.7 μm,2.1 mm×50 mm)3 种不同色谱分析柱对目标物的分离效果,详见图 6-8。结果表明,采用 HSS T3 作为色谱分析柱,目标物的分离效果和灵敏度都优于 CSH 氟苯基色谱柱和 BEH C$_{18}$ 柱。因此,采用 HSS T3 或具有相同效果的色谱柱作为水中 2,4-二氯酚、2,4,6-三氯酚和五氯酚检测的色谱分析柱。

3）质谱条件的优化

由于仪器的差异,对同一化合物的母离子和子离子的选择也有所不同,因此对于不同质

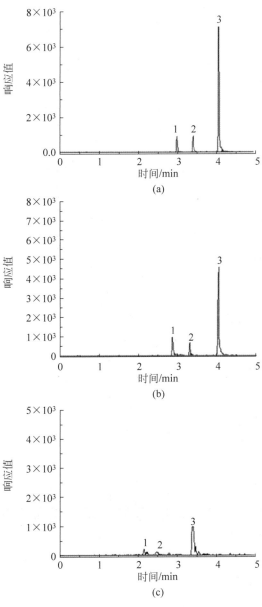

图 6-8　不同色谱柱的分离效果

(a) HSST3；(b) BEHC$_{18}$；(c) CSH。

1—2,4-二氯酚；2—2,4,6-三氯酚；3—五氯酚。

谱仪器,测定前应优化质谱参数。

本实验中,以 0.01%(体积分数)乙酸水溶液和甲醇溶液为流动相,采用电喷雾离子源(ESI－),对 3 种目标物的质谱条件进行优化。在确定各化合物的母离子后,采用子离子扫描方式对子离子进行优化选择,确定了定量离子和辅助定性离子对。通过优化毛细管电压、锥孔电压、透镜电压、碰撞能量及质谱分辨率等质谱参数,使 3 种目标物信号强度达到最佳。然后,进一步对离子源温度、脱溶剂气温度及流量、锥孔反吹气流量进行优化,使每种化合物的离子化效率达到最佳,二级质谱扫描图见图 6-9。

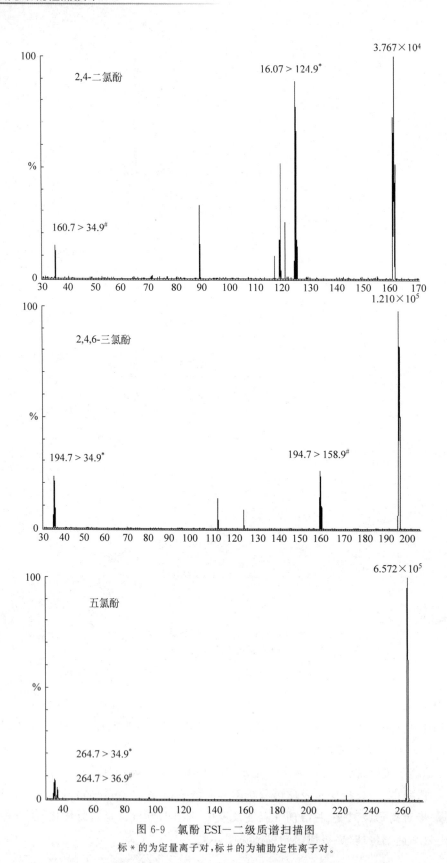

图 6-9　氯酚 ESI-二级质谱扫描图

标 * 的为定量离子对, 标 # 的为辅助定性离子对。

3. 线性关系及检出限

配制 6 个浓度水平的混合标准工作溶液进行测定,以目标物浓度为横坐标,峰面积为纵坐标,得到标准工作曲线,如表 6-15 所示。实验结果表明 3 种目标物在相应的浓度范围内呈良好的线性关系,相关系数(r)≥0.995。根据《环境监测分析方法标准制订技术导则》(HJ 168—2020)的要求,连续分析 7 个实验室空白加标样品,以测得浓度的标准偏差(SD)的 3.143 倍作为方法检出限,4 倍方法检出限作为测定下限。结果显示,各目标物的方法检出限为 0.21~0.91 μg/L,测定下限为 0.84~3.88 μg/L。

表 6-15　线性关系及检出限

目标物	线性回归方程	曲线范围 /(μg/L)	相关系数	检出限 /(μg/L)	测定下限 /(μg/L)
2,4-二氯酚	$y=2.45x-1.46$	4.00~40.0	0.998	0.91	3.88
2,4,6-三氯酚	$y=2.13x-0.38$	4.00~40.0	0.997	0.88	3.52
五氯酚	$y=46.5x-5.43$	1.00~10.0	0.998	0.21	0.84

4. 方法的精密度

分别对低浓度、中浓度、高浓度的标准溶液进行 6 次平行测定,结果见表 6-16,相对标准偏差(RSD)为 2.6%~8.8%,方法精密度良好。

表 6-16　方法精密度

目标物	RSD/%		
	低浓度	中浓度	高浓度
2,4-二氯酚	8.8	3.2	4.0
2,4,6-三氯酚	8.6	5.4	4.4
五氯酚	6.2	2.8	2.6

5. 方法的准确度

取地表水、地下水和自来水样品进行加标检测,结果见表 6-17,回收率为 75.0%~116%,方法的准确度良好。

表 6-17　方法准确度

目标物	加标浓度/(μg/L)	回收率范围/%
2,4-二氯酚	4.00	91.8~116
	16.0	88.1~109
2,4,6-三氯酚	4.00	86.8~108
	16.0	75.0~111
五氯酚	1.00	89.0~114
	4.00	92.8~116

6.5　固相萃取-气相色谱-串联质谱法测定水中 7 种亚硝胺

本方法建立了测定水中 NDMA、NMEA、NPyr、NDEA、NPiP、NMor 和 NDPA 的固相萃取-气相色谱-串联质谱法,通过重点研究 EI 源质谱参数,实现了对这些物质的同时检测。实验结果表明,7 种亚硝胺的线性关系良好,相关系数(r)≥0.995,检出限为 0.15~0.17 ng/L,测定下限为 0.6~0.7 ng/L,方法相对标准偏差为 0.5%~9.0%,水样加标回收率为 70.0%~120%,方法灵敏度高,重现性良好,方法准确可靠,能够满足饮用水中 7 种亚硝胺的检测要求。

6.5.1　实验部分

1. 仪器与试剂

仪器:气相色谱/串联质谱仪(Trace 1300/TSQ 8000 EVO);自动进样器(PAL RTC);大体积进样系统(OPTIC 4);固相萃取仪(ASPE 799);氮吹仪(N-EVAP)。

试剂:二氯甲烷(色谱纯);硫酸(优级纯);实验用水为超纯去离子水。

标准品:NDMA、NMEA、NPyr、NDEA、NPiP、NMor、NDPA、NDMA-D6 和 NDPA-D14 浓度均为 100.0 mg/L,甲醇介质,购于美国 AccuStandard 公司。

2. 样品采集与保存

样品采集于带塑料螺纹盖(四氟乙烯内衬)的棕色玻璃瓶中,水样充满于样品瓶,添加硫代硫酸钠(每 1000 mL 水样添加 100 mg)除氯,在 4℃ 下避光保存,14 d 内完成萃取,萃取液在 −20℃ 下避光保存,28 d 内完成分析。

3. 分析条件

1) 固相萃取条件

样品体积:500 mL;固相萃取柱:Coconut Charcoal SPE(1 g);进样流速:5 mL/min;洗脱液:二氯甲烷;洗脱液体积:10 mL;洗脱流速:0.5 mL/min;浓缩:萃取液收集于 20 mL 氮吹管,氮吹至约 0.9 mL,加入内标使用液,再用二氯甲烷定容至 1.0 mL。

2) 色谱条件

色谱柱:TG-624SilMS(30 m×0.25 mm×1.4 μm);升温程序:起始温度 35℃,保持 3 min,以 10℃/min 的速度升至 150℃,保持 1 min,以 5℃/min 的速度升至 160℃,保持 2 min,以 10℃/min 的速度升至 200℃,保持 3 min,以 5℃/min 的速度升至 220℃,以 20℃/min 的速度升至 260℃,保持 1 min;进样体积:8 μL;进样模式:LV1;隔垫吹扫流量:5 mL/min;进样口初始温度:35℃;溶剂排空监测:固定时间;排空时间:5 s;溶剂排空时载气流速:1 mL/min;溶剂排空时分气流速:25 mL/min;溶剂排空后进样温度:280℃;升温速率:20℃/s;转移时间:120 s;转移时载气流速:1 mL/min;转移后分流流速:

25 mL/min；转移后载气流速：1 mL/min。

3）质谱条件

离子源温度：300℃；传输线温度：300℃；离子化模式：EI；检测参数见表 6-18。

表 6-18 目标物检测参数

序号	目标物	保留时间/min	离子对	碰撞能量/eV
1	亚硝基二甲胺-D6(NDMA-D6)	9.51	80.1→46.1	15
			80.1→48.1	15
			80.1→50.1*	5
2	亚硝基二甲胺(NDMA)	9.55	74.1→42.1	15
			74.1→44.1*	5
3	亚硝基甲乙胺(NMEA)	11.24	88.1→42.1	15
			88.1→71.1*	5
4	亚硝基二乙胺(NDEA)	12.56	102.1→56.1	15
			102.1→85.1*	5
5	亚硝基二丙胺-D14(NDPA-D14)	15.59	144.2→50.1	10
			144.2→126.2*	5
6	亚硝基二丙胺(NDPA)	15.74	130.1→58.1	10
			130.1→113.1*	5
7	亚硝基吗啉(NMor)	15.88	116→56.1	10
			116→86.1*	5
8	亚硝基吡咯烷(NPyr)	16.15	100.1→55.1*	5
			100.1→70.1	5
9	亚硝基哌啶(NPip)	16.88	114.1→84.1*	5
			114.1→97.1	5

注：标 * 的为定量离子对。

4）测定方法

样品按固相萃取条件萃取后，取浓缩液于 2 mL 进样瓶中，直接进样检测。以目标物的保留时间和特征离子对进行定性，内标法计算目标物含量。

在上述实验条件下，各目标物提取离子流图如图 6-10 所示，分离效果良好。

6.5.2 结果与讨论

1. 线性关系及检出限

配制 7 个浓度水平的混合标准工作溶液进行测定，以目标物浓度与对应内标物浓度的比值为横坐标，以目标物定量离子峰面积与对应内标物定量离子峰面积的比值为纵坐标，得到标准工作曲线，如表 6-19 所示。实验结果表明 7 种目标物在相应的浓度范围内呈良好的线性关系，相关系数（r）≥0.995。根据《环境监测分析方法标准制订技术导则》

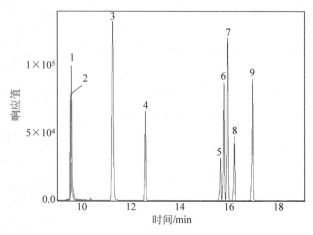

图 6-10   目标物的提取离子流图

1—NDMA；2—NDMA-D6；3—NMEA；4—NDEA；5—NDPA-D14；6—NDPA；7—NMor；8—NPyr；9—NPiP。

（HJ 168—2020）的要求，连续分析 7 个实验室空白加标样品，以测得浓度的标准偏差（SD）的 3.143 倍作为方法检出限，4 倍方法检出限作为测定下限。结果显示，各目标物的方法检出限为 0.15～0.17 ng/L，测定下限为 0.6～0.7 ng/L。

表 6-19   线性关系及检出限

目标物	标准曲线方程	曲线范围 /(μg/L)	相关系数	检出限 /(ng/L)	测定下限 /(ng/L)
NDMA	$y = 1.42 \times 10^{-1} x - 1.83 \times 10^{-4}$	0.5～10.0	0.997	0.15	0.6
NMEA	$y = 2.21 \times 10^{-1} x - 1.03 \times 10^{-2}$	0.5～10.0	0.997	0.17	0.7
NDEA	$y = 8.38 \times 10^{-2} x - 5.26 \times 10^{-3}$	0.5～10.0	0.998	0.15	0.6
NDPA	$y = 2.84 \times 10^{-1} x + 8.24 \times 10^{-3}$	0.5～10.0	0.998	0.15	0.6
NMor	$y = 3.34 \times 10^{-1} x + 7.66 \times 10^{-3}$	0.5～10.0	0.996	0.17	0.7
NPyr	$y = 1.26 \times 10^{-1} x + 2.68 \times 10^{-3}$	0.5～10.0	0.999	0.17	0.7
NPiP	$y = 2.96 \times 10^{-1} x + 1.98 \times 10^{-2}$	0.5～10.0	0.996	0.15	0.6

2. 方法的精密度

分别对低浓度、中浓度、高浓度的标准溶液进行 6 次平行测定，结果见表 6-20，相对标准偏差（RSD）为 0.5%～9.0%，方法的精密度良好。

表 6-20   方法精密度

目标物	RSD/%		
	低浓度	中浓度	高浓度
NDMA	5.0	2.0	0.5
NMEA	6.2	1.9	2.8
NDEA	4.5	4.7	3.2
NDPA	7.0	7.8	5.7
NMor	5.8	9.0	7.8
NPyr	5.8	8.3	6.0
NPiP	5.0	4.3	3.0

3. 方法的准确度

取自来水样品进行加标检测,结果见表 6-21,回收率为 70.0%～120%,方法的准确度良好。

表 6-21 方法准确度

目 标 物	加标浓度/(ng/L)	回收率范围/%
NDMA	2.0	105～115
	10.0	79.0～85.0
NMEA	2.0	100～105
	10.0	70.0～87.0
NDEA	2.0	100～115
	10.0	72.0～85.0
NDPA	2.0	80.0～110
	10.0	79.0～91.0
NMor	2.0	105～120
	10.0	94.0～110
NPyr	2.0	95.0～120
	10.0	80.0～89.0
NPiP	2.0	95.0～110
	10.0	81.0～89.0

6.6 顶空固相微萃取-气相色谱-质谱法测定水中戊二醛

据文献报道戊二醛的检测方法(如监测指示卡法、化学法和分光光度等),主要针对皮革和戊二醛消毒液,检出限较高,无法满足饮用水中戊二醛的检测要求。

本方法建立了水中戊二醛的固相微萃取-气相色谱-质谱法检测方法。通过对顶空固相微萃取前处理条件进行优化,重点研究了样品加入最佳氯化钠浓度和最佳萃取时间,从而实现对戊二醛最好的萃取效率。实验结果表明,戊二醛的线性关系良好,相关系数(r)≥0.995,检出限为 7.5 μg/L,测定下限为 30 μg/L,方法相对标准偏差为 1.7%～1.8%,水样加标回收率为 85.7%～103%,方法灵敏度高,重现性良好,方法准确可靠,能满足水中戊二醛的检测要求。

6.6.1 实验部分

1. 仪器与试剂

仪器:气相色谱/质谱仪(Agilent 6890-5973N);三合一自动进样器(CTC PAL)。

试剂:氯化钠(优级纯);实验用水为超纯去离子水。

标准品:戊二醛,含量为 50%,购于北京百灵威科技有限公司。

2. 样品采集与保存

水样采集于带塑料螺纹盖的棕色玻璃瓶中,水样充满于样品瓶,在 4℃ 下避光保存,2 d 内完成分析。

3. 分析条件

1) 固相微萃取条件

样品体积:10 mL;固相萃取纤维柱:85 μm Car/PDMS;老化温度:280℃;萃取前老化时间:5 min;萃取温度:60℃;萃取时间:20 min;萃取摇晃速度:350 rad/min;解吸温度:280℃;解吸时间:200 s。

2) 色谱条件

色谱柱:DB-5(60 m×0.25 mm×0.25 μm);升温程序:起始温度 35℃,保持 5 min,以 20℃/min 的速度升至 230℃,保持 2 min;进样方式:不分流进样;进样口温度:280℃;载气流量:1.0 mL/min,恒流。

3) 质谱条件

接口温度:280℃;电离能量:70 eV;离子源温度:230℃;四极杆温度:150℃;选择离子检测参数见表 6-22。

表 6-22 目标物检测参数

序 号	目 标 物	保留时间/min	碎片离子	定量离子
1	戊二醛	7.76	44,57,72,82	44

4. 测定方法

称取 6.0 g 氯化钠于 20 mL 进样瓶中,加入 10 mL 水样,拧紧瓶盖后放入三合一自动进样器样品盘中,固相微萃取方式进样检测。以目标物的保留时间和特征离子进行定性,外标法计算目标物含量。

在上述实验条件下,目标物提取离子流图如图 6-11 所示,分离效果良好。

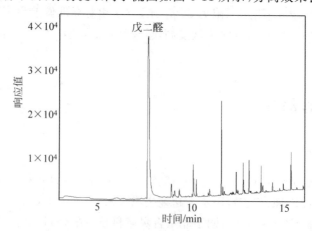

图 6-11 戊二醛的提取离子流图

6.6.2　结果与讨论

1. 固相微萃取条件优化

1）氯化钠浓度的优化

考察了氯化钠加入量（0、0.1、0.2、0.3、0.4、0.5、0.6、0.7、0.8 g/mL）对戊二醛萃取效率的影响。结果如图 6-12 所示，随着氯化钠加入量的增加，响应面积逐渐增大，在氯化钠加入量为 0.6 g/mL 时，达到最大值，之后随着氯化钠加入量的增加而减小。这是由于盐析效应，氯化钠电离出的离子占据了戊二醛周围的水分子，减小了戊二醛在水中的溶解度，减弱了醛基与水分子的缔合作用，从而可以更多地挥发出来，另一方面少量不溶解的氯化钠在溶液中的碰撞摩擦也加剧了戊二醛分子的运动，有利于戊二醛挥发，但随着不溶解的氯化钠增加，对戊二醛产生吸附作用增大，影响其挥发效率。因此将最佳氯化钠加入量定为 0.6 g/mL。

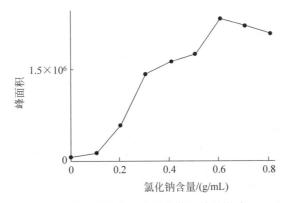

图 6-12　氯化钠加入量对萃取效果影响

2）样品 pH 的优化

考察了样品 pH（5、6、7、8、9、10）对戊二醛萃取效率的影响。结果如图 6-13 所示，随着样品 pH 增大，响应面积逐渐增大，在样品 pH 为 7 和 8 时，达到最大值，之后随着样品 pH 的增大而减小。这是由于醛基与水分子通过氢离子缔合，形成不同形式的水合物，不利于戊二醛的挥发，随着 pH 增大，缔合作用减弱，游离态的戊二醛增加，有利于戊二醛挥发，但在

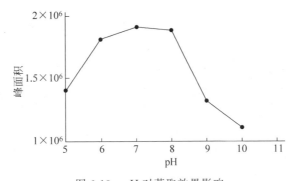

图 6-13　pH 对萃取效果影响

碱性水溶液中,戊二醛可以聚合成丁间醇醛型不饱和多聚体,再形成更高的聚合形式,并且戊二醛的聚合作用是不可逆的,不利于戊二醛的萃取,因此适宜的 pH 为 7 和 8,考虑到大部分的饮用水样 pH 约为 7,从实际操作时的简便性出发,将样品的最佳 pH 定为 7。

3)萃取时间的优化

考察了萃取时间(5、10、20、30、40 min)对戊二醛萃取效率的影响。结果如图 6-14 所示,随着萃取时间的增加萃取效率逐渐增大,在萃取时间为 20 min 时达到最大,此后随时间的增加而减小,这可能是由于萃取时间过长,固相微萃取纤维上富集的戊二醛发生聚合所致。因此本研究将最佳萃取时间定为 20 min。

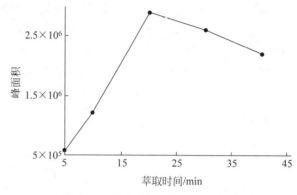

图 6-14　萃取时间对萃取效果影响

4)萃取温度的优化

考察了萃取温度(40、50、60、70、80℃)对戊二醛萃取效率的影响。结果如图 6-15 所示,随着萃取温度的增加萃取效率逐渐增强,在 70℃时达到最强,此后随温度升高,萃取效率降低。这是因为在一定温度下体系达到气液平衡时,气相的组成与样品原来的组成成正比关系。体系温度升高,气相中戊二醛浓度变大,有利于纤维的吸附,若温度太高,一方面受吸附平衡的影响,会减弱纤维吸附的效果,另一方面戊二醛也可能发生聚合影响萃取效率。因此本研究将最佳萃取温度定为 70℃。

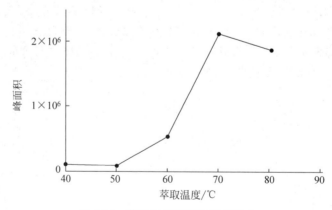

图 6-15　萃取温度对萃取效果影响

5)解吸时间的优化

考察了解吸时间(100、200、300、400 s)对检测效果的影响。结果如图 6-16 所示,随着解吸时间的增长,响应面积增加,在解吸时间为 200 s 时,解吸完全,因此本研究将最佳解吸时间定为 200 s。

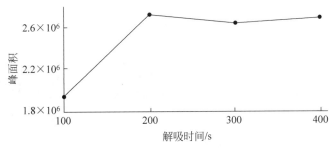

图 6-16　解吸时间对萃取效果影响

2. 线性关系及检出限

配制 7 个浓度水平的混合标准工作溶液进行测定,以目标物浓度为横坐标,峰面积为纵坐标,得到标准工作曲线,如表 6-23 所示。实验结果表明目标物在相应的浓度范围内呈良好的线性关系,相关系数(r)≥0.995。根据《环境监测分析方法标准制订技术导则》(HJ 168—2020)的要求,连续分析 7 个实验室空白加标样品,以测得浓度的标准偏差(SD)的 3.143 倍作为方法检出限,4 倍方法检出限作为测定下限。结果显示,目标物的方法检出限为 7.5 μg/L,测定下限为 30 μg/L。

表 6-23　线性关系及检出限

目标物	标准曲线方程	曲线范围 /(μg/L)	相关系数	检出限 /(μg/L)	测定下限 /(μg/L)
戊二醛	$y = 1.75 \times 10^3 x - 4.46 \times 10^4$	30～600	0.998	7.5	30

3. 方法的精密度

分别对低浓度、中浓度、高浓度的标准溶液进行 6 次平行测定,结果见表 6-24,相对标准偏差(RSD)为 1.7%～1.8%,方法的精密度良好。

表 6-24　方法精密度

目标物	RSD/%		
	低浓度	中浓度	高浓度
戊二醛	1.7	1.8	1.8

4. 方法的准确度

取自来水样品进行加标检测,结果见表 6-25,目标物回收率为 85.7%～103%,方法的准确度良好。

表 6-25　方法准确度

目　标　物	加标浓度/(μg/L)	回收率范围/%
戊二醛	60	85.7～102
	300	91.7～103

7

水体内分泌干扰物检测技术

7.1　内分泌干扰物

内分泌干扰物(EDCs)主要有卤代烃类、多环芳烃类、农药类、金属类、非卤代酚类化合物以及类固醇激素等,种类繁多,性质差异较大,但都会对生物体的内分泌系统产生不同程度的干扰作用。在众多 EDCs 中,以类固醇雌激素和酚类化合物为典型代表的环境雌激素,因其在结构或功能上与内源性雌激素相似,活性较高,有更强的内分泌干扰作用,所以在极低浓度下也会对生态环境产生较大的危害和影响。

类固醇雌激素是一类脂溶性生物活性物质,其结构基本核是由 3 个六元环及 1 个五元环稠合生成的环戊烷多氢菲,即类固醇环。这类物质化学性质稳定,进入环境后易在生物体内蓄积。主要包括动物和人体内天然存在的雌激素如雌酮、雌二醇、雌三醇,还有人工合成的雌激素药物如己烯雌酚、己烷雌酚、炔雌醇等。

酚类化合物的典型代表是双酚类化合物和烷基酚。双酚类化合物是由两个苯酚结构组合而成,该类化合物主要是通过巯基(—SH)、氨基(—NH$_2$)、羧酸基(—COOH)、羟基(—OH)等官能团发生共轭反应,这种亲脂性物质极易被人体吸入。常见的双酚类化合物主要有双酚 A、双酚 F、双酚 S、双酚 B、双酚 AF,四溴双酚 A 和四氯双酚 A 等。烷基酚是一类由酚烷基化后产生的化合物,环境中的烷基酚主要来源于非离子型表面活性剂烷基酚聚氧乙烯醚的生物降解,其中壬基酚和辛基酚是它们的主要代谢产物之一。

水环境中类固醇雌激素和酚类化合物检出率较高且危害较大,表 7-1 归纳了这 2 类 EDCs 典型代表物的基本信息。本章将重点介绍上述两类物质相关的水质检测技术。

表 7-1　类固醇雌激素和酚类化合物代表性目标物基本信息

序号	目标物	CAS号	相对分子质量	化学式	结构式	溶解度
1	雌酮（Estrone）	53-16-7	L270.37	$C_{18}H_{22}O_2$		水：0.03 g/L
2	17α-雌二醇（17α-Estradiol）	57-91-0	L272.38	$C_{18}H_{24}O_2$		甲醇：50 mg/mL；水：3.9 mg/L
3	17β-雌二醇（17β-Estradiol）	50-28-2	L272.38	$C_{18}H_{24}O_2$		易溶于丙酮,甲醇部分溶解(96%),难溶于水
4	雌三醇（Estriol）	50-27-1	L288.38	$C_{18}H_{24}O_3$		甲醇部分溶解(96%)；水：3.2 mg/L
5	炔雌醇（17α-Ethynylestradiol）	57-63-6	L296.41	$C_{20}H_{24}O_2$		甲醇：50 mg/mL
6	己烯雌酚（Diethylstilbestrol）	56-53-1	L268.35	$C_{18}H_{20}O_2$		甲醇：0.1 g/mL难溶于水
7	己烷雌酚（Hexestrol）	84-16-2	L270.37	$C_{18}H_{22}O_2$		溶于甲醇和丙酮,不溶于水
8	双酚 A（Bisphenol A）	80-05-7	L228.29	$C_{15}H_{16}O_2$		易溶于丙酮,水中溶解度<0.1 g/100 mL
9	双酚 F（Bisphenol F）	620-92-8	L200.23	$C_{13}H_{12}O_2$		易溶于乙醇、乙醚和氯仿,难溶于水

续表

序号	目标物	CAS 号	相对分子质量	化学式	结构式	溶解度
10	双酚 S (Bisphenol S)	80-09-1	L250.27	$C_{12}H_{10}O_4S$		水：1.1 g/L
11	双酚 B (Bisphenol B)	77-40-7	L242.31	$C_{16}H_{18}O_2$		易溶于甲醇、乙醚及丙酮,难溶于水
12	双酚 AF (Bisphenol AF)	1478-61-1	L336.23	$C_{15}H_{10}F_6O_2$		不溶于水
13	四溴双酚 A (Tetrabromo-bisphenol)A	79-94-7	L543.87	$C_{15}H_{12}Br_4O_2$		不溶于水
14	四氯双酚 A (Tetrachloro-bisphenolA)	79-95-8	L366.06	$C_{15}H_{12}Cl_4O_2$		—
15	4-n-壬基酚 (4-n-NP)	104-40-5	L220.35	$C_{15}H_{24}O$		水：6.35 mg/L
16	4-壬基酚 (4-NP)	25154-52-3	L220.35	$C_{15}H_{24}O$		溶于苯、醇 不溶于水
17	4-n-辛基酚 (4-n-OP)	1806-26-4	L206.32	$C_{14}H_{22}O$		不溶于水
18	4-t-辛基酚 (4-t-OP)	140-66-9	L206.32	$C_{14}H_{22}O$		微溶于水 0.007 g/L

7.2　检测方法综述

水中 EDCs 属于痕量污染水平,一般为 ng/L～μg/L,检测前样品需进行过滤、提取、净化、洗脱、浓缩和衍生化等前处理,目前常用的前处理方法有液液萃取(LLE)、固相萃取(SPE)、固相微萃取(SPME)、液相微萃取(LPME)等,还有分子印迹聚合物技术(MIP)等一些新型技术。仪器检测方面主要有气相色谱质谱联用(GC-MS)、高分辨气相色谱-质谱联用(HRGC-HRMS)、高效液相色谱(HPLC)、液质联用(LC-MS-MS)等,也有少部分采用生物技术。

国内标准方法方面,目前大多数由农业部门或检验检疫部门制订颁布,应用范畴主要集中在动植物源性食品、饲料以及化妆品等领域,水环境领域的检测标准几乎是空白。唯一一项 EDCs 相关的水质检测标准,是由研究团队于 2017 年作为主要起草单位制定发布的广东省地方标准,适用于地表水、地下水和污水等多种水体。国际标准方法方面,美国环境保护署(EPA)和美国地质勘探局(USGS)在环境领域颁布了几项相关的检测标准。表 7-2 中归纳了国内外部分领域标准方法的基本信息。目前标准方法主要基于 GC-MS 和 LC-MS-MS 2 种检测技术,其中 LC-MS-MS 为主,样品前处理则主要以固相萃取为主。

表 7-2　主要国家、地区及组织相关标准检测方法

序号	发布部门	标准名称	前处理	检测方法	检出限
1	农业部	《奶及奶制品中 17β-雌二醇、雌三醇、炔雌醇多残留的测定　气相色谱-质谱法》(GB 29698—2013)	固相萃取	GC-MS	0.5 μg/kg
2	国家质量监督检验检疫总局	《动物源食品中激素多残留检测方法　液相色谱-质谱/质谱法》(GB/T 21981—2008)	固相萃取	LC-MS-MS	0.4～1.0 μg/kg
3	农业部	《饲料中雌二醇的测定　高效液相色谱法》(NY/T 918—2004)	固相萃取	HPLC	1 mg/kg
4	国家质量监督检验检疫总局	《化妆品中壬基苯酚的测定　液相色谱-质谱/质谱法》(GB/T 29675—2013)	固相萃取	LC-MS-MS	0.1 mg/kg
5	广东省质量技术监督局	《水中 6 种环境雌激素类化合物的测定　固相萃取-高效液相色谱-串联质谱法》(DB44/T 2016—2017)	固相萃取	LC-MS-MS	0.6～0.9 ng/L
6	美国 EPA	《固相萃取法和液相色谱-串联质谱法测定饮用水中的激素》(EPA 539)(注:涉及雌二醇、雌三醇、炔雌醇、雌酮、睾酮、马烯雌酮、雄烯酮等)	固相萃取	LC-MS-MS	饮用水:0.19～0.39 ng/L

序号	发布部门	标准名称	前处理	检测方法	检出限
7	美国 EPA	《高分辨气相色谱-高分辨质谱法测定水、土壤、沉积物和生物固体中的类固醇和激素》(EPA 1698)(注：涉及雌二醇、雌三醇、炔雌醇、雌酮等 27 种雌激素和类固醇)	有机溶剂提取/衍生	HRGC-HRMS	水、土壤、沉积物和生物固体：0.1～0.3 ng/L
8	美国 USGS	《固相萃取法和气相色谱-质谱法测定水中的废水化合物》(O-1433-01)(注：涉及雌二醇、炔雌醇、雌酮、辛基酚等 67 种环境激素)	固相萃取/衍生	GC-MS	废水：0.34～2.08 μg/L
9	美国 USGS	《液液萃取法和气相色谱-质谱法测定水中的废水化合物》(O-4433-06)(注：涉及辛基酚、壬基酚等 69 种环境激素)	液液萃取/衍生	GC-MS	废水：0.11～1.23 μg/L
10	美国 USGS	《气相色谱-串联质谱法测定未过滤水中的类固醇激素》(O-4434-12)(注：涉及雌二醇、雌三醇、炔雌醇、雌酮等 20 种类固醇激素)	固相萃取/衍生	GC-MS-MS	过滤水/未过滤水：0.4～1 ng/L

7.2.1　样品采集与保存

EDCs 样品应收集在棕色玻璃瓶中避光保存。对于酚类化合物，应尽量选择全玻璃材质，避免使用塑料盖、塑料密封环等，因为塑料制品属于工业化学商品，可能存在酚类化合物本底，影响样品的测定。

研究表明，采集的样品置于 4℃ 以下可以保存数天至 1 周，但仅依靠冷藏保存是无法完全避免生物降解等引起的目标物减少和损失，因此，有不少学者建议样品采集后可加入适量的甲醇、甲醛或硫酸等化学药品，以抑制细菌活性。在英国内分泌干扰物去除研究的国家示范项目中，采用样品中添加盐酸、硝酸铜，同时调节 pH 至 3.0 后置于 10.0℃ 避光保存的方式，他们发现这种条件下目标物在 15 d 内损失小于 3％。也有人提出储存样品的最佳方法是，样品采集后立即通过萃取小柱，然后使用甲醇对小柱淋洗去除杂质，－18.0℃ 储存，可储存 60 d 以上。上述方式都可以不同程度地维持目标物的稳定性，工作中应依据实际情况进行选择。

7.2.2　前处理方法

液液萃取(LLE)具有较好的化学稳定性和热稳定性、分离效果好、溶解性好，兼有富集与去除基体干扰的效果,但溶剂使用量大、样品损失也较严重,目前在 EDCs 的检测方面应用较少。但有人提出,对于含有大量悬浮物等颗粒杂质或黏稠度较高的废水样品,难以进行固相萃取处理时,LLE 可以获取高达 90% 以上的回收率,是一种较好的前处理方式。

固相萃取(SPE)有机溶剂用量少、重复性好、自动化程度高,已逐渐取代传统的液液萃取法,是目前分析水中类固醇雌激素和酚类化合物最主流的一种前处理方法。但由于 SPE 截面积小,流量低,处理样品的时间长,容易造成堵塞,因此样品需进行预过滤处理。研究中采用较多的是孔径为 $0.22 \sim 1.20\ \mu m$ 的玻璃纤维或聚丙烯滤膜,实验证明这两种材质不会吸附类固醇激素,但酚类化合物则建议采用玻璃纤维膜较为合适。SPE 有萃取柱和萃取盘两种方式,应用较多的固相萃取小柱有 HLB、Strata X、C_{18}、XAD-2、ENVI-C_{18}、ENVI-CARB、RP18 等,需要优化上样 pH、流速、选择合适的洗脱溶剂和用量,甲醇和乙酸乙酯是较为常用的洗脱溶剂。此外有研究表明,在类固醇类雌激素的萃取过程加入盐类物质可以有效提高回收率;而高 pH 和较高的腐殖酸浓度则可能会降低回收率。与萃取小柱相比,萃取盘具有更大的样品接触面积,也可以减少样品阻塞,但洗脱时需用大量洗脱溶剂,实际应用中没有萃取小柱广泛。此外,随着在线固相萃取技术的逐渐发展与应用,克服了离线固相萃取步骤复杂、耗时长等缺点,具有自动化程度高、灵敏度和准确性好等优点,但在线固相萃取适用于雌激素的洗脱溶剂选择较少,因此还有较大的改进空间。

固相微萃取(SPME)是在固相萃取的基础上发展起来的萃取分离技术,具有快速简单、不容易堵塞、自动化程度高、无须溶剂等优点,已成功应用于雌激素类的样品前处理。选取合适的萃取纤维至关重要,研究表明采用聚丙烯酸酯化合物制成萃取纤维后再进行硅烷化衍生,或是采用溶胶凝胶的低聚物制成纤维材料等,都是对雌激素类化合物富集萃取有效的方法。此外,新兴的分子印迹涂层固相微萃取(MIP-SPME),通过模板分子的印迹孔穴大大提高了对雌激素目标物的选择性,有效提高了萃取效率。有学者利用双酚酸和双酚 A 为模板在硅胶粒子表面制备了一种分子印迹聚合物,并将其用于河水和湖水中四溴双酚 A 的检验,其回收率可达到 $85\% \sim 97\%$。但目前适用于雌激素的纤维类型较少,选择余地有限,多组分化合物同时分析时常会存在吸附竞争的问题,因此 SPME 尚有很多问题亟待解决,应用程度远不如 SPE。

液相微萃取(LPME)也是近来被逐步应用于雌激素检测的一种较新的前处理技术,它消耗溶剂少(仅需微升量级),易于实现自动化,特别适合于环境样品中痕量、超痕量污染物的测定,但如何选择合适的萃取剂、分散剂、分散方式等至关重要。有不少学者开展了这方面的研究,有人提出基于脂肪酸的分散液液萃取,以庚酸为萃取剂,简单地利用不同 pH 条件下庚酸不同的存在形态,可快速便捷高效地实现水中辛基酚和壬基酚的萃取;也有人采用基于自动注射器、离子液体、泡腾辅助等分散方式,成功富集提取了水中雌激素。

衍生化处理则是雌激素气相色谱法检测雌激素必不可少的前处理环节,样品需通过衍生化将类固醇激素和酚类化合物转化为极性较低、更易挥发且热稳定性好的其他产物,方可上机测定。目前普遍采用硅烷化衍生方式,常用的衍生化试剂有 N-甲基-N-三甲基硅基三氟乙酰胺(MSTFA)和 N,O-双三甲基硅基三氟乙酰胺(BSTFA),生成三甲基硅烷基(TMS)衍生化产物,与 N-叔丁基二甲基硅基-N-甲基-三氟乙酰胺(MTBSTFA)衍生化试剂相比,TMS 衍生化试剂可以同时衍生化雌激素 2 个 C 位上的羟基,具有更强的衍生化位阻官能团的能力。

7.2.3 检测方法

气相色谱质谱联用法灵敏度高,耗费低,技术发展较为成熟,并有较为完善的质谱数据库支撑,易于化合物的鉴定,目前仍广泛应用于雌激素的分析测定,多种目标物检出限可达 ng/L 级别。但对类固醇激素和酚类化合物这类难挥发的化合物,样品上机前需经衍生化处理,以提高分析的灵敏度和选择性。虽然已有研究解决了多种雌激素羟基、酮基同步衍生化的难题,但衍生化终究是个无法避免且复杂的过程,操作环节和影响因素众多,容易造成目标物损失或转化不完全,反应时间、温度、溶剂和衍生化试剂用量等都会影响样品测定结果的精密度。

液质联用发展起步较晚,但它不受目标物热稳定性和挥发性的限制。由于类固醇雌激素和酚类化合物结构带有 1~3 个羟基,具有一定的极性,且沸点较高,蒸汽压极低,挥发性低,相比于气相法,用液相法检测更为适合。液相法分析时,样品无须衍生化,经前处理后可直接上机测定。尤其随着高效液相色谱-串联质谱(LC-MS-MS)的问世,将色谱良好的分离性能和串联质谱的高分辨性能完美地结合在一起,可有效降低基质干扰,显著改善信噪比,当前 LC-MS-MS 已逐渐成为环境中痕量雌激素分析的一种主流检测方法。

液相色谱串-联质谱检测方法主要涉及色谱柱、流动相体系和质谱电离源等几个要素。色谱柱方面,苯基柱对类固醇雌激素有更好的分离效率;流动相体系则一般选用水-乙腈或者水-甲醇体系,在流动相体系中添加氨水或者三乙胺等,有助于加强弱酸性类固醇雌激素的离子化效率,可有助于提高 ESI-模式下质谱灵敏度;而在流动相体系中加入乙酸铵作为缓冲盐,则可以增加双酚类化合物在色谱柱上的保留并改善峰形。电喷雾电离(ESI)和大气压化学电力(APCI)是 LC-MS-MS 中最常用的两种电离方法,对于类固醇激素和酚类化合物的分析,ESI 源灵敏度要高于 APCI 源,且更易操作和维护。

生物技术主要有放射免疫法(RIA)和酶联免疫吸附法(ELISA),但目前环境中雌激素的分析应用较少。研究表明,生物技术在检测雌激素时灵敏度高、速度快、所需样品量少,但 RIA 检测结果特别容易受到与类固醇激素化合物具有相似分子结构的物质影响;ELISA 在分析前需对样品进行萃取净化,操作步骤要求严格,影响因素较多,实验成功率不高。目前为止,生物技术用于分析环境介质中的类固醇激素还不成熟,更多应用于生物样品的分析。

总的来说,固相萃取联合液相色谱-串联质谱法(SPE-LC-MS-MS)是当前对类固醇雌激素和酚类化合物应用最广泛的一种检测技术。2014 年起,我司研究团队依托广东省省级科技计划项目"珠三角区域饮用水新兴痕量污染物检测和安全控制技术"(2013B090500132)开展环境中 EDCs 相关研究,基于 SPE-LC-MS-MS 建立了一套水中多种环境雌激素同时测定的检测方法,可实现水中 ng/L 痕量污染物高效准确灵敏的测定。研究团队已应用该方法开展了珠三角地区主要水源、典型的水厂处理工艺、供水管网以及市场在售瓶装饮用水等供水全流程中水质调研摸底分析,帮助供水企业真实地掌握了水中 EDCs 的污染现状和风险。同时,我司研究团队凝练研究成果,于 2017 年 6 月制定并发布了《水中 6 种环境雌激素类化合物的测定　固相萃取-高效液相色谱-串联质谱法》(DB44/T 2016—2017)广东省地方标准,是国内首个在水环境领域发布并实施的雌激素检测标准。下文将详细介绍该方法。

7.3　固相萃取-液相色谱-串联质谱法测定水中 8 种环境雌激素

本方法采用固相萃取-液相色谱-串联质谱(SPE-LC-MS-MS),建立了水中 8 种环境雌激素同时测定的检测方法,其中包括 4 种类固醇雌激素(炔雌醇、雌酮、17β-雌二醇、雌三醇)和 4 种酚类化合物(4-n-辛基酚、4-n-壬基酚、4-t-辛基酚和双酚 A)。本方法适用于饮用水、地表水、地下水和污水等多种水体。样品经固相萃取前处理后,液相色谱-串联质谱法直接进样,按多反应监测(MRM)方式,根据保留时间和特征离子峰定性,同位素内标法定量。

相较 EPA 539,本方法目标物对象同时包括类固醇激素和酚类化合物这两种典型的环境雌激素,通过优化固相萃取洗脱溶剂、液相分离流动相、质谱条件等关键参数条件,可实现水中 ng/L 痕量污染物高效准确灵敏的测定。

7.3.1　实验部分

1. 仪器与试剂

仪器:超高效液相色谱串联质谱仪(OA ACQUITY UPLC TQD MS-MS,Waters)、固相萃取仪(AQUA Trace ASPE 799,GL)、氮吹仪(N-EVAP,Organomation)。

试剂与材料:氨水(色谱纯)、甲醇(色谱纯)、乙腈(色谱纯)、乙酸乙酯(色谱纯)、硫酸(分析纯)、滤膜(0.7 μm 玻璃纤维滤膜)。

标准品:采用有证标准溶液或纯品标准物质(纯度>99%);以双酚 A-D_{16} 作为雌醇、雌酮、17β-雌二醇、雌三醇和双酚 A 的内标参照,有证标准溶液或纯品标准物质(纯度>99%);以(4-n-壬基酚)-D_8 作为 4-n-辛基酚、4-n-壬基酚和 4-t-辛基酚的内标参照,有证标准溶液或纯品标准物质(纯度>99%)。

2. 样品采集与保存

用磨口棕色玻璃瓶(1000 mL)采集样品,水样满瓶采集。采用硫酸溶液调节样品 pH<2,在 4℃下避光保存,20 d 内完成分析。

3. 分析条件

1) 样品预处理

对于地表水和污水样品,应采用滤膜过滤后,硫酸调节样品 pH<2,按后续步骤进行固相萃取。对于无明显悬浮物的水样,可直接采用硫酸调节样品 pH<2 后,按后续步骤进行固相萃取。

2) 固相萃取条件

固相萃取小柱:Oasis HLB(二乙烯苯和 N-乙烯基吡咯烷酮共聚物),500 mg/6mL。

固相萃取步骤:依次用 10 mL 乙酸乙酯/甲醇混合溶液(9∶1,体积比)、10 mL 甲醇和

10 mL 实验用水,以 1 mL/min 的流速活化固相萃取柱;量取 1000 mL 样品,以 10 mL/min 的流速通过小柱,若水样中目标组分浓度较高,可根据实际情况减少样品体积;用 10 mL 甲醇/水混合溶液(1∶9,体积比),以 1 mL/min 的流速淋洗小柱;用氮气吹扫、干燥小柱;再用 10 mL 乙酸乙酯/甲醇混合溶液(9∶1,体积比)以 0.5 mL/min 的流速洗脱小柱,收集洗脱液;洗脱液经氮吹浓缩至 0.2 mL,加入 10 μL 内标物使用液(参考浓度:10 mg/L),用甲醇/水混合溶液(1∶1,体积比)定容至 1.0 mL;混匀后置于棕色进样瓶中,待测。

3) 液相色谱条件

色谱柱:BEH C$_{18}$(1.7 μm,50 mm×2.1 mm);流动相:0.05% 氨水溶液(A 相,体积分数),乙腈(B 相);柱温:35℃;进样体积:10 μL;采用梯度洗脱,洗脱流速 0.4 mL/min,洗脱程序为:0~1 min:95% A 恒流,1~6 min:95% A~10% A 梯度洗脱,6~7 min:10% A 恒流,7~8 min:95%A 恒流。

4) 质谱条件

离子源:ESI,负离子模式;毛细管电压:3.00 kV;离子源温度:120℃;脱溶剂气温度:380℃;脱溶剂气流量:800 L/h;反吹气流量:50 L/h;多反应监测(MRM)方式,具体条件见表 7-3。

表 7-3 8 种目标物和 2 种内标物的 MRM 条件

序号	化合物	保留时间/min	母离子	子离子	锥孔电压/V	碰撞能量/V
1	炔雌醇	4.23	295.1	145.0*	52	34
			295.1	158.9	52	36
2	雌酮	4.29	269	145.0*	50	40
			269	159.0	50	30
3	17β-雌二醇	4.05	271	145.0*	64	36
			271	183.1	64	32
4	雌三醇	3.17	287	145.0*	58	40
			287	171.0	58	32
5	4-n-辛基酚	5.92	205	105.9*	38	20
			205	119.0	38	15
6	4-n-壬基酚	6.21	219.1	106.0*	44	22
			219.1	119.0	44	15
7	双酚 A	3.97	241.1	212.0*	44	22
			241.1	133.0	44	22
8	4-t-辛基酚	5.48	205	122.4*	38	20
			205	122.4	38	20
9	双酚 A-D$_{16}$	3.95	241.1	222.0*	46	18
			241.1	142.1	46	28
10	(4-n-壬基酚)-D$_8$	6.18	227.2	112.0*	45	22
			227.2	125.8	45	15

注:标 * 的为定量离子对。

4. 测定方法

以甲醇/水混合溶液（1：1，体积比）为基质，按 10 μL/1.0 mL 加入内标物使用液（参考浓度：10 mg/L）后配置系列标准溶液，直接上机测定。样品按前述固相萃取步骤制得 1.0 mL 试样后，直接上机测定。

以浓度为横坐标，以目标组分峰面积/内标物峰面积的比值与内标物的浓度的乘积为纵坐标，内标法定量。

在上述实验条件下，8 种目标物和 2 种内标物的离子流图如图 7-1 所示。

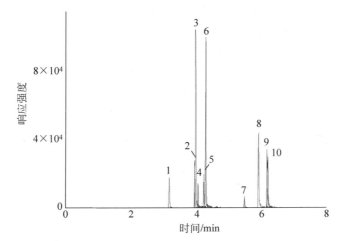

图 7-1　8 种目标物和 2 种内标物的离子流图（浓度：50.0 μg/L）

1—雌三醇；2—双酚 A-D_{16}；3—双酚 A；4—17β-雌二醇；5—炔雌醇；6—雌酮；
7—4-t-辛基酚；8—4-n-辛基酚；9—（4-n-壬基酚）-D_8；10—4-n-壬基酚。

7.3.2　结果与讨论

1. 内标物稳定性测试

本方法选用双酚 A-D_{16} 和壬基酚-D_8 作为内标物。参照 EPA 539 的方法要求 9.3.4，检测序列样品中内标物响应值的波动范围应控制在标准系列内标物平均响应值的 ± 50% 以内。分别在 3 日的实验中，各选取 5 个样品的内标测试结果进行分析，结果表明双酚 A-D_{16} 内标物响应值波动范围为 −12.5%～24.3%；壬基酚-D_8 内标物响应值波动范围为 −14.7%～6.4%，满足 EPA 方法要求，内标物稳定可靠。

2. 固相萃取条件的选择

1) 固萃小柱的选择

主要参考了前人的一些研究成果，发现 HLB、C_{18}、活性炭、SAX 等常用的几种材质的固相萃取小柱都有应用在雌激素的萃取富集中，其中以 HLB 应用最为广泛，其吸附容量一般是硅胶固相萃取柱的 3 倍，回收率较高（平均可达 70% 以上），明显优于其他类型的固相萃取小柱。HLB 柱的填料是由亲脂性(二乙烯苯)和亲水性(N-乙烯基吡咯烷酮)两种单体按一定比例聚合成的大孔共聚物,对于不同溶剂均有很好的耐受性,可同时适用于极性和非极性化合物的富集,特别适合类固醇雌激素和酚类化合物的化学特性。因此。本方法在实验中选用了 Waters OASIS HLB 材质的固相萃取小柱作为实验对象。

2)洗脱溶剂的选择

参考文献方法,与乙酸乙酯相比,使用甲醇作为洗脱溶剂时各种雌激素的回收率较高;而乙酸乙酯对辛基酚和壬基酚等酚类环境雌激素有较好的回收率。综合考虑本方法中 8 种目标物之间存在极性差异的问题,实验中主要选择乙酸乙酯和甲醇作为洗脱溶剂的洗脱溶剂的考察对象。实验中分别采用乙酸乙酯/甲醇/乙酸乙酯:甲醇=1:1(体积分数)和乙酸乙酯:甲醇=9:1(体积分数)4 种洗脱溶剂,对地表水加标样品(添加浓度为 20.0 ng/L)进行了测试,实验结果表明:甲醇对雌酮等 4 种雌激素有很好的回收率,但辛基酚和壬基酚 2 种酚类雌激素的回收率却低于 40%;乙酸乙酯对酚类雌激素有较高的回收,但雌酮等 4 种雌激素回收率仅有 70%。而采用甲醇和乙酸乙酯按一定比例混合后的洗脱溶剂能够较好地兼顾几种目标物的回收效果,随着乙酸乙酯比例的提高,酚类环境雌激素的回收率明显提高。依据实验结果,最终选择乙酸乙酯:甲醇=9:1(体积分数)作为洗脱溶剂。结果详见图 7-2。

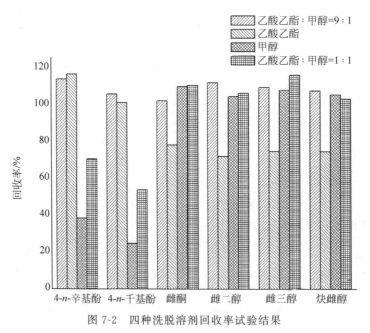

图 7-2   四种洗脱溶剂回收率试验结果

3. 液相色谱条件优化

本实验中采用 Waters ACQUITY UPLC BEH C$_{18}$ 色谱柱为分析柱,各组分均获得了良好的分离效果。由于电喷雾质谱的电离是在溶液状态下进行的,因此流动相的组成和配比不但影响目标化合物的色谱行为,而且影响目标化合物的离子化效率,从而影响灵敏度。参考他人研究结果,以水-甲醇作为流动相时会产生严重的拖峰现象;而在负离子模式下,添加一定比例的氨水有助于化合物离子化。本实验采用"水-乙腈"为基础,以 20.0 μg/L 的样品为实验对象,对 0.05％氨水-乙腈、纯水-乙腈、2 mmol/L 乙酸铵溶液-乙腈等不同的流动相体系进行了试验分析。由图 7-3 结果分析可知,3 种流动相下,水相中添加了乙酸铵后对化合物的电离产生了严重抑制效应,离子丰度明显降低。在纯水-乙腈和 0.05％氨水-乙腈 2 种流动相体系条件下,样品峰响应值差别不大。

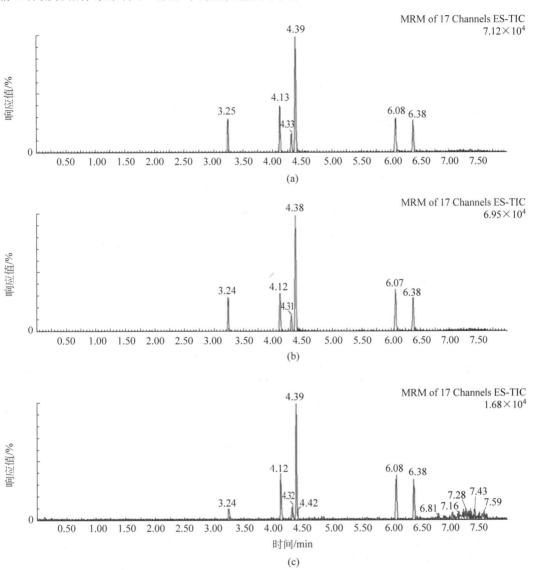

图 7-3 不同流动相体系下 20.0 μg/L 标准样品离子流图

色谱流动相条件:(a) 0.05％氨氮-乙腈;(b) 纯水-乙腈;(c) 乙酸铵溶液-乙腈。

后续在地表水和污水等实际样品的检测中发现,目标组分在"纯水-乙腈"流动相体系中均难以电离,灵敏度严重下降,且背景噪声明显增强,回收率较低。可见在实际样品中,复杂的本底基质对目标物产生了电离抑制作用。而在"0.05％氨水-乙腈"流动相体系中,通过添加氨水,能有效促进各目标组分的电离,改善样品峰形,并提高响应值,回收率也能满足质控要求,详见图 7-4。因此,最终选择 0.05％氨水-乙腈作为本方法液相流动相条件。

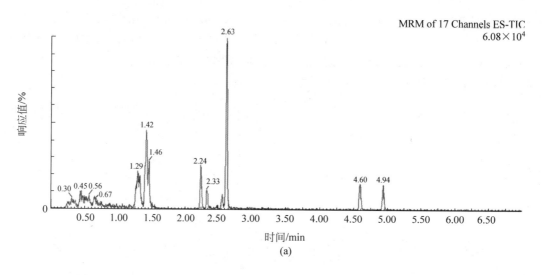

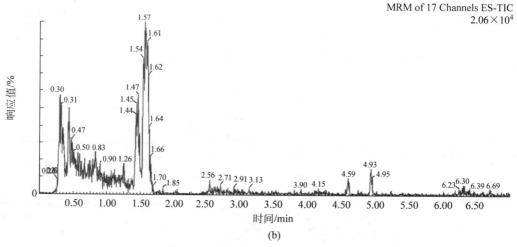

图 7-4　不同流动相体系下实际样品加标(20.0 μg/L)离子流图
色谱流动相条件:(a) 0.05%氨氮-乙腈;(b) 纯水-乙腈。

4. 质谱条件优化

本实验采用质谱直接进样的方式,以 0.05%氨水-乙腈为基准流动相,电喷雾离子源(ESI),对 8 种环境雌激素类化合物的质谱条件进行优化,在正离子和负离子模式下全扫描,以选择适当的分子离子峰和电离方式。结果表明,雌激素因含有酚羟基结构,在离子源 ESI⁻ 电离方式下,可获得较高丰度的[M-H]⁻ 母离子。在确定各激素的母离子后,采用子离子扫描方式对子离子进行优化选择,通过优化毛细管电压、锥孔电压、透镜电压、碰撞能量及质谱分辨率等质谱参数,使每种目标物的分子离子与特征碎片离子产生的离子对强度达到最大。然后将液相色谱和三重四极杆质谱仪联机,进一步对离子源温度、脱溶剂气温度及流量、锥孔反吹气流量进行优化,使每种目标物的离子化效率达到最佳。本实验中,除 4-t-辛基酚以外,其余目标物均获取了两对离子对,其中丰度较弱的一对作为定性的辅助分析,丰度较强的作为定量分析。

5. 线性关系及检出限

配制不同浓度水平的混合标准工作溶液进行测定,以待测物浓度为横坐标,以目标组分峰面积/内标物峰面积的比值与内标物的浓度的乘积为纵坐标,得到标准工作曲线,如表 7-4 所示。实验结果表明 8 种目标物在相应的浓度范围内呈良好的线性关系,相关系数(r)≥0.995。根据《环境监测分析方法标准制订技术导则》(HJ 168—2020)的要求,连续分析 7 个实验室空白加标样品,以测得浓度的标准偏差(SD)的 3.143 倍作为方法检出限,4 倍方法检出限作为测定下限。结果显示,各目标物的方法检出限为 0.4～1.0 ng/L,测定下限为 1.6～4.0 ng/L。

表 7-4　标准工作曲线、检出限及测定下限

化合物	线性回归方程	线性范围 /(μg/L)	相关系数	检出限 /(ng/L)	测定下限 /(ng/L)
雌酮	$y=30.6x+40.0$	1.00-50.0	0.997	0.6	2.4
17β-雌二醇	$y=7.87x-1.09$	1.00-50.0	0.996	0.9	3.6
雌三醇	$y=8.05x-4.32$	1.00-50.0	0.995	0.8	3.2
双酚 A	$y=11.3x+32.2$	1.00-50.0	0.999	1.0	4.0
17α-炔雌醇	$y=4.44x+1.40$	1.00-50.0	0.995	0.9	3.6
4-n-辛基酚	$y=26.5x+3.22$	1.00-50.0	0.998	0.8	3.2
4-n-壬基酚	$y=29.4x+32.3$	1.00-50.0	0.998	0.8	3.2
4-t-辛基酚	$y=2.37x-3.01$	1.00-50.0	0.996	0.4	1.6

6. 方法精密度

6 个实验室分别对 3 个浓度水平的空白加标样品中的目标组分,重复测定 7 次,相对标准偏差参见表 7-5。实验室内相对标准偏差(RSD)为 1.5%～8.9%,实验室间相对标准偏差(RSD)为 3.8%～11.1%,方法的精密度良好。

表 7-5　3 个浓度水平下 6 种目标组分精密度测试结果

加标浓度/(ng/L)	实验室内相对标准偏差	实验室间相对标准偏差
5.0	5.2%～8.9%	6.1%～11.1%
20.0	1.5%～7.6%	4.5%～9.5%
40.0	3.8%～6.0%	3.8%～7.4%

7. 方法准确度

6 个实验室分别在 2 个浓度水平下对地表水和污水样品进行了加标回收测定,回收率参见表 7-6,其中地表水回收率为 80.8%～120%,污水回收率为 77.5%～121%,方法的准确度良好。

表 7-6　地表水和污水样品加标回收测试结果

加标浓度/(ng/L)	地表水回收率/%	污水回收率/%
5.0	80.8～117	77.5～118
20.0	86.1～120	79.7～121

8 水体药物和个人护理品检测技术

8.1 药物和个人护理品

药物和个人护理品(pharmaceuticals and personal care products,PPCPs)是 20 世纪末发现的一种新兴污染物,近些年来不断被发现存在于水环境中。我国水体中检出的抗生素种类主要有磺胺类、喹诺酮类、四环素类、大环内酯类、β-内酰胺类等;除抗生素外,还有解热镇痛药、心血管药、抗菌杀虫药、精神病用药、呼吸系统用药和消化系统用药等。现筛选部分 PPCPs 典型代表物,将其基本信息列于表 8-1。

表 8-1   PPCPs 典型代表物基本信息

序号	目标物	类别	结　构	CAS 号	相对分子质量	辛醇-水分配系数
1	磺胺甲噁唑 (Sulfamethoxazole)	磺胺类抗生素		723-46-6	253.27	0.89
2	磺胺嘧啶 (Sulfapyridine)	磺胺类抗生素		144-83-2	249.29	0.35
3	甲氧苄啶 (Trimethoprim)	磺胺类抗生素		738-70-5	290.32	0.91
4	阿莫西林 (Amoxicillin)	β-内酰胺类抗生素		26787-78-0	365.46	0.87

续表

序号	目标物	类别	结　构	CAS号	相对分子质量	辛醇-水分配系数
5	氧氟沙星 （Ofloxacin）	喹诺酮类抗生素		82419-36-1	361.37	−2.00
6	环丙沙星 （Ciprofloxacin）	喹诺酮类抗生素		85721-33-1	331.34	0.28
7	阿奇霉素 （Azithromycin）	大环内酯类抗生素		83905-01-5	748.99	4.02
8	克拉霉素 （Clarithromycin）	大环内酯类抗生素		81103-11-9	747.96	3.16
9	红霉素 （Erythromycin）	大环内酯类抗生素		114-07-8	733.94	3.06

续表

序号	目标物	类别	结 构	CAS 号	相对分子质量	辛醇-水分配系数
10	罗红霉素（Roxithromycin）	大环内酯类抗生素		80214-83-1	837.05	2.75
11	泰妙菌素（Tiamulin）	大环内酯类抗生素		55297-95-5	493.74	4.75
12	林可霉素（Lincomycin）	大环内酯类抗生素		154-21-2	406.54	0.29
13	土霉素（Oxytetracycline）	四环素类抗生素		79-57-2	460.43	−0.90
14	四环素（Tetracycline）	四环素类抗生素		60-54-8	444.44	−1.30
15	2-QCA（2-Quinoxaline carboxylic acid）	兽用抗生素		879-65-2	174.16	0.80

续表

序号	目标物	类别	结　构	CAS号	相对分子质量	辛醇-水分配系数
16	对乙酰氨基酚（Acetaminophen）	解热镇痛药		103-90-2	151.16	0.46
17	安替比林（Antipyrine）	解热镇痛药		60-80-0	188.23	0.38
18	双氯芬酸（Diclofenac）	解热镇痛药		15307-86-5	278.13	4.51
19	布洛芬（Ibuprofen）	解热镇痛药		15687-27-1	206.28	3.97
20	吲哚美辛（Indomethacin）	解热镇痛药		53-86-1	357.79	4.27
21	萘普生（Naproxen）	解热镇痛药		22204-53-1	230.26	3.18
22	咖啡因（Caffeine）	解热镇痛药		58-08-2	194.19	−0.07
23	达叔平（Disopyramide）	心血管药		3737-09-5	339.48	2.58

续表

序号	目标物	类别	结　构	CAS号	相对分子质量	辛醇-水分配系数
24	卡巴克络 (Carbazochrome)	心血管药		69-81-8	236.23	−2.03
25	苯扎贝特 (Bezafibrate)	心血管药		41859-67-0	361.82	4.25
26	阿替洛尔 (Atenolol)	心血管药		29122-68-7	266.34	0.16
27	美托洛尔 (Metoprolol)	心血管药		37350-58-6	267.36	2.15
28	艾芬地尔 (Ifenprodil)	心血管药		23210-56-2	325.44	3.9
29	水杨酸 (Salicylic acid)	抗菌杀虫剂		69-72-7	138.12	2.26
30	三氯卡班 (Triclocarban)	抗菌杀虫剂		101-20-2	315.58	4.90
31	三氯生 (Triclosan)	抗菌杀虫剂		3380-34-5	289.54	4.76

序号	目标物	类别	结　构	CAS号	相对分子质量	辛醇-水分配系数
32	避蚊胺（DEET）	抗菌杀虫剂		134-62-3	191.27	2.18
33	克罗他米通（Crotamiton）	抗菌杀虫剂		483-63-6	203.28	2.73
34	卡马西平（Carbamazepine）	精神类药		298-46-4	236.27	2.45
35	舒必利（Sulpiride）	精神类药		15676-16-1	342.43	0.57
36	哌仑西平（Pirenzepine）	消化系统药		28797-61-7	351.40	1.68
37	茶碱（Theophylline）	呼吸系统药		58-55-9	182.18	−0.02

8.2　检测方法综述

环境中的 PPCPs 属于痕量微污染物,尤其在地表水、饮用水等水体中,常常是 ng/L 的超痕量级别,存在浓度极低,准确定量检测难度大。近年来,得益于新兴材料、高效前处理设备及高灵敏分析仪器的发展与应用,PPCPs 的检测取得了较大突破,但目前大多数仍处于研究阶段。

目前标准方法主要集中在食品、水产品、禽畜产品以及化妆品领域,吴惠勤等编著的《安全风险物质 高通量质谱检测技术》列出了 46 项食品中兽药残留检测相关的国家/行业/地方标准,绝大多数标准方法都采用了液相色谱-串联质谱(LC-MS-MS)检测技术,少部分采用了生物技术。而目前在水环境领域只有 3 个相关的检测标准,详见表 8-2。

表 8-2　水质领域 PPCPs 标准检测方法

序号	标准名称	检测对象	前处理	检测方法	检出限
1	《高效液相色谱-串联质谱法测定水、土壤、沉积物和生物固体中的药品和个人护理品》(EPA 1694)	74 种 PPCPs,涵盖磺胺类、大环内酯类、青霉素类、头孢类、四环素类等抗生素以及消炎止痛药、抗高血压药、调血脂药、抗癫痫药等	固相萃取	LC-MS-MS	0.1～170 ng/L
2	《水质 磺胺类、喹诺酮类和大环内酯类抗生素的测定 固相萃取/液相色谱-三重四极杆质谱法》(DB37/T 3738-2019)	磺胺类、喹诺酮类和大环内酯类等 12 种抗生素	固相萃取	LC-MS-MS	1～7 ng/L
3	《生活饮用水及水源水中 10 种抗生素的检验方法 超高效液相色谱-质谱/质谱法》(DB22/T 2838-2017)	磺胺类、四环素类、喹诺酮类等 10 种抗生素	固相萃取	LC-MS-MS	0.03～0.1 μg/L

EPA 1694 基于固相萃取-液相色谱-串联质谱(SPE-LC-MS-MS),提出了一套涵盖 74 种 PPCPs 目标物的检测方法,是当前 PPCPs 检测较全面的一个标准方法,也是众多研究者优先参考的一个标准。该方法将目标物分成了 4 组,提出了酸性条件(pH=2)和碱性条件(pH=10)2 种上样条件,分别对应 2 种固相萃取方法;同时还提出 4 种不同的流动相溶剂、配比和色谱柱等仪器分析方法。其中,针对第 1 组目标物的方法较为通用,可实现 50 种 PPCPs 同时检测,方法条件为:①HLB 小柱酸性上样,甲醇洗脱;②甲醇/乙腈溶液(1∶1,体积比),0.3%甲酸-0.1%甲酸铵水溶液为流动相;③Xtera C$_{18}$ 色谱柱。该组方法在实际工作中适用性强,可进行关键性条件优化后,扩充检测目标物的数量。整体来说,EPA 1694 操作步骤比较烦琐,费时费力,同一个样品需要经过 2 种不同的前处理过程,4 种不同的仪器分析方法才能完成 74 种 PPCPs 的检测。即便细化了方法条件分组,但仍难以兼顾所有

目标物的准确定量,部分目标物的回收率明显偏低,如林可霉素回收率<20%,诺孕酯回收率<50%等。至今为止,如何建立高灵敏度、高精准性、高特异性且又能实现多组分高通量同步分析的方法,是 PPCPs 检测的重点和难点。

此外,我国现有的两个地方标准只实现了少量抗生素的检测,难以满足水环境中纷繁复杂的 PPCPs 的监测防控要求。

整体来说,目前 PPCPs 的主要检测技术有酶联免疫(ELISA)、气相色谱质谱联用(GC-MS)和液相色谱-串联质谱(LC-MS-MS)等,其中固相萃取-液相色谱-串联质谱法(SPE-LC-MS-MS)具有高灵敏度、高分辨率、低检出限的突出优点,尤其适合 PPCPs 这类热不稳定、难挥发且具有一定极性的化合物检测,现已成为应用最广泛的一种方法,表 8-3 归纳了 SPE-LC-MS-MS 在水中 PPCPs 检测方面的应用情况。

表 8-3   SPE-LC-MS-MS 在水中 PPCPs 检测方面的应用情况

序号	目标物	前处理	流动相/色谱柱	检出限	参考文献
1	大环内酯类、氟喹诺酮类、磺胺类、β-内酰胺类等9种抗生素	固相萃取-HLB 酸性上样 甲醇洗脱	乙腈-0.2%甲酸水溶液/ODS-P	$0.2\sim$ 20 ng/L	徐维海,2007
2	供水系统中30种抗生素	固相萃取-HLB 酸性上样 甲醇洗脱	乙腈-0.1%甲酸水溶液/BEH C_{18}	$0.1\sim$ 1 ng/L	吴维,2012
3	饮用水中19种PPCPs	固相萃取-HLB 3种pH条件上样 甲醇洗脱	乙腈-水/ZORBAX C_{18}	$20\sim$ 300 ng/L	肖敏如,2014
4	供水管网中9类19种PPCPs,包括消炎止痛药、β阻滞剂、血脂调节剂等	固相萃取-HLB 酸性上样 甲醇洗脱	乙腈-0.1%甲酸水溶液/ZORBAX Eclipse Plus C_{18}	$0.02\sim$ 0.3 ng/L	张练,2014
5	水源水中4种解热镇痛药物	固相萃取自制GCHM固萃小柱,水油双亲型,中性上样,甲醇洗脱	乙腈-0.1%甲酸水溶液/HSS T3	$1\sim$ 5 ng/L	朱峰,2020
6	饮用水中18种PPCPs	固相萃取-HLB 中性上样 甲醇洗脱	1:1甲醇乙腈混合液(1%甲酸)-甲酸/甲酸铵水溶液/BEH C_{18}	$5\sim50$ pg/L(以3 S/N计算)	沈璐,2020
7	地表水中31种药物和个人护理品	固相萃取-(PEP-2) 中性上样 4:1甲醇/乙腈混合液洗脱	0.1%甲酸乙腈-0.1%甲酸水溶液/Kinetex C_{18}	$0.2\sim$ 12 ng/L	李钟瑜,2019
8	地表水和地下水中多种药物	固相萃取-Oasis HLB	甲酸铵-甲酸体系/Metasil Basic C_{18}	——	Edward T,2004

序号	目标物	前处理	流动相/色谱柱	检出限	参考文献
9	水中 38 种 PPCPs 分析,涵盖 15 种常见类别	固相萃取-HLB/Cleanert PEP-2 中性和酸性上样甲醇、乙腈洗脱	甲酸水溶液-甲醇;乙酸铵水溶液-甲醇;甲酸水溶液-乙腈/Xbridge C_{18}	$0.54\sim$ $43.9\ ng/L$	高杰,2015
10	医院废水中 21 种抗生素,包括磺胺、喹诺酮、四环素等	固相萃取-HLB pH=3 上样 10%甲醇淋洗后纯甲醇洗脱	乙腈-0.1%甲酸水溶液/ZORBAX C_{18}	$5\sim22\ ng/L$	张秀蓝,2012

8.2.1　前处理方法

　　样品前处理是 PPCPs 检测过程的关键步骤,固相萃取(SPE)是最常用的一种方法。HLB 是当前应用较多的一种固萃小柱,洗脱溶剂一般选用甲醇或乙腈。HLB 小柱由二乙烯基苯和乙烯吡咯烷酮高分子共聚形成吸附材料,既亲水又亲油,十分适合 PPCPs 这类中等至弱极性的化合物检测。有学者比较了 HLB、C_{18}、XAD4、XAD2、HPD800 等多种不同材质类型的固萃小柱,发现 HLB 回收率达 80%以上,明显高于其他 4 种,HLB 已成为 PPCPs 检测的首选材料,应用较多的商业化产品有进口的 Oasis HLB 和国产的 Cleanert PEP-2。其中,Cleanert PEP-2 以聚乙烯/二乙烯苯为基质材料,表面键合吡咯烷酮和微量脲基官能团,同时具有亲水基团和亲脂基团,能够对极性和非极性物质平和吸附,与 HLB 具有相似作用。学者们通过对比实验发现,两种小柱对目标物的萃取效果具有很好的一致性,大部分目标物的回收率为 60%~130%,相对标准偏差小于 25%。而国产的 Cleanert PEP-2 价格仅是进口 Oasis HLB 的一半,随着我国许多性能优良的产品相继投入市场,今后广大的分析同行们将拥有更多更广的优质产品选择空间。

8.2.2　检测方法

　　酶联免疫法(ELISA)是标记免疫学技术的一种,多应用于食品抗生素的筛查,其具有简单、快速的特点。当前有研究文献报道,其技术应用于环境样品中四环素和磺胺类抗生素的检测,检出限为 40~50 ng/L,但无法满足 10 ng/L 以下超痕量水平的样品检测。由于 ELISA 对试剂的选择性高,很难同时检测多种组分,结构类似的化合物容易产生干扰影响,对于检测相对分子质量很小且不稳定的化合物更有难度。总体来说,ELISA 主要适合于污染水体中抗生素的初步筛查,需与其他更为灵敏的定量检测方法相结合,可有效提高检测效率。

　　气相色谱-质谱联用(GC-MS)应用于 PPCPs 检测时,由于大多数的目标物挥发性和稳定性较差,样品必须进行衍生化前处理。而 PPCPs 涉及的物质种类非常多,不同种类的化合物都带有不同类型和数量的官能团,实际工作中,很难找到适用于所有目标物的衍生化试剂,如以红霉素、麦迪霉素和乙酰螺旋霉素为代表的大环内酯类抗生素,目前就难以找到合适的衍生化试剂。且衍生化过程非常烦琐,易带入分析误差。因此,目前 GC-MS 已较少应用于多组分 PPCPs 的同时测定。

液相色谱-串联质谱法(LC-MS-MS)是目前应用最广泛的一种方法。为了兼顾多种不同性质的目标物,检测时一般选用较为通用的色谱柱和流动相体系。其中色谱柱主要采用反相 C$_{18}$ 柱;流动相体系则主要以甲醇-水、乙腈-水或者甲醇乙腈混合物-水为主,同时添加少量的甲酸、甲酸铵等,研究表明加入适量的酸或盐可以有效地改善目标物峰型,减少拖尾现象,同时还可以增强电离效果,提高质谱的响应灵敏度。

在 PPCPs 多组分同时测定的研究中发现,不同的研究实验采用的方法、试剂等条件相似,可是目标物检出限却相差甚远,即使是同一种目标物其检出限可能也会有 1~2 个数量级的差别,方法的重现性差,这可能与 PPCPs 本身的不稳定性有很大关系。为了解决这个问题,有人提出采用多种同位素替代物内标法,以平衡和兼顾同一个方法条件下各目标物的分析效果。有学者在 38 种 PPCPs 多组分同时分析中采用了多同位素内标法(4 种增加至 31 种)作为方法改进,获取了非常成功的效果。结果表明,多同位素内标法较单一内标法灵敏度提高近 10 倍,即检出限降低了近一个数量级;且能有效地降低了样品基质影响,并能对一些在前处理中损失严重目标物进行补偿,一些基质效应高达 1000% 的目标物也能获得正常的回收率效果(80%~120%)。当然,其缺点也显而易见,许多目标物对应的同位素替代物难以获得,且价格昂贵。但对多种化学性质迥异的 PPCPs,多同位素替代物内标法却是能够实现高通量分析的同时又能兼顾高灵敏度高准确性的一个好方法,尤其适用于目标物浓度极低或基质复杂样品,以及对数据准确度要求更高的研究。

研究团队依托广东省省级科技计划项目"珠三角区域饮用水新兴痕量污染物检测和安全控制技术"(2013B090500132),于 2014 年开始进行水体多组分 PPCPs 检测的相关研究。通过文献调研,以国内(华南珠三角地区为主要参照)生产使用量较大的 PPCPs,且污水、废水、地表水及地下水中检出率和检出浓度较高,饮用水及龙头水中有检出等为原则,筛选出 37 种 PPCPs 典型代表物,涵盖了抗生素、常用药物、抗菌杀虫用品等多个种类。基于 SPE-LC-MS-MS 建立了一套适用于地表水和饮用水中 37 种 PPCPs 同时测定的检测方法,可实现水中 ng/L 痕量污染物高效准确灵敏的测定。相较 EPA 1694,该方法新增了 3 种抗生素和 15 种常用药物,符合我国国情和国内水环境的污染特征,实用性强,检测效率高,适用于国内水环境中 PPCPs 新兴污染物的监测与防控。研究团队已应用该方法开展了珠三角地区主要水源、典型的水厂处理工艺、供水管网以及市场售瓶装饮用水等供水全流程中 PPCPs 的水质调研摸底分析,帮助供水企业真实地掌握了 PPCPs 的污染现状和风险。下文将详细介绍该方法。

8.3 固相萃取-液相色谱-串联质谱法测定水中 37 种 PPCPs

本方法采用固相萃取联合液相色谱-串联质谱法(SPE-LC-MS-MS),建立了一套适用于地表水和饮用水中 37 种 PPCPs 同时测定的检测方法,其中包括 15 种抗生素(磺胺甲噁唑、磺胺嘧啶、甲氧苄啶、阿莫西林、氧氟沙星、环丙沙星、阿奇霉素、克拉霉素、红霉素、罗红霉素、泰妙菌素、林可霉素、土霉素、四环素、2-喹喔啉羧酸)、7种解热镇痛药(对乙酰氨基酚、安替比林、双氯芬酸、布洛芬、吲哚美辛、萘普生、咖啡因)、6种心血管药(达叔平、卡巴克络、苯扎贝特、阿替洛尔、美托洛尔、艾芬地尔)、5种抗菌杀虫药(水杨酸、三氯卡班、三氯生、避蚊胺、克罗他米通)、2种精神病类药(卡马西平、舒必利)、1种呼吸系统用药(哌仑西平)和1种消化系统用药(茶碱)。本方法样品经固相萃取前处理后,直接上机测定,按多反应监测(MRM)方式,根据保留时间和特征离子峰定性,同位素内标法定量。

本方法依据物质化学特性将目标物细分为两组,优化了固相萃取条件,分别采用酸性和中性两种上样条件,最后采用一种液相条件上机测定。实验表明,绝大多数目标物的富集萃取效果良好,检出限达 ng/L 级别,可实现水中超痕量污染物多组分高效、准确、灵敏的同时测定。

8.3.1　实验部分

1. 仪器与试剂

仪器:超高效液相色谱-串联质谱仪(OA ACQUITY UPLC TQD MS-MS,Waters)、固相萃取仪(AQUA Trace ASPE 799,GL)、氮吹仪(N-EVAP,Organomation)。

试剂与材料:甲酸(色谱纯)、甲醇(色谱纯)、乙腈(色谱纯)、硫酸(分析纯)、Na_2EDTA(分析纯,配制成 2.5 g/L 使用液)、滤膜(1.0 μm 玻璃纤维滤膜)。

标准品:37 种 PPCPs 均采用纯品标准物质(纯度＞98%);采用 $^{13}C_3$-莠去津(纯品标准物质,纯度＞98%)作为 ESI＋模式下 29 种 PPCPs 的内标物;采用 $^{13}C_6$-2,4,5-三氯苯氧乙酸(纯品标准物质,纯度＞98%)作为 ESI-模式下 8 种 PPCPs 的内标物。纯品标准物质均采用甲醇溶解配制成标准储备液。

2. 样品采集与保存

参考 EPA 1694 方法要求,使用棕色玻璃瓶采样,避免光降解。清洁后的采样瓶使用前应用纯水和纯甲醇淋洗,采样时不能用水样润洗。对于装过较脏水样的瓶子,可以在清洁后采用 500℃ 高温灼烧的方式做进一步清理,但应注意避免多次过度灼烧,以防止玻璃表面的活化而导致痕量污染物被吸附。

采集至少 2 L 样品,置于 4℃ 暗处冷藏保存,48 h 内进行固相萃取处理,萃取液在 40 d 内完成分析。

3. 分析条件

1) 样品预处理

对于含有余氯的饮用水样品,采样后应及时按照 80 mg/(1 L 水样)的量添加硫代硫酸钠,防止目标物被氧化分解。

对于含有颗粒物的地表水等样品,应使用 1.0 μm 玻璃纤维膜进行过滤后再进行固相萃取处理。

2）固相萃取条件

目标物分组与上样准备：将 37 种 PPCPs 分成两组，第一组包含 19 种目标物，采用酸性条件上样，第二组包含 18 种目标物，采用中性条件上样，目标物分组详见表 8-4。检测过程中，将水样分装为 2 瓶 1 L 的样品，分别按表 8-4 中上样条件的要求进行两组固相萃取样品的制备。

表 8-4 固相萃取目标物分组

分组	目 标 物	上样条件
第一组	**19 种目标物**：避蚊胺、卡马西平、卡巴克络、甲氧苄啶、吲哚美辛、阿莫西林、泰妙菌素、克拉霉素、罗红霉素、脱水红霉素、2-喹喔啉羧酸、咖啡因、环丙沙星、氧氟沙星、阿奇霉素、水杨酸、布洛芬、萘普生、苯扎贝特	1 L 水样硫酸酸化至 pH＝2±0.5；添加 500 mg Na₂EDTA
第二组	**18 种目标物**：对乙酰氨基酚、克罗米通、磺胺砒啶、阿替洛尔、舒必利、林可霉素、安替比林、磺胺甲噁唑、美托洛尔、丙吡胺、哌仑西平、四环素、土霉素、茶碱、三氯生、三氯卡班、双氯芬酸钠、艾芬地尔	1 L 水样调节 pH＝7±0.5；添加 500 mg Na₂EDTA

固相萃取小柱：Oasis HLB（二乙烯苯和 N-乙烯基吡咯烷酮共聚物），500 mg/6 mL。

固相萃取步骤：第一组和第二组经制备好的 2 份样品，按照以下相同的步骤进行固相萃取：依次用 10 mL 甲醇和 10 mL 纯水，以 2 mL/min 的流速活化固相萃取柱；取 1000 mL 制备好的样品，以 5～10 mL/min 的流速通过小柱，若水样中目标组分浓度较高，可根据实际情况减少样品体积；用 10 mL 纯水，以 2 mL/min 的流速淋洗小柱；用氮气吹扫、干燥小柱；再用 6 mL 甲醇/乙腈混合溶液（1∶1，体积比）以 0.5 mL/min 的流速洗脱小柱，共分 3 次进行，每次用量 2 mL；洗脱液经氮吹至近干，加入 10 μL 内标物使用液（参考浓度：10 mg/L），用甲醇/水混合溶液（2∶8，体积比）定容至 1.0 mL；混匀后置于棕色进样瓶中，待测。

3）液相色谱条件

色谱柱：BEH C₁₈（1.7 μm，50 mm×2.1 mm）；流动相：0.1% 甲酸溶液（A 相，体积分数），甲醇（B 相）；柱温：35℃；进样体积：10 μL；采用梯度洗脱，洗脱流速 0.4 mL/min，洗脱程序为：0～3 min：90% A～60% A 梯度变化，3～6 min：60% A～20% A 梯度变化，6～7.5 min：20% A～0%A 梯度变化，7.5～8 min 0%A 恒流，8～8.5 min：90% A 恒流。

4）质谱条件

离子源：ESI＋/ESI－；毛细管电压：3.00 kV；离子源温度：120℃；脱溶剂气温度：380℃；脱溶剂气流量：800 L/h；反吹气流量：50 L/h；多反应监测（MRM）方式，具体条件见表 8-5。

表 8-5 37 种目标物和 2 种内标物的 MRM 条件

序号	化合物	保留时间/min	母离子	子离子	电离模式	锥孔电压/V	碰撞能量/V
1	对乙酰氨基酚	1.39	152.0	92.8	ESI＋	30	22
			152.0*	110.0*		30	16
2	避蚊胺	2.95	192.1*	91.0*	ESI＋	30	30
			192.1	119.0		30	18

续表

序号	化合物	保留时间/min	母离子	子离子	电离模式	锥孔电压/V	碰撞能量/V
3	克罗米通	3.23	204.1	41.0	ESI+	36	35
			204.1*	69.0*		36	22
4	卡马西平	2.76	237.0	179.0	ESI+	32	36
			237.0*	194.1*		32	20
5	卡巴克络	1.54	237.0	164.0	ESI+	18	15
			237.0*	220.1*		18	5
6	磺胺吡啶	1.58	250.0*	92.0*	ESI+	30	28
			250.0	156.0		30	18
7	阿替洛尔	1.33	267.1	145.0	ESI+	36	26
			267.1*	190.1*		36	20
8	甲氧苄啶	1.63	291.1*	123.0*	ESI+	42	26
			291.1	230.1		42	24
9	舒必利	1.28	342.1*	112.1*	ESI+	44	26
			342.1	214.0		44	32
10	吲哚美辛	3.67	358.0	110.9	ESI+	28	57
			358.0*	138.9*		28	21
11	阿莫西林	1.20	366.1*	114.0*	ESI+	18	18
			366.1	349.2		18	12
12	林可霉素	1.64	407.3*	126.1*	ESI+	38	30
			407.3	359.3		38	18
13	泰妙菌素	2.56	494.3	119.0	ESI+	35	40
			494.3*	192.1*		35	22
14	克拉霉素	2.87	748.5	116.1	ESI+	32	45
			748.5*	158.2*		32	30
15	罗红霉素	2.93	837.6	116.0	ESI+	38	49
			837.6*	158.1*		38	40
16	2-喹喔啉羧酸	1.89	175.0	102.0	ESI+	22	28
			175.0*	129.0*		22	17
17	安替比林	1.99	189.0*	56.0*	ESI+	38	28
			189.0	77.0		38	35
18	咖啡因	1.77	195.0	42.0	ESI+	40	30
			195.0*	138.1*		40	20
19	磺胺甲噁唑	1.93	254.0*	92.0*	ESI+	28	26
			254.0	156.0		30	16
20	美托洛尔	1.95	268.2*	74.0*	ESI+	36	23
			268.2	116.1		36	20
21	艾芬地尔	2.22	326.2*	176.2*	ESI+	35	22
			326.2	308.2		35	20
22	环丙沙星	1.75	332.1*	231.1*	ESI+	38	35
			332.1	314.2		38	18

续表

序号	化合物	保留时间/min	母离子	子离子	电离模式	锥孔电压/V	碰撞能量/V
23	丙吡胺	1.96	340.2	195.1	ESI+	26	31
			340.2*	239.1*		26	18
24	哌仑西平	1.71	352.2	70.1	ESI+	35	42
			352.2*	113.1*		35	22
25	氧氟沙星	1.68	362.1*	261.1*	ESI+	36	26
			362.1	318.2		36	20
26	四环素	1.86	445.3*	154.1*	ESI+	28	26
			445.3	410.3		28	22
27	土霉素	1.92	461.2*	426.2*	ESI+	28	20
			461.2	443.4		28	14
28	脱水红霉素	2.72	716.6	116.1	ESI+	36	46
			716.6*	158.2*		36	28
29	阿奇霉素	2.87	749.5	116.0	ESI+	48	50
			749.5*	158.1*		48	42
30	$^{13}C_3$-莠去津	2.91	219.1	98.0	ESI+	36	24
			219.1*	177.1*		36	18
31	水杨酸	2.21	136.8	64.9	ESI−	30	25
			136.8*	92.9*		30	14
32	茶碱	1.60	178.9*	122.0*	ESI−	42	18
			178.9	164.0		42	18
33	布洛芬	3.73	205.2*	161.1*	ESI−	22	8
			205.2	205.2		22	4
34	萘普生	3.20	229.1	170.0	ESI−	20	18
			229.1*	185.1*		20	6
35	三氯生	3.99	287.0*	34.9*	ESI−	20	12
			—	—		30	26
36	三氯卡班	3.94	313.1*	160.0*	ESI−	30	12
			315.0	126.0		30	22
37	双氯芬酸钠	3.94	315.0*	162.0*	ESI−	30	14
			360.0	154.0		32	30
38	苯扎贝特	3.26	360.0	154.0	ESI−	32	30
			360.0*	274.1*		32	18
39	$^{13}C_6$-2,4,5-三氯苯氧乙酸	3.47	260.9	167.2	ESI−	22	30
			260.9*	203.0*		22	14

注：标 * 的为定量离子对。

4. 测定方法

以甲醇/水混合溶液(2∶8,体积比)为基质,按 10 μL/1.0 mL 加入内标物使用液(参考浓度：10 mg/L)后配置系列标准溶液,直接上机测定。样品按前述固相萃取步骤制得 1.0 mL 试样后,直接上机测定。

以浓度为横坐标,以目标组分峰面积/内标物峰面积的比值与内标物的浓度的乘积为纵坐标,内标法定量。

在上述实验条件下,37 种目标组分和 2 种内标物的离子流图见图 8-1。

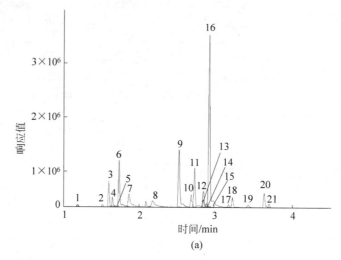

(a)

1—阿莫西林；2—卡巴克络；3—甲氧苄啶；4—氧氟沙星；5—环丙沙星；6—咖啡因；7—2-喹喔啉羟酸；8—水杨酸；9—泰妙菌素；10—脱水红霉素；11—卡马西平；12—克拉霉素；13—阿奇霉素；14—C_{13}-莠去津；15—罗红霉素；16—避蚊胺；17—萘普生；18—苯扎贝特，19—C_{13}-2,4,5-三氯苯氧乙酸；20—吲哚美辛；21—布洛芬。

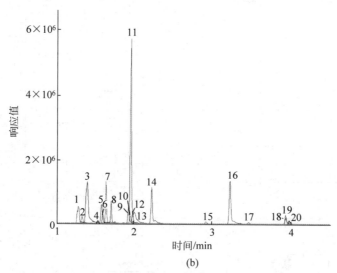

(b)

1—舒必利；2—阿替洛尔；3—对乙酰氨基酚；4—磺胺砒啶；5—茶碱；6—林可霉素；7—哌仑西平；8—四环素，9—土霉素；10—磺胺甲噁唑；11—美托洛尔；12—丙吡胺；13—安替比林；14—艾芬地尔；15—C_{13}-莠去津；16—克罗米通；17—C_{13}-2,4,5-三氯苯氧乙酸；18—三氯卡班；19—双氯芬酸钠；20—三氯生。

图 8-1 37 种 PPCPs 和 2 种内标物离子流图

(a) 第一组 19 种目标物和 2 种内标物离子流图(浓度：50.0 μg/L)；

(b) 第二组 18 种目标物和 2 种内标物离子流图(浓度：50.0 μg/L)。

8.3.2　结果与讨论

1. 线性关系及检出限

配制系列浓度水平的混合标准工作溶液进行测定,以待测物浓度为横坐标,以目标组分峰面积/内标物峰面积的比值与内标物的浓度的乘积为纵坐标,得到标准工作曲线,如表 8-6 所示。实验结果表明 37 种目标物在相应的浓度范围内呈良好的线性关系,相关系数(r)≥0.995。根据《环境监测分析方法标准制订技术导则》(HJ 168—2020)的要求,连续分析7 个实验室空白加标样品,以测得浓度的标准偏差(SD)的 3.143 倍作为方法检出限,4 倍方法检出限作为测定下限。结果显示,各目标物的方法检出限为 0.1~7.1 ng/L,测定下限为0.4~28.4 ng/L。

表 8-6　标准工作曲线、检出限及测定下限

化合物	校准曲线	线性范围 /(μg/L)	相关系数	检出限 /(ng/L)	测定下限 /(ng/L)
艾芬地尔	$y = 12.6x - 0.22$	2~50	0.998	0.5	2.0
哌仑西平	$y = 4.54x - 0.60$	2~50	0.996	0.3	1.2
舒必利	$y = 7.11x - 0.90$	2~50	0.996	0.3	1.2
克罗米通	$y = 15.8x - 0.22$	2~50	0.996	0.7	2.8
避蚊胺	$y = 8.73x + 0.15$	2~50	0.999	0.6	2.4
丙吡胺	$y = 52.9x - 8.06$	2~50	0.999	0.3	1.2
卡马西平	$y = 2.16x + 0.40$	2~50	0.999	0.5	2.0
阿替洛尔	$y = 1.93x - 0.11$	2~50	0.995	0.8	3.2
对乙酰氨基酚	$y = 7.66x + 5.35$	2~50	0.995	0.9	3.6
磺胺吡啶	$y = 6.68x - 0.13$	2~50	0.995	1.1	4.4
环丙沙星	$y = 0.99x - 1.17$	2~50	0.996	0.6	2.4
林可霉素	$y = 8.04x - 3.27$	2~50	0.995	0.1	0.4
氧氟沙星	$y = 3.27x + 0.52$	2~50	0.995	0.7	2.8
四环素	$y = 0.16x - 0.03$	2~50	0.995	1.4	5.6
克拉霉素	$y = 1.21x - 1.32$	2~50	0.995	0.5	2.0
土霉素	$y = 3.28x - 0.34$	2~50	0.995	1.2	4.8
2-喹喔啉羧酸	$y = 1.31x + 0.18$	2~50	0.996	0.7	2.8
磺胺甲噁唑	$y = 3.99x - 0.55$	2~50	0.995	1.1	4.4
阿莫西林	$y = 0.14x - 0.37$	2~50	0.997	7.1	28.4
罗红霉素	$y = 0.38x - 0.13$	2~50	0.995	1.7	6.8
甲氧苄啶	$y = 0.72x - 0.26$	2~50	0.995	0.4	1.6
美托洛尔	$y = 3.28x + 0.49$	2~50	0.999	0.5	2.0
安替比林	$y = 3.99x - 0.55$	2~50	0.995	0.6	2.4
双氯芬酸	$y = 1.42x - 0.56$	2~50	0.995	2.4	9.6
苯扎贝特	$y = 1.05x + 0.01$	2~50	0.997	1.4	5.6
咖啡因	$y = 2.32x + 0.51$	2~50	0.995	0.4	1.6
阿奇霉素	$y = 0.35x - 0.15$	2~50	0.999	1.0	4.0

续表

化合物	校准曲线	线性范围/(μg/L)	相关系数	检出限/(ng/L)	测定下限/(ng/L)
脱水红霉素	$y=1.86x-0.86$	2～50	0.995	0.7	2.8
吲哚美辛	$y=0.91x-0.02$	2～50	0.996	0.8	3.2
三氯卡班	$y=0.21x-0.04$	2～50	0.998	1.3	5.2
茶碱	$y=0.65x+0.33$	2～50	0.995	1.9	7.6
水杨酸	$y=2.29x+0.80$	2～50	0.996	1.7	6.8
卡巴克络	$y=0.11x+0.04$	2～50	0.995	3.6	14.4
萘普生	$y=0.37x-0.09$	2～50	0.995	3.6	14.4
泰妙菌素	$y=3.25x-0.71$	2～50	0.998	0.5	2.0
三氯生	$y=2.17x+0.14$	2～50	0.995	4.5	18.0
布洛芬	$y=0.38x+0.08$	2～50	0.995	3.6	14.4

2. 红霉素的测定

本方法中流动相是添加了甲酸的酸性体系,研究团队在初期实验中发现红霉素的测定非常不稳定,进一步研究得知,由于红霉素结构中的十四元环有多个羟基和1个羰基,在酸性条件下,易发生分子内脱水环合,降解生成了脱水红霉素。因此在测定实际水样中的红霉素时,固相萃取采取pH=2的酸性条件,调节pH后放置一段时间再上样,使红霉素发生充分的脱水反应,然后通过检测脱水红霉素来实现对红霉素的监测。

3. 方法精密度

本实验对地表水、自来水和市售饮用水等3种基质的样品加标并固相萃取后,萃取液样品进行多次平行测定(萃取液样品浓度为10～50 μg/L),精密度测试结果见表8-7。大部分目标物的相对标准偏差(RSD)<10%,精密度良好。

表 8-7　精密度测试结果

目标物	RSD/%		
	地表水	自来水	饮用水
2-喹喔啉羧酸	1.7	7.3	3.9
安替比林	3.1	—	4.6
咖啡因	7.6	0.9	8.1
磺胺甲噁唑	6.0	7.5	4.1
美托洛尔	3.5	4.2	4.6
艾芬地尔	7.4	—	2.5
环丙沙星	21.5	1.9	11.6
丙吡胺	4.4	2.1	1.1
哌仑西平	6.2	2.3	7.9
氧氟沙星	6.9	1.6	5.4
四环素	2.6	6.7	1.3
土霉素	7.0	25.3	5.1
脱水罗红霉素	5.7	4.0	1.2

续表

目标物	RSD/%		
	地表水	自来水	饮用水
阿奇霉素	2.8	8.4	2.1
对乙酰氨基酚	4.1	8.3	2.4
避蚊胺	3.2	2.3	2.8
克罗米通	2.1	3.1	1.6
卡马西平	2.2	4.3	1.9
卡巴克络	13.1	—	19.7
磺胺吡啶	3.7	3.3	5.2
阿替洛尔	12.8	7.7	15.1
甲氧苄啶	7.3	4.9	2.5
舒必利	5.1	1.5	0.8
吲哚美辛	5.5	—	3.0
阿莫西林	35.0	—	1.4
林可霉素	4.4	—	4.4
泰妙菌素	2.4	—	0.5
克拉霉素	2.3	3.1	2.4
罗红霉素	3.5	5.8	4.3
水杨酸	5.0	3.1	6.3
茶碱	14.7	4.1	5.4
布洛芬	16.0	4.6	14.4
萘普生	15.4	10.1	4.2
三氯生	33.2	7.8	22.5
三氯卡班	14.5	4.1	—
双氯芬酸钠	8.4	7.6	—
苯扎贝特	8.5	5.4	5.3

4. 方法准确度

本实验对地表水、自来水和市售饮用水等3种类型水样进行了50 ng/L的加标测定,结果见表8-8。大部分目标物回收率都在50%以上,回收率良好;少部分物质回收率较低,如阿莫西林、林可霉素、三氯生、三氯卡班、双氯酚酸等;且部分目标物存在回收率波动较大的情况,后续可通过购买尽可能齐全的目标物同位素替代物,通过多同位素替代物内标法的方式,用以补偿不稳定的PPCPs在检测各个环节中发生的变化和损失,从而实现多组分同时准确灵敏的测定。

表8-8 水样加标回收测试结果

目标物	回收率/%		
	地表水	自来水	饮用水
2-喹喔啉羧酸	95.7	130	98.9
安替比林	107	<20	93.8
咖啡因	79.8	—	84.6

续表

目标物	回收率/%		
	地表水	自来水	饮用水
磺胺甲噁唑	59.0	60.1	93.3
美托洛尔	111	106	108
艾芬地尔	87.3	<20	104
环丙沙星	56.7	73.2	27.5
丙吡胺	110	82.1	102
哌仑西平	74.9	50.2	90.5
氧氟沙星	29.3	73.7	38.2
四环素	125	25.5	94.5
土霉素	109	<20	111
脱水罗红霉素	122	46.7	103
阿奇霉素	118	40.1	93.7
对乙酰氨基酚	26.6	74.8	51.3
避蚊胺	128	124	117
克罗米通	119	105	109
卡马西平	104	119	116
卡巴克络	70.5	<20	88.6
磺胺吡啶	37.4	61.8	86.3
阿替洛尔	<20	32.7	<20
甲氧苄啶	87.2	93.3	109
舒必利	47.3	65.3	60.3
吲哚美辛	65.6	<20	63.9
阿莫西林	42.5	<20	<20
林可霉素	27.8	<20	<20
泰妙菌素	98.7	<20	107
克拉霉素	66.5	104	60.5
罗红霉素	79.5	116	55.5
水杨酸	91.6	74.9	119
茶碱	42.0	29.0	105
布洛芬	129	144	96.5
萘普生	84.8	45.3	119
三氯生	43.7	85.3	<20
三氯卡班	<20	<20	<20
双氯芬酸钠	<20	21.5	<20
苯扎贝特	120	82.5	119

9

水体持久性有机污染物检测技术

近年来,在水环境中常常检出持久性有机污染物(POPs),由于其潜在的致癌性,成为社会关注的焦点。水体中POPs主要分为机氯农药、多环芳烃、二噁英、多溴联苯醚、多氯联苯和全氟化合物等几大类。

9.1 持久性有机污染物

9.1.1 有机氯农药

有机氯农药是一种广谱杀虫剂,是含有一个或多个苯环的氯代芳香烃衍生物的统称,主要分为以苯为原料的有机氯和以环戊二烯为原料的有机氯。

有机氯农药在自然环境中主要以固体颗粒或粉末存在,其脂溶性较强,难溶于水。部分常见有机氯农药结构及理化信息详见表9-1。

表 9-1 常见有机氯农药理化性质

化合物	CAS 号	相对分子质量	化学式	结构式	熔点/℃	沸点/℃
α-六氯苯	319-84-6	290.83	$C_6H_6Cl_6$		157~160	288
β-六氯苯	319-85-7	290.83	$C_6H_6Cl_6$		—	288

化合物	CAS 号	相对分子质量	化学式	结构式	熔点/℃	沸点/℃
γ-六氯苯	58-89-9	290.83	$C_6H_6Cl_6$		113～115	323～324
δ-六氯苯	319-86-8	290.83	$C_6H_6Cl_6$		113～115	288
六氯苯	118-74-1	284.78	C_6Cl_6		227～229	323～326
P,P′-DDT	50-29-3	354.49	$C_{14}H_9Cl_5$		107～110	260
O,P′-DDT	789-02-6	354.49	$C_{14}H_9Cl_5$		—	409.6
P,P′-DDE	72-55-9	318.03	$C_{14}H_8Cl_4$		88～90	—

化合物	CAS 号	相对分子质量	化学式	结构式	熔点/℃	沸点/℃
P,P′-DDD	72-54-8	320.04	$C_{14}H_{10}Cl_4$		94～96	193
艾氏剂	309-00-2	364.91	$C_{12}H_8Cl_6$		104	384.9
狄氏剂	60-57-1	380.91	$C_{12}H_8Cl_6O$		143～144	385
异狄氏剂	72-20-8	380.91	$C_{12}H_8Cl_6O$		245（分解）	416.2
异狄氏剂醛	7421-93-4	380.91	$C_{12}H_8Cl_6O$		—	429.7
七氯	76-44-8	373.32	$C_{10}H_5Cl_7$		95～96	—

续表

化合物	CAS号	相对分子质量	化学式	结构式	熔点/℃	沸点/℃
环氧七氯	1024-57-3	389.32	$C_{10}H_5Cl_7O$		—	425.5
α-氯丹	5103-71-9	409.78	$C_{10}H_6Cl_8$		—	—
γ-氯丹	5103-74-2	409.78	$C_{10}H_6Cl_8$		—	424.7
α-硫丹	959-98-8	406.93	$C_9H_6Cl_6O_3S$		108~110	449.7
β-硫丹	33213-65-9	406.93	$C_9H_6Cl_6O_3S$		—	449.7

9.1.2　多环芳烃

多环芳烃是指分子中含有2个或2个以上苯环以线性、角状或簇状排列的稠环结构的芳香族碳氢化合物。

多环芳烃在自然状态下通常为无色、淡黄色,少数为深色的晶体,辛醇/水分配系数(K_{ow})较高,不溶于水,含有共轭结构,具有荧光特性。部分常见多环芳烃及其理化信息详见表9-2。

表 9-2 常见多环芳烃及其理化信息

化合物	CAS号	相对分子质量	化学式	结构式	熔点/℃	沸点/℃
萘	91-20-3	128.17	$C_{10}H_8$		80.3	218.1
苊烯	208-96-8	152.19	$C_{12}H_8$		78~82	280
苊	83-32-9	154.21	$C_{12}H_{10}$		90~94	279
芴	86-73-7	166.22	$C_{13}H_{10}$		111~114	298
菲	85-01-8	178.23	$C_{14}H_{10}$		98~100	340
蒽	120-12-7	178.23	$C_{14}H_{10}$		215	340
荧蒽	206-44-0	202.25	$C_{16}H_{10}$		109	384
芘	129-00-0	202.25	$C_{16}H_{10}$		148	393
苯并[a]蒽	56-55-3	228.29	$C_{18}H_{12}$		158	437.6
䓛	218-01-9	228.29	$C_{18}H_{12}$		253	448
苯并[b]荧蒽	205-99-2	252.31	$C_{20}H_{12}$		164	481

续表

化合物	CAS 号	相对分子质量	化学式	结构式	熔点/℃	沸点/℃
苯并[k]荧蒽	207-08-9	252.31	$C_{20}H_{12}$		216	480
苯并[a]芘	50-32-8	252.31	$C_{20}H_{12}$		177～180	495
茚苯[1,2,3-cd]芘	193-39-5	276.33	$C_{22}H_{12}$		164	536
苯并[g,h,i]苝	191-24-2	276.33	$C_{22}H_{12}$		277～279	>500
二苯并[a,h]蒽	53-70-3	278.35	$C_{22}H_{14}$		262～265	524
二萘嵌苯	198-55-0	252.31	$C_{20}H_{12}$		276～279	400

9.1.3 二噁英

二噁英是多氯代二苯-对-二噁英(PCDDs)和多氯代二苯并呋喃(PCDFs)的统称,属于有相似结构和理化性质的芳香烃类化合物,共有 210 种同系物,其中 PCDDs 有 75 种,PCDFs 有 135 种。

二噁英在自然状态下为无色无味的固体,极难溶于水,易被土壤和颗粒吸附,其中有 17 种毒性最强,这部分物质的结构及理化信息详见表 9-3。

表 9-3 部分二噁英结构和部分理化性质

化合物	CAS 号	相对分子质量	化学式	结构式	熔点/℃	沸点/℃
2,3,7,8-TCDD	1746-01-6	321.97	$C_{12}H_4Cl_4O_2$		305~306	—
1,2,3,7,8-P_5CDD	36088-22-9	356.42	$C_{12}H_3Cl_5O_2$		—	443.9
1,2,3,4,7,8-H_6CDD	39227-28-6	390.86	$C_{12}H_2Cl_6O_2$		—	474.8
1,2,3,6,7,8-H_6CDD	57653-85-7	390.86	$C_{12}H_2Cl_6O_2$		285~286	478
1,2,3,7,8,9-H_6CDD	19408-74-3	390.86	$C_{12}H_2Cl_6O_2$		—	478

续表

化合物	CAS 号	相对分子质量	化学式	结构式	熔点/℃	沸点/℃
$1,2,3,4,6,7,8\text{-}H_7CDD$	37871-00-4	425.31	$C_{12}HCl_7O_2$		—	—
OCDD	3268-87-9	459.75	$C_{12}Cl_8O_2$		—	527.8
$2,3,7,8\text{-}TCDF$	51207-31-9	305.97	$C_{12}H_4Cl_4O$		—	440.5
$2,3,4,7,8\text{-}P_5CDF$	57117-31-4	340.42	$C_{12}H_3Cl_5O$		196	450.6

续表

化合物	CAS 号	相对分子质量	化学式	结构式	熔点/℃	沸点/℃
1,2,3,7,8-P_5CDF	57117-41-6	340.42	$C_{12}H_3Cl_5O$		—	450.6
1,2,3,4,7,8-H_6CDF	70648-26-9	374.87	$C_{12}H_2Cl_6O$		—	475.5
1,2,3,7,8,9-H_6CDF	72918-21-9	374.86	$C_{12}H_2Cl_6O$		—	478.7
1,2,3,6,7,8-H_6CDF	57117-44-9	374.86	$C_{12}H_2Cl_6O$		—	478.7

续表

化合物	CAS 号	相对分子质量	化学式	结构式	熔点/℃	沸点/℃
2,3,4,6,7,8-H$_6$CDF	60851-34-5	374.86	C$_{12}$H$_2$Cl$_6$O		—	478.7
1,2,3,4,6,7,8-H$_7$CDF	67562-39-4	409.31	C$_{12}$HCl$_7$O		—	502.7
1,2,3,4,7,8,9-H$_7$CDF	55673-89-7	409.31	C$_{12}$HCl$_7$O		—	502.7
OCDF	39001-02-0	443.75	C$_{12}$Cl$_8$O		—	525.9

9.1.4　多溴联苯醚

多溴联苯醚是由联苯醚在催化剂作用下溴化生成的溴代芳香烃化合物,根据溴代程度可分为一溴代到十溴代10个同系组,共有209种同系物。

多溴联苯醚为稻草黄色液体,并有明显的恶臭,亲酯性强,在水中溶解度小。各同系组的结构及理化信息详见表9-4。

表 9-4　多溴联苯醚同系组的部分理化性质

同系组	IUPAC 编号	化学式	相对分子质量	$\lg K_{ow}$
一溴联苯醚	1-3	$C_{12}H_9OBr$	249.1	4.3
二溴联苯醚	4-15	$C_{12}H_8OBr_2$	327.9	4.8~5.3
三溴联苯醚	16-39	$C_{12}H_7OBr_3$	406.8	5.5~6.7
四溴联苯醚	40-81	$C_{12}H_6OBr_4$	485.7	5.9~6.2
五溴联苯醚	82-127	$C_{12}H_5OBr_5$	564.6	6.5~7.0
六溴联苯醚	128-169	$C_{12}H_4OBr_6$	643.5	6.9~7.9
七溴联苯醚	170-193	$C_{12}H_3OBr_7$	724.4	8.27~9.44
八溴联苯醚	194-205	$C_{12}H_2OBr_8$	801.3	8.4~8.9
九溴联苯醚	206-208	$C_{12}HOBr_9$	880.3	—
十溴联苯醚	209	$C_{12}OBr_{10}$	959.2	10

9.1.5　多氯联苯

多氯联苯又称氯化联苯,是联苯苯环上的氢原子为氯所取代而形成的有机物,根据其苯环 H 原子被 Cl 原子取代数目的不同,有一氯到十氯不同的取代产物,共有 209 种异构体。商用多氯联苯则是各种多氯联苯异构体的混合物,以 Aroclor 系列产品应用范围最广。多氯联苯基本结构如图 9-1 所示。

多氯联苯的存在状态因氯原子取代数目不同而有所不同。低氯代多氯联苯呈液态,随氯代程度的增加,黏稠度增高,直至变为白色结晶或树脂状。而多氯联苯混合物为油状液体,具有有机氯的气味。多氯联苯易溶于非极性有机溶剂,在水中溶解度很小。不同氯代多氯联苯单体的理化信息详见表 9-5,多氯联苯混合物理化信息详见表 9-6。

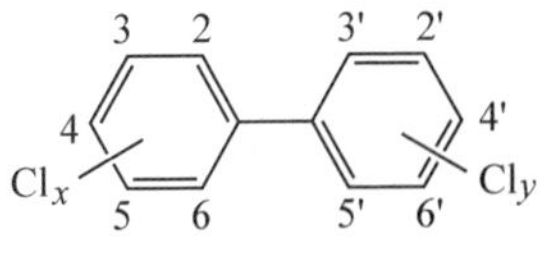

图 9-1　多氯联苯的基本结构

表 9-5　氯代多氯联苯单体部分理化性质

化合物	IUPAC 编号	化学式	相对分子质量	熔点/℃	溶解度/(mg/L)	$\lg K_{ow}$
一氯联苯	1~3	$C_{12}H_9Cl$	188.65	25~78	4	4.7
二氯联苯	4~15	$C_{12}H_8Cl_2$	223.10	24~149	1.6	5.1

续表

化合物	IUPAC 编号	化学式	相对分子质量	熔点/℃	溶解度/(mg/L)	lgK_{ow}
三氯联苯	16～39	$C_{12}H_7Cl_3$	257.54	18～87	0.65	5.5
四氯联苯	40～81	$C_{12}H_6Cl_4$	291.99	47～180	0.26	5.9
五氯联苯	82～127	$C_{12}H_5C_{15}$	326.43	76～124	0.099	6.3
六氯联苯	128～169	$C_{12}H_4Cl_6$	360.88	77～150	0.038	6.7
七氯联苯	170～193	$C_{12}H_3Cl_7$	395.32	122～149	0.014	7.1
八氯联苯	194～205	$C_{12}H_2C_{18}$	429.77	159～162	$5.5×10^{-3}$	7.5
九氯联苯	206～208	$C_{12}HCl_9$	464.21	183～206	$2×10^{-3}$	7.9
十氯联苯	209	$C_{12}Cl_{10}$	498.66	306	$7.6×10^{-4}$	8.3

表 9-6　多氯联苯混合体的部分理化性质

混合物	CAS 号	平均含氯量/%	密度/(g/mL)	熔点/℃	沸点/℃
Aroclor1016	12674-11-2	42	1.33	63.9	333.7
Aroclor1221	11104-28-2	21	1.15	42.9	245.2
Aroclor1232	11141-16-5	32	1.26	47.6	286.9
Aroclor1242	53469-21-9	42	1.39	—	325～366
Aroclor1248	12672-29-6	48	1.41	63.9	370.4
Aroclor1254	11097-69-1	54	1.50	95.9	412.9
Aroclor1260	11096-82-5	60	1.58	115.8	457.7

9.1.6　全氟化合物

全氟化合物是以烷基链为骨架,与碳相连的氢原子全部被氟原子所取代后,在末端连接上不同官能团所形成的高氟有机化合物。目前环境中常见的有全氟羧酸和全氟磺酸两大类。基本结构图如图 9-2 所示。

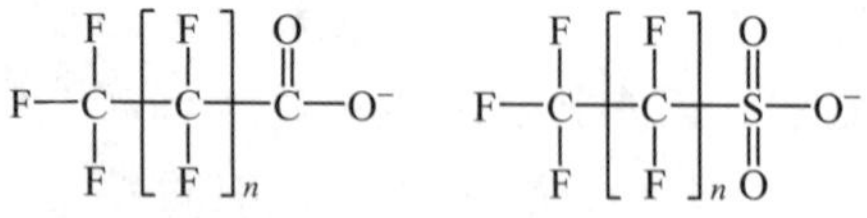

图 9-2　两类全氟化合物的基本结构

全氟化合物的理化性质与碳链长度有关,短链全氟化合物在室温下一般为液体形态,带有刺鼻酸味,而长链全氟化合物一般为晶体粉末。全氟羧酸和全氟磺酸等化合物由于碳链末端连接了羧酸和磺酸亲水性基团,水溶性较强,能部分溶于水。部分全氟化合物结构及理化信息详见表 9-7。

表 9-7　部分全氟化合物部分理化性质

化合物	CAS 号	相对分子质量	化学式	结构式	熔点/℃	沸点/℃
全氟丁酸	375-22-4	214.04	$C_4HF_7O_2$		−17.5	120
全氟戊酸	2706-90-3	264.05	$C_5HF_9O_2$		24	140
全氟己酸	307-24-4	314.05	$C_6HF_{11}O_2$		14	157
全氟庚酸	375-85-9	364.06	$C_7HF_{13}O_2$		~30	175
全氟辛酸	335-67-1	414.07	$C_8HF_{15}O_2$		55~56	189
全氟壬酸	375-95-1	464.08	$C_9HF_{17}O_2$		68~73	218

续表

化合物	CAS号	相对分子质量	化学式	结构式	熔点/℃	沸点/℃
全氟癸酸	335-76-2	514.08	$C_{10}HF_{19}O_2$		77～81	218
全氟十一酸	2058-94-8	564.09	$C_{11}HF_{21}O_2$		96～101	229.5
全氟十二酸	307-55-1	614.10	$C_{12}HF_{23}O_2$		105～108	245
全氟十三酸	72629-94-8	664.11	$C_{13}HF_{25}O_2$		112-123	260.7
全氟十四酸	376-06-7	714.11	$C_{14}HF_{27}O_2$		130-135	270
全氟丁烷磺酸	375-73-5	300.10	$C_4HF_9O_3S$		−101	211

续表

化合物	CAS号	相对分子质量	化学式	结构式	熔点/℃	沸点/℃
全氟己烷磺酸	355-46-4	400.11	$C_6HF_{13}O_3S$		—	—
全氟庚烷磺酸	375-92-8	450.12	$C_7HF_{15}O_3S$		—	—
全氟辛烷磺酸	1763-23-1	500.13	$C_8HF_{17}O_3S$		90	260
全氟癸烷磺酸	335-77-3	600.14	$C_{10}HF_{21}O_3S$		—	—

9.2　检测方法综述

　　POPs 在水环境中的浓度都很低,一般为 ng/L 级别,通常经过萃取浓缩等前处理后,采用色谱法进行分析。水中 POPs 相关的检测标准规范汇总见表 9-8。

表 9-8　主要国家、地区及组织相关标准检测方法

序号	标准名称	检测方法	前处理	检出限	适用范围	检测对象
1	《水质　六六六、滴滴涕的测定　气相色谱法》(GB/T 7492—1987)	气相色谱法(ECD 检测器)	液液萃取	γ-六六六: 4 ng/L;滴滴涕: 200 ng/L	地面水、地下水及部分污水	六六六和滴滴涕
2	《气相色谱法测定有机氯农药》(EPA 8081B—2007)	气相色谱法(ECD 或 ELCD 检测器)	液液萃取或固相萃取	—	固体和液体介质	有机氯农药
3	《水质　有机氯杀虫剂、多氯联苯和氯苯类的测定　液液萃取-气相色谱法》(ISO 6468—1996)	气相色谱法(ECD 检测器)	液液萃取	1～50 ng/L	饮用水、地下水、地表水和废水	有机氯杀虫剂、多氯联苯和氯苯类
4	《水质　有机氯农药和氯苯类化合物的测定　气相色谱-质谱法》(HJ 699—2014)	气相色谱-质谱法	液液萃取或固相萃取	液液萃取: 0.025～0.060 μg/L;固相萃取: 0.021～0.069 μg/L	地表水、地下水、生活污水、工业废水和海水	有机氯农药和氯苯类
5	《固相萃取-气相色谱-质谱法测定饮用水中有机物》(EPA 525.2)	气相色谱-质谱法	固相萃取	7 种 Aroclor 0.018～0.054 μg/L	饮用水	多氯联苯等有机物
6	《生活饮用水标准检验方法　有机物指标》(GB/T 5750.8—2006)	气相色谱-质谱法	固相萃取	0.032～2.8 μg/L	生活饮用水、水源地表水和地下水	多氯联苯、有机氯农药、多环芳烃等半挥发性有机化合物
7	《气相色谱-质谱法测定半挥发性有机化合物》(EPA 8270E—2018)	气相色谱-质谱法	液液萃取、索氏提取、超声萃取、废物稀释	—	固体废物、土壤、空气取样介质和水样	多氯联苯、有机氯农药、多环芳烃等半挥发性有机化合物
8	《水质　多氯联苯的测定　气相色谱-质谱法》(HJ 715—2014)	气相色谱-质谱法	液液萃取或固相萃取	1.4～2.2 ng/L	地表水、地下水、工业废水和生活污水	18 种多氯联苯单体

续表

序号	标准名称	检测方法	前处理	检出限	适用范围	检测对象
9	《用微量萃取和气相色谱法测定水中有机卤化物农药和多氯联苯的标准试验方法》(ASTM D 5175—1991)	气相色谱法(ECD检测器)	液相微萃取	0.01～5.63 μg/L	饮用水、原水	有机卤化物杀虫剂和多氯联苯
10	《同位素稀释-高分辨率气相色谱-高分辨率质谱法测定有毒多氯联苯》(EPA 1668)	高分辨率气相色谱-高分辨率质谱法	液体样品采用固相萃取	5～600 pg/L	水、土壤、沉积物和生物组织	指标性多氯联苯单体
11	《水质　二噁英类的测定　同位素稀释高分辨气相色谱-高分辨质谱法》(HJ 77.1—2008)	高分辨率气相色谱-高分辨率质谱法	固相萃取或液液萃取	2,3,7,8-T4CDD≤0.5 pg/L	原水、废水、饮用水与工业生产用水	2,3,7,8-氯代二噁英、四氯～八氯取代的多氯代二苯并-对-二噁英(PCDDs)和多氯代二苯并呋喃(PCDFs)
12	《同位素稀释高分辨气相色谱-高分辨质谱测定四至八氯代二噁英和呋喃》(EPA 1613)	高分辨率气相色谱-高分辨率质谱法	液体样品采用固相萃取	水样为10～100 pg/L	水、土壤、沉积物、污泥、生物组织等介质	四至八氯代二噁英和呋喃
13	《水质　多溴二苯醚的测定　气相色谱-质谱法》(HJ 909—2017)	气相色谱-质谱法	液液萃取	0.5～20 ng/L	地表水、地下水、工业废水和生活污水	8种多溴二苯醚同类物
14	《水质　多环芳烃的测定　液液萃取和固相萃取高效液相色谱法》(HJ 478—2009)	高效液相色谱法(FLR/UV检测器)	液液萃取或固相萃取	0.0004～0.016 μg/L	饮用水、地下水、地表水、海水、工业废水及生活污水	16种多环芳烃
15	《固相萃取-液相色谱-串联质谱法测定饮用水中选定的全氟和多氟化合物》(EPA 537.1)	液相色谱-串联质谱法	固相萃取	0.53～2.8 ng/L	试剂水和饮用水	18种全氟和多氟化合物

9.2.1　前处理方法

水体POPs检测通常采用液液萃取、固相萃取和液相微萃取作为前处理方法,其中,液液萃取为最常用的前处理方法。由于POPs的 K_{ow} 值较高的,有机溶剂萃取的效率很高,但液液萃取是手工操作,操作过程较为烦琐,且溶剂使用量大,萃取过程容易乳化,易引入污染,在全氟化合物的检测中乳化现象尤为严重,因此,液液萃取已不常被采用。固相萃取克服了液液萃取的诸多缺点,有机溶剂用量少,可避免乳化现象,市面上已有自动化的仪器代替人工操作,故目前已在 POPs 检测中得到广泛应用。由于固相萃取柱的直径小、过柱流速受限,易造成堵塞,且在处理大体积水样时耗时较长,而采用固相萃取盘可以很好地解决这些问题,故其广泛地应用在多氯联苯和二噁英等 POPs 的检测中。液相微萃取因具有操作简单、使用样品量和萃取溶剂较少等优点,在 POPs 检测中也有一定的应用,但由于其富集倍数低,灵敏度较低,未能满足痕量 POPs 的检测。

9.2.2　检测方法

POPs 检测的主要方法包括气相色谱法、气相色谱-质谱法、高效液相色谱法和高效液相色谱-串联质谱法。

气相色谱法是最早应用于 POPs 分析的检测技术,早期的标准方法多采用此技术。最常用的检测器是 ECD,这主要是因为很多 POPs,如有机氯农药和多氯联苯等,具有较好的电负性。气相色谱法灵敏度较高,但定性能力较差,对于沸点高的化合物还需要衍生化等复杂的处理步骤,在实际应用中有一定的局限性。

气相色谱-质谱法可对复杂混合物进行定性和定量分析,已成为水体中 POPs 检测最常用的方法,目前广泛用于有机氯农药、多氯联苯和多溴联苯醚等 POPs 的检测。但由于灵敏度有限,对于多组分样品如多氯联苯混合物等痕量 POPs 的检测不太适用,需要借助灵敏度更高的气相色谱-串联质谱法。而对于二噁英等复杂超痕量 POPs,则需使用具备更强定性定量能力的高分辨气相色谱-高分辨质谱法,但相关仪器昂贵,操作复杂,并不普及。

高效液相色谱法适用于极性较强、沸点较高的 POPs(如多环芳烃和全氟化合物等)的检测,常用的检测器有荧光检测器、紫外检测器和电导检测器等。其中荧光检测器和紫外检测器适用多环芳烃等具备荧光和紫外活性的 POPs 分析,而全氟化合物需经复杂的衍生化处理,方可上机检测。电导检测器用于全氟化合物的检测时,无须衍生化,但方法灵敏度不高,难以满足实际需求。

高效液相色谱-串联质谱法可提高 POPs 分析的选择性和灵敏度,且前处理较为简单,无须衍生化,检测范围大。该方法在高沸点痕量 POPs 如全氟化合物的检测中具有显著的优势。

总体来看,色谱-串联质谱法是当前新兴 POPs 检测最合适的方法,但对于多氯联苯混合物的检测,这些方法缺少具体操作细则和标准图谱参照,不利于方法应用的推广。而全氟化合物的检测主要参考 EPA 537,在操作过程存在引入背景干扰的风险。本研究团队针对这些问题,重点通过优化色谱质谱参数和仪器配置,建立了固相萃取-气相色谱-串联质谱检测多氯联苯混合物的方法,采用大体积进样模式,进一步提高了方法的灵敏度,并获得 7 种多氯联苯混合物标准质谱图谱;建立了固相萃取-高效液相色谱-串联质谱检测全氟化合物的方法,通过加装隔离柱,使用抗背景干扰材质的管路、部件及采样容器,解决了检测背景干扰的困扰。具体内容将在下文进行详细介绍。

9.3　固相萃取-气相色谱-串联质谱法测定水中 7 种多氯联苯混合物

本方法建立了检测水中 7 种多氯联苯混合物 Aroclor 1016、Aroclor 1221、Aroclor 1232、Aroclor 1248、Aroclor 1242、Aroclor 1254、Aroclor 1260 的固相萃取-气相色谱-串联质谱法,通过重点优化色谱和质谱条件,获得 7 种 Aroclor 标准图谱,并采用 8 μL 大体积进样的方式,提高灵敏度。实验结果表明,7 种 Aroclor 的线性关系良好,相关系数(r)≥0.995,检出限为 0.32~0.40 ng/L,测定下限为 1.3~1.6 ng/L,方法相对标准偏差为 3.2%~13.7%,水样加标回收率为 70.0%~123%,方法灵敏度高,重现性良好,准确可靠,能够满足现行标准中对多氯联苯混合物的检测要求。

9.3.1　实验部分

1. 仪器与试剂

仪器:气相色谱-串联质谱仪(Trace 1300/TSQ 8000 EVO);三合一自动进样器(PAL RTC);大体积进样系统(OPTIC 4);固相萃取仪(ASPE 799);氮吹仪(N-EVAP)。

试剂:甲醇(色谱纯);正己烷(色谱纯);乙酸乙酯(色谱纯);盐酸(分析纯);实验用水为超纯去离子水。

标准品:Aroclor 1016,Aroclor 1221,Aroclor 1232,Aroclor 1242,Aroclor 1248,Aroclor 1254,Aroclor 1260,1000 mg/L,正己烷介质,购于美国 AccuStandard 公司。

2. 样品采集与保存

水样采集于棕色玻璃样品瓶中,水样充满于样品瓶,在 4℃下避光保存,7 d 内完成萃取。

3. 分析条件

1)固相萃取条件

样品基质:用浓盐酸调节水样 pH 至≤4,按 0.5%(体积分数)加入甲醇;样品体积:1000 mL;固相萃取柱:Waters Sep-pak C$_{18}$ 固相萃取柱(500 mg);进样流速:10 mL/min;洗脱液:乙酸乙酯(5 mL),正己烷(7 mL);洗脱流速:0.5 mL/min;浓缩:萃取液收集于 20 mL 氮吹管,氮吹至 0.5 mL 左右,加入 2 mL 正己烷,再次氮吹至 0.5 mL,用正己烷定容至 1 mL。

2)色谱条件

色谱柱:DB-5ms(30 m × 0.25 mm × 0.25 μm);升温程序:起始温度 50℃,保持 1 min,以 25℃/min 的速度升至 180℃,保持 2 min,以 5℃/min 的速度升至 280℃,保持 2 min;进样体积:8 μL;进样模式:LV1;隔垫吹扫流量:5 mL/min;进样口初始温度:

50℃；溶剂排空监测：固定时间；排空时间：5 s；溶剂排空时载气流速：1 mL/min；溶剂排空时分气流速：25 mL/min；溶剂排空后进样温度：280℃；升温速率：10℃/s；转移时间：120 s；转移时载气流速：1 mL/min；转移后分流流速：25 mL/min；转移后载气流速：1 mL/min。

3）质谱条件

离子源温度：280℃；传输线温度：280℃；离子化模式：EI；检测参数见表9-9。

表 9-9　目标物检测参数

目标物	保留时间/min	离子对	碰撞能量/eV
一氯联苯	8.03； 8.88；	190.0→152.1	10
		188.0→152.1*	25
		188.0→153.1	10
二氯联苯	9.27；9.88；10.12； 10.29；11.38；11.53；	224.0→152.1*	25
		220.0→150.1	30
		220.0→187.0	15
三氯联苯	11.38；11.90；12.48； 12.78；13.03；13.25	221.0→186.1	10
		256.0→184.0	30
		256.0→185.8*	30
四氯联苯	13.38；13.83；13.93； 14.44；14.82；15.03； 15.78；16.38；	2200.→185.0	20
		255.0→185.0	30
		255.0→220.0*	15
五氯联苯	15.82；16.63；16.78； 17.80；18.75；19.60；	290.9→256.0	10
		325.9→254.0	25
		325.9→256.0*	25
六氯联苯	17.70；18.19；18.60； 19.49；20.38；	324.9→255.1	25
		359.8→287.9	25
		359.8→289.9*	25
七氯联苯	19.89；20.89；21.70； 21.86；22.70；23.65；	358.8→323.9	10
		393.8→323.9	25
		393.8→358.9*	10
八氯联苯	23.90；24.10；25.80；	357.8→287.9	30
		427.8→357.8*	30
		427.8→392.9	10

注：标 * 的为定量离子对。

4. 测定方法

1）样品检测

取样品浓缩液于 2 mL 进样瓶中，直接进样检测。

2）定性分析

比较 Aroclor 标准谱图（图 9-3～图 9-9）和样品谱图，根据特征识别峰（表 9-10）判断样品中 Aroclor 类型。

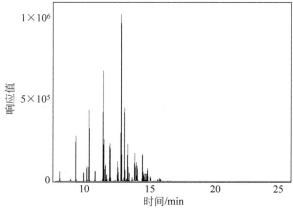

图 9-3 Aroclor 1016

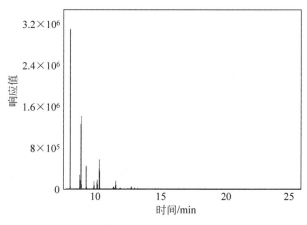

图 9-4 Aroclor 1221

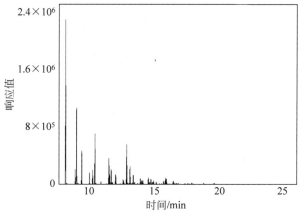

图 9-5 Aroclor 1232

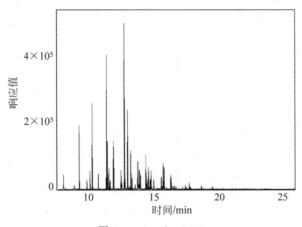

图 9-6　Aroclor 1242

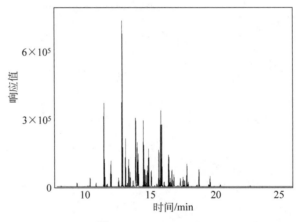

图 9-7　Aroclor 1248

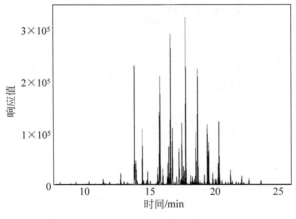

图 9-8　Aroclor 1254

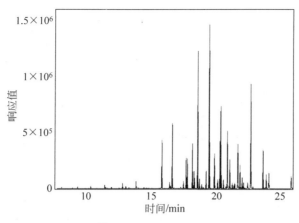

图 9-9　Aroclor 1260

表 9-10　目标物特征识别峰

化合物	组分名称	保留时间/min	离子对
Aroclor 1016	一氯联苯	8.03	190→152.1；188→152.1；188→153.1
	二氯联苯	9.27；9.88；10.29；11.53	224→152.1；220→150.1；220→187
	三氯联苯	11.38；11.90；12.78；13.03；13.25	221→186.1；256→184；256→185.8
	四氯联苯	13.38；13.83；14.44；14.82	220→185；255→185；255→220
	五氯联苯	15.82	290.9→256；325.9→254；325.9→256
Aroclor 1221	一氯联苯	8.03；8.88	190→152.1；188→152.1；188→153.1
	二氯联苯	9.27；9.88；10.12；10.29；11.38；11.53	224→152.1；220→150.1；220→187
	三氯联苯	12.78；13.03	221→186.1；256→184；256→185.8
Aroclor 1232	一氯联苯	8.03；8.88	190→152.1；188→152.1；188→153.1
	二氯联苯	9.27；10.29；11.53	224→152.1；220→150.1；220→187
	三氯联苯	11.38；12.78；13.03	221→186.1；256→184；256→185.8
	四氯联苯	13.38；14.44；15.78；16.38	220→185；255→185；255→220
	五氯联苯	16.63；17.80；18.75；19.60	290.9→256；325.9→254；325.9→256
Aroclor 1248	二氯联苯	9.27；10.29	224→152.1；220→150.1；220→187
	三氯联苯	11.38；11.90；12.78；13.03	221→186.1；256→184；256→185.8
	四氯联苯	13.83；14.44；14.82；15.78	220→185；255→185；255→220
	五氯联苯	16.63；17.80；18.75；19.60	290.9→256；325.9→254；325.9→256
Aroclor 1242	一氯联苯	8.03	190→152.1；188→152.1；188→153.1
	二氯联苯	9.27；10.29；11.53	224→152.1；220→150.1；220→187
	三氯联苯	11.38；11.90；12.78；13.03	221→186.1；256→184；256→185.8
	四氯联苯	13.38；13.83；14.44；15.03	220→185；255→185；255→220
	五氯联苯	16.63；17.80；18.75；19.60	290.9→256；325.9→254；325.9→256

化合物	组分名称	保留时间/min	离子对
Aroclor 1254	三氯联苯	11.38；12.78	221→186.1；256→184；256→185.8
	四氯联苯	13.83；13.93；14.44；15.78	220→185；255→185；255→220
	五氯联苯	15.82；16.63；16.78；17.80；18.75	290.9→256；325.9→254；325.9→256
	六氯联苯	18.60；19.49；20.38	324.9→255.1；359.8→287.9；359.8→289.9
	七氯联苯	21.70；22.70；23.65	358.8→323.9；393.8→323.9；393.8→358.9
Aroclor 1260	五氯联苯	16.63	290.9 →256；325.9→254；325.9→256
	六氯联苯	17.70；18.19；18.60；19.49；20.38	324.9→255.1；359.8→287.9；359.8→289.9
	七氯联苯	19.89；20.89；21.70；21.86；22.70；23.65	358.8→323.9；393.8→323.9；393.8→358.9
	八氯联苯	23.90；24.10；25.80	357.8→287.9；427.8→357.8；427.8→392.9

3) 定量分析

根据定性分析结果,确定样品中 Aroclor 类型,配制标准系列溶液,以浓度为横坐标,对应类型多氯联苯的识别峰面积总和为纵坐标,绘制标准曲线。以外标法计算目标物含量。

若样品为混合型污染,样品谱图和单个多氯联苯标准谱图难以匹配,则使用 Aroclor 1242/Aroclor 1254(1∶1,体积比)作为标准溶液(我国 Aroclor 1242 用量最大,其次是 Aroclor 1254,其他种类 Aroclor 使用量很小)进行定量。

9.3.2   结果与讨论

1. 线性关系及检出限

各类型 Aroclor 分别配制 6 个浓度水平的标准工作溶液进行测定,以目标物浓度为横坐标,对应类型多氯联苯的识别峰面积总和为纵坐标,得到标准工作曲线,如表 9-11 所示。实验结果表明 7 种目标物在相应的浓度范围内呈良好的线性关系,相关系数(r)≥0.995。根据《环境监测分析方法标准制订技术导则》(HJ 168—2020)的要求,连续分析 7 个实验室空白加标样品,以测得浓度的标准偏差(SD)的 3.143 倍作为方法检出限,4 倍方法检出限作为测定下限。结果显示,各目标物的方法检出限为 0.32~0.40 ng/L,测定下限为 1.3~1.6 ng/L。

2. 方法的精密度

分别对低浓度、中浓度、高浓度的标准溶液进行 6 次平行测定,结果见表 9-12,相对标准偏差(RSD)为 3.2%~13.7%,方法精密度良好。

表 9-11 线性关系及检出限

目标物	标准曲线方程	曲线范围 /(μg/L)	相关系数	检出限 /(ng/L)	测定下限 /(ng/L)
Aroclor 1016	$y=2.51\times10^5x-6.79\times10^4$	0.0~16.0	0.9992	0.35	1.4
Aroclor 1221	$y=3.08\times10^5x-8.25\times10^4$	0.0~16.0	0.9994	0.32	1.3
Aroclor 1232	$y=1.89\times10^5x+7.49\times10^4$	0.0~16.0	0.999	0.40	1.6
Aroclor 1248	$y=2.81\times10^5x-5.29\times10^4$	0.0~16.0	0.997	0.34	1.4
Aroclor 1242	$y=2.44\times10^5x-1.03\times10^5$	0.0~16.0	0.998	0.34	1.4
Aroclor 1254	$y=1.50\times10^5x-5.41\times10^4$	0.0~16.0	0.998	0.35	1.4
Aroclor 1260	$y=3.02\times10^5x-1.97\times10^3$	0.0~16.0	0.998	0.34	1.4

表 9-12 方法精密度

目标物	RSD/%		
	低浓度	中浓度	高浓度
Aroclor 1016	8.8	7.7	6.5
Aroclor 1221	8.6	11.1	6.0
Aroclor 1232	11.0	8.0	8.5
Aroclor 1248	4.0	5.0	3.2
Aroclor 1242	8.4	4.6	13.7
Aroclor 1254	6.3	8.9	6.8
Aroclor 1260	9.3	10.4	8.1

3. 方法的准确度

取地表水样品进行加标检测,结果见表 9-13,回收率为 70.0%~123%,方法的准确度良好。

表 9-13 方法准确度

目标物	加标浓度/(ng/L)	回收率范围/%
Aroclor 1016	1.8	83.3~94.4
	8.0	95.0~106
Aroclor 1221	1.8	77.8~88.9
	8.0	110~123
Aroclor 1232	1.8	83.3~94.4
	8.0	70.0~75.0
Aroclor 1248	1.8	77.8~83.3
	8.0	95.0~103
Aroclor 1242	1.8	83.3~94.4
	8.0	70.0~76.3
Aroclor 1254	1.8	83.3~88.9
	8.0	75.0~95.0
Aroclor 1260	1.8	83.3~100
	8.0	92.5~101

9.4 固相萃取-高效液相色谱-串联质谱法测定水中 16 种全氟化合物

本方法建立了水中 16 种全氟化合物的固相萃取-液相色谱-串联质谱法,通过加装全氟化合物隔离柱,管路和部件更换为 PEEK 材质,使用聚丙烯材质的样品瓶,减少背景干扰可能性。实验结果表明,16 种全氟化合物的线性关系良好,相关系数 $(r) \geqslant 0.995$,检出限为 $0.29 \sim 0.76$ ng/L,方法相对标准偏差为 $1.3\% \sim 10.5\%$,水样加标回收率除全氟十三酸和全氟十四酸由于吸附影响相对较低,为 $52.4\% \sim 62.1\%$,其余目标物回收率为 $70.0\% \sim 129\%$,方法灵敏度高,重现性良好,可为全氟化合物的日常监测分析提供借鉴。

9.4.1 实验部分

1. 仪器与试剂

仪器:超高效液相色谱-串联质谱仪(Waters ACQUITY UPLC-MS-MS TQD);固相萃取仪(ASPE 799);氮吹仪(N-EVAP)。

试剂:甲醇(色谱纯);甲酸(色谱纯);乙酸乙酯(色谱纯);氨水(色谱纯);乙酸铵(色谱纯);实验用水为超纯去离子水。

标准品:16 种全氟化合物混标(PFAC-MXB),全氟辛酸-$^{13}C_4$,全氟辛烷磺酸-$^{13}C_4$,均为甲醇介质,购于加拿大 Wellington 公司。

2. 样品采集与保存

采集 500 mL 以上水样于聚丙烯样品瓶中,并按 5 g/L 加入三羟甲基氨基甲烷,在 4℃下避光保存,14 d 内完成萃取,萃取液室温保存,28 d 内完成检测。

3. 分析条件

1) 固相萃取条件

样品基质:将聚丙烯样品瓶中水样用甲酸调整 pH 约为 4,直接用自动固相萃取仪进样萃取;样品体积:500 mL;固相萃取柱:Oasis HLB Plus LP Extraction Cartridge;进样流速:10 mL/min;洗脱液:甲醇/乙酸乙酯/氨水混合溶液(1∶1∶0.01,体积比);洗脱液体积:6 mL;洗脱流速:0.5 mL/min;浓缩:萃取液收集于 6 mL 氮吹管,氮吹至约 0.1 mL,加入内标使用液,再用 50%(体积分数)甲醇水溶液定容至 0.5 mL。

2) 色谱条件

色谱柱:BEH C_{18} 柱(1.7 μm,2.1 mm×50 mm)购于美国 Waters 公司;流动相过滤柱 XBbridge C_{18}(3.5 μm,2.1 mm×50 mm)购于美国 Waters 公司;色谱条件为:流动相 A 为 5%(体积分数)甲醇水溶液(含 2 mmol/L 乙酸铵),流动相 B 为甲醇,柱温 40℃,进样体积 10 μL,采用梯度洗脱,洗脱流速 0.4 mL/min,洗脱程序为:0.0 min 85% A,0.4 min 85% A,

5.0 min 15％A,5.1 min 0.0％A,7.0 min 0％A,9.0 min 85％A。

3）质谱条件

毛细管电压：3.6 kV；离子源温度：150℃；脱溶剂温度：380℃；脱溶剂气流量：800 L/h；反吹气流量：50 L/h；采用负离子模式（ESI－），目标物的多反应监测（MRM）参数如表 9-14 所示。

表 9-14　目标物检测参数

序号	目标物	保留时间/min	母离子	子离子	驻留时间/s	锥孔电压/V	碰撞能量/V
1	全氟丁酸(PFBA)	1.20	213.00	169.00	0.010	15.0	7.0
2	全氟戊酸(PFPA)	2.85	263.00	219.00	0.010	15.0	7.0
3	全氟丁烷磺酸(PFBS)	3.18	299.00	80.00	0.010	50.0	23.0
4	全氟己酸(PFHxA)	3.74	313.00	269.00	0.010	16.0	7.0
5	全氟庚酸(PFHpA)	4.25	363.00	319.00	0.010	15.0	7.0
6	全氟己烷磺酸(PFHxS)	4.30	399.00	80.00	0.010	60.0	29.0
7	全氟辛酸(PFOA)	4.62	413.00	369.00	0.010	16.0	7.0
8	全氟辛酸-$^{13}C_4$(PFOA-$^{13}C_4$)	4.62	417.00	372.00	0.010	16.0	8.0
9	全氟庚烷磺酸(PFHpS)	4.65	449.00	80.00	0.010	60.0	30.0
10	全氟壬酸(PFNA)	4.91	463.00	419.00	0.010	20.0	8.0
11	全氟辛烷磺酸(PFOS)	4.93	499.00	80.00	0.010	65.0	33.0
12	全氟辛烷磺酸-$^{13}C_4$(PFOS-$^{13}C_4$)	4.93	503.00	80.00	0.010	60.0	35.0
13	全氟癸酸(PFDA)	5.17	513.00	469.00	0.010	22.0	8.0
14	全氟十一酸(PFUnDA)	5.38	563.00	519.00	0.010	22.0	8.0
15	全氟癸酸(PFDA)	5.38	599.00	80.00	0.010	70.0	35.0
16	全氟十二酸(PFDoDA)	5.56	613.00	569.10	0.010	22.0	8.0
17	全氟十三酸(PFTrDA)	5.71	663.00	619.10	0.010	24.0	8.0
18	全氟十四酸(PFTeDA)	5.84	713.00	669.10	0.010	24.0	8.0

4. 测定方法

将样品浓缩液转移至聚丙烯色谱样品瓶中,直接进样检测。以目标物的保留时间和特征离子对进行定性,内标法计算目标物含量。

在上述实验条件下,各目标物提取离子流图如图 9-10 所示,分离效果良好。

9.4.2　结果与讨论

1. 背景干扰的消除

实验中的溶剂和容器在平常的使用中可能接触到 PTEF 材料,从而带来背景干扰,其中以液相色谱的流动相最为严重。因此,除了保证流动相的质量外,应在泵和进样系统中间

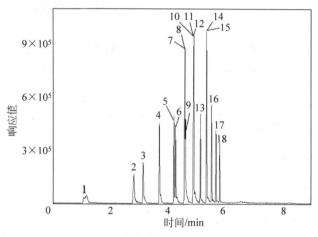

图 9-10 目标物的提取离子流图

1—PFBA；2—PFPA；3—PFBS；4—PFHxA；5—PFHpA；6—PFHxS；7—PFOA；8—PFOA-C4；9—PFHpS；10—PFNA；11—PFOS；12—PFOS-C4；13—PFDA；14—PFUnDA；15—PFDS；16—PFDoDA；17—PFTrDA；18—PFTeDA。

加装全氟化合物隔离柱，将样品中全氟化合物与流动相中全氟化合物区分开。仪器的PTEF材质的管路和部件也应更换为PEEK材质，样品瓶应为聚丙烯材质，避免全氟化合物溶出干扰。

2. 线性关系及检出限

配制 7 个浓度水平的混合标准工作溶液进行测定，以目标物浓度与对应内标物浓度的比值为横坐标，以目标物定量离子峰面积与对应内标物定量离子峰面积的比值为纵坐标，得到标准工作曲线，如表 9-15 所示。实验结果表明各目标物在相应的浓度范围内呈良好的线性关系，相关系数(r)≥0.995。根据《环境监测分析方法标准制订技术导则》(HJ 168—2020)的要求，连续分析 7 个实验室空白加标样品，以测得浓度的标准偏差(SD)的 3.143 倍作为方法检出限，4 倍方法检出限作为测定下限。结果显示，各目标物的方法检出限为 0.29～0.76 ng/L，测定下限为 1.2～3.0 ng/L。

表 9-15 线性关系及检出限

目标物	标准曲线方程	曲线范围/(μg/L)	相关系数	检出限/(ng/L)	测定下限/(ng/L)
PFBA	$y=1.00x-0.31$	2.0～50.0	0.997	0.42	1.7
PFPA	$y=1.60x-0.12$	2.0～50.0	0.998	0.29	1.2
PFBS	$y=1.60x-0.49$	2.0～50.0	0.997	0.30	1.2
PFHxA	$y=2.18x-0.10$	2.0～50.0	0.9998	0.39	1.6
PFHpA	$y=2.34x-0.21$	2.0～50.0	0.9993	0.39	1.6
PFHxS	$y=1.87x-0.34$	2.0～50.0	0.9995	0.39	1.6
PFOA	$y=2.00x+0.28$	2.0～50.0	0.9994	0.29	1.2
PFHpS	$y=2.00x-0.47$	2.0～50.0	0.998	0.33	1.4
PFNA	$y=1.84x+0.05$	2.0～50.0	0.9997	0.37	1.5

目标物	标准曲线方程	曲线范围/(μg/L)	相关系数	检出限/(ng/L)	测定下限/(ng/L)
PFOS	$y=1.94x-0.29$	2.0~50.0	0.9991	0.42	1.7
PFDA	$y=1.96x+0.28$	2.0~50.0	0.9995	0.49	2.0
PFUnDA	$y=1.79x+086$	2.0~50.0	0.998	0.38	1.6
PFDS	$y=2.21x-0.19$	2.0~50.0	0.998	0.53	2.2
PFDoDA	$y=1.93x+0.26$	2.0~50.0	0.998	0.57	2.3
PFTrDA	$y=1.44x+0.50$	2.0~50.0	0.998	0.69	2.8
PFTeDA	$y=1.15x+0.83$	2.0~50.0	0.998	0.76	3.0

3. 方法的精密度

分别对低浓度、中浓度、高浓度的标准溶液进行 6 次平行测定,结果见表 9-16,相对标准偏差(RSD)为 1.3%~10.5%,方法的精密度良好。

表 9-16　方法精密度

目标物	RSD/%		
	低浓度	中浓度	高浓度
PFBA	3.4	1.9	3.8
PFPA	1.8	1.6	1.4
PFBS	3.0	3.1	2.4
PFHxA	2.1	2.6	2.3
PFHpA	1.8	1.5	2.1
PFHxS	4.7	4.2	1.7
PFOA	1.6	1.9	1.4
PFHpS	4.1	2.0	3.1
PFNA	2.5	2.5	2.8
PFOS	2.7	1.5	1.9
PFDA	1.3	3.0	1.3
PFUnDA	3.4	2.2	2.1
PFDS	6.0	5.0	2.2
PFDoDA	3.7	4.6	3.2
PFTrDA	7.0	6.4	2.7
PFTeDA	5.0	10.5	5.4

4. 方法的准确度

取地表水样品进行加标检测,结果见表 9-17,PFTrDA 和 PFTeDA 的回收率相对较低,为 52.4%~62.1%,可能是由于前处理过程中在采样瓶和固相萃取装置管路等壁上的吸附造成的,其余目标物回收率为 $70.0\%\sim129\%$,准确度良好。

表 9-17　方法准确度

目标物	加标浓度/(ng/L)	回收率范围/%
PFBA	5.0	83.5～93.6
PFPA	5.0	90.9～98.4
PFBS	5.0	92.6～100
PFHxA	5.0	89.9～97.6
PFHpA	5.0	99.0～97.4
PFHxS	5.0	124～129
PFOA	5.0	88.7～100
PFHpS	5.0	111～122
PFNA	5.0	81.8～89.5
PFOS	5.0	82.4～92.6
PFDA	5.0	79.4～87.0
PFUnDA	5.0	80.7～96.2
PFDS	5.0	93.1～98.4
PFDoDA	5.0	70.0～89.6
PFTrDA	5.0	54.9～61.0
PFTeDA	5.0	52.4～62.1

水体农药类物质检测技术

10.1 农药类物质

农药随着地表径流进入环境水体,给水环境和人体健康带来危害,随着研究的不断深入,这些农药除了引发急性毒性外,还被发现具有慢性毒性特性,会引发内分泌干扰效应或成为持久性污染物。

有机氯农药可归属于持久性有机污染物,环境对其降解能力较弱,长期积累对环境、人、畜都存在着较大危害。有机氯农药被很多国家列入了优先控制污染物,典型代表有六六六、绿麦隆、毒莠定、茅草枯、百草敌、氟乐灵、毒杀芬等。引发内分泌干扰效应的农药很多,2009年美国 EPA 将 109 种农药列入优先内分泌干扰物名录,欧盟和日本分别列入内分泌干扰农药 75 种和 42 种。这些具有内分泌干扰效应的农药主要包括:以乐果、甲基对硫磷、毒死蜱等为代表的有机磷农药;以甲萘威、呋喃丹、禾草敌、涕灭威等为代表的氨基甲酸酯类农药;以溴氰菊酯、氯氰菊酯为代表的拟除虫菊酯类农药;以甲草胺、萎锈灵等为代表的酰胺类农药;以 2,4-滴、2,4-滴丙酸为代表的苯氧羧酸类农药;以莠去津、西玛津为代表的三嗪类农药;以灭草松、赛克嗪为代表的杂环类农药等。

本章汇集了水体中常见农药的结构及其理化性质(表 10-1),重点介绍这些农药相关的检测方法。

表 10-1 常见农药的结构及其理化性质

序号	类别	中文名	英文名	CAS号	化学式	相对分子质量	结构式	溶解度/(g/L)	沸点/℃
1	有机氯类	绿麦隆	Chlorotoluron	15545-48-9	$C_{10}H_{13}ClN_2O$	212.68		0.07	368
2	有机氯类	毒莠定	Picloram	1918-02-1	$C_6H_3Cl_3N_2O_2$	241.46		0.4	—
3	有机氯类	茅草枯	Dalapon	75-99-0	$C_3H_4Cl_2O_2$	142.97		502	187
4	有机氯类	百草敌	Dicamba	1918-00-9	$C_8H_6Cl_2O_3$	221.04		500	326
5	有机氯类	氟乐灵	Trifluralin	1582-09-8	$C_{13}H_{16}F_3N_3O_4$	335.28		—	369

续表

序号	类别	中文名	英文名	CAS号	化学式	相对分子质量	结构式	溶解度/(g/L)	沸点/℃
6	有机氯类	毒杀芬	Toxaphene	8001-35-2	$C_{10}H_{10}Cl_8$	413.84		—	438
7	有机磷类	甲基对硫磷	Parathion-methyl	298-00-0	$C_8H_{10}NO_5PS$	263.21		0.05	371
8	有机磷类	乐果	Dimethoate	60-51-5	$C_5H_{12}NO_3PS_2$	229.26		25	107
9	有机磷类	敌百虫	Trichlorfon	52-68-6	$C_4H_8Cl_3O_4P$	257.44		10	269
10	有机磷类	敌敌畏	Dichlorvos	62-73-7	$C_4H_7Cl_2O_4P$	220.98		10	177

续表

序号	类别	中文名	英文名	CAS 号	化学式	相对分子质量	结构式	溶解度/(g/L)	沸点/℃
11	有机磷类	内吸磷	Demeton	126-75-0	$C_8H_{19}O_3PS_2$	258.34		2	300
12	有机磷类	马拉硫磷	Malathion	121-75-5	$C_{10}H_{19}O_6PS_2$	330.36		0.1	385
13	有机磷类	对硫磷	Parathion	56-38-2	$C_{10}H_{14}NO_5PS$	291.26		0.024	375
14	有机磷类	杀螟硫磷	Fenitrothion	122-14-5	$C_9H_{12}NO_5PS$	277.23		0.03	382
15	有机磷类	乙酰甲胺磷	Acephate	30560-19-1	$C_4H_{10}NO_3PS$	183.17		100	—

续表

序号	类别	中文名	英文名	CAS号	化学式	相对分子质量	结构式	溶解度/(g/L)	沸点/℃
16	有机磷类	倍硫磷	Fenthion	55-38-9	$C_{10}H_{15}O_3PS_2$	278.33		0.05	360
17	有机磷类	保棉磷	Azinphos-methyl	86-50-0	$C_{10}H_{12}N_3O_3PS_2$	317.32		0.028	421
18	有机磷类	二嗪磷	Diazinon	333-41-5	$C_{12}H_{21}N_2O_3PS$	304.35		0.04	316
19	有机磷类	杀扑磷	Methidathion	950-37-8	$C_6H_{11}N_2O_4PS_3$	302.33		0.24	348
20	有机磷类	克线磷	Fenamiphos	22224-92-6	$C_{13}H_{22}NO_3PS$	303.36		0.7	376

续表

序号	类别	中文名	英文名	CAS 号	化学式	相对分子质量	结构式	溶解度/(g/L)	沸点/℃
21	有机磷类	乙拌磷	Disulfoton	298-04-4	$C_8H_{19}O_2PS_3$	274.4		0.24	331
22	有机磷类	特丁硫磷	Terbufos	13071-79-9	$C_9H_{21}O_2PS_3$	288.43		—	319
23	有机磷类	毒死蜱	Chlorpyrifos	2921-88-2	$C_9H_{11}Cl_3NO_3PS$	350.59		0.002	200
24	氨基甲酸酯类	禾草敌	Molinate	2212-67-1	$C_9H_{17}NOS$	187.3		0.8	202
25	氨基甲酸酯类	涕灭威	Aldicarb	671-04-5	$C_{10}H_{12}ClNO_2$	213.66		6	308

续表

序号	类别	中文名	英文名	CAS号	化学式	相对分子质量	结构式	溶解度/(g/L)	沸点/℃
26	氨基甲酸酯类	灭多威	Methomyl	16752-77-5	$C_5H_{10}N_2O_2S$	162.21		58	144
27	氨基甲酸酯类	涕灭威砜	Aldicarb-sulfone	1646-88-4	$C_7H_{14}N_2O_4S$	222.26		6	—
28	氨基甲酸酯类	异丙威	Isoprocarb	2631-40-5	$C_{11}H_{15}NO_2$	193.24		0.3	329
29	氨基甲酸酯类	禾草丹	Thiobencarb	28249-77-6	$C_{12}H_{16}ClNOS$	257.78		0.03	126
30	氨基甲酸酯类	甲萘威	Carbaryl	63-25-2	$C_{12}H_{11}NO_2$	201.22		0.12	315

续表

序号	类别	中文名	英文名	CAS号	化学式	相对分子质量	结构式	溶解度/(g/L)	沸点/℃
31	氨基甲酸酯类	呋喃丹	Carbofuran	1563-66-2	$C_{12}H_{15}NO_3$	221.25		0.7	313
32	氨基甲酸酯类	杀线威	Oxamyl	23135-22-0	$C_7H_{13}N_3O_3S$	219.26		280	—
33	拟除虫菊酯类	溴氰菊酯	Deltamethrin	52820-00-5	$C_{22}H_{19}Br_2NO_3$	505.2		0.000 02	300
34	拟除虫菊酯类	氯氰菊酯	Cypermethrin	71697-59-1	$C_{22}H_{19}Cl_2NO_3$	416.3		0.0001	500

续表

序号	类别	中文名	英文名	CAS号	化学式	相对分子质量	结构式	溶解度/(g/L)	沸点/℃
35	酰胺类	甲草胺	Alachlor	15972-60-8	$C_{14}H_{20}ClNO_2$	269.77		0.2	100
36	酰胺类	萎锈灵	Carboxin	5234-68-4	$C_{12}H_{13}NO_2S$	235.3		100	420
37	酰胺类	毒草胺	Propachlor	1918-16-7	$C_{11}H_{14}ClNO$	211.69		0.7	110
38	酰胺类	萘丙胺	Naproanilide	52570-16-8	$C_{19}H_{17}NO_2$	291.34		0.0007	433
39	苯氧羧酸类	2,4-滴	2,4-Dichloro-phen-oxyace-tic acid	94-75-7	$C_8H_6Cl_2O_3$	221.04		0.9	160

续表

序号	类别	中文名	英文名	CAS 号	化学式	相对分子质量	结构式	溶解度/(g/L)	沸点/℃
40	苯氧羧酸类	2-甲基-4-氯苯氧乙酸	2-Methyl-4-chlorophenoxyacetic acid, MCPA	94-74-6	$C_9H_9ClO_3$	200.62		1.2	288
41	苯氧羧酸类	2-甲基-4-氯苯氧丙酸	2-(4-Chloro-2-methylphenoxy) propanoic acid, MCPP	93-65-2	$C_{10}H_{11}ClO_3$	214.65		0.9	308
42	苯氧羧酸类	2,4-滴丙酸	Dichlorprop, 2,4-DP	120-36-5	$C_9H_8Cl_2O_3$	235.06		0.8	336
43	苯氧羧酸类	2,4-二氯苯氧丁酸	2,4-Dichlorophenoxybutyric acid, 2,4-DB	94-82-6	$C_{10}H_{10}Cl_2O_3$	249.09		0.05	324
44	苯氧羧酸类	2,4,5-三氯苯氧乙酸	2,4,5-Trichlorophenoxyacetic acid, 2,4,5-T	93-76-5	$C_8H_5Cl_3O_3$	255.48		0.5	361

续表

序号	类别	中文名	英文名	CAS号	化学式	相对分子质量	结构式	溶解度/(g/L)	沸点/℃
45	苯氧羧酸类	2,4,5-涕丙酸	2-(2,4,5-Tri-chlorophenoxy) propionic acid, 2,4,5-TP	93-72-1	$C_9H_7Cl_3O_3$	269.51		0.07	379
46	三嗪类	莠去津	Atrazine	1912-24-9	$C_8H_{14}ClN_5$	215.68		0.07	200
47	三嗪类	莠灭净	Ametryn	834-12-8	$C_9H_{17}N_5S$	227.33		0.2	310
48	三嗪类	扑灭津	Propazine	139-40-2	$C_9H_{16}ClN_5$	229.71		0.009	369

续表

序号	类别	中文名	英文名	CAS 号	化学式	相对分子质量	结构式	溶解度 /(g/L)	沸点 /℃
49	三嗪类	西玛津	Simazine	122-34-9	$C_7H_{12}ClN_5$	201.66		0.005	329
50	三嗪类	特丁津	Terbutylazine	5915-41-3	$C_9H_{16}ClN_5$	229.71		0.005	368
51	三嗪类	氰草津	Cyanizine	21725-46-2	$C_9H_{13}ClN_6$	240.69		0.17	383
52	杂环类	灭草松	Bentazone	25057-89-0	$C_{10}H_{12}N_2O_3S$	240.28		0.5	395

续表

序号	类别	中文名	英文名	CAS 号	化学式	相对分子质量	结构式	溶解度/(g/L)	沸点/℃
53	杂环类	赛克嗪	Metribuzin	21087-64-9	$C_8H_{14}N_4OS$	214.29		1.2	312
54	杂环类	除草定	Bromacil	314-40-9	$C_9H_{13}BrN_2O_2$	261.12		0.7	—
55	杂环类	特草定	Terbacil	5902-51-2	$C_9H_{13}ClN_2O_2$	216.66		0.7	—
56	杂环类	溴苯腈	Bromoxynil	1689-84-5	$C_7H_3Br_2NO$	276.91		0.13	265
57	杂环类	丙环唑	Propiconazole	60207-90-1	$C_{15}H_{17}Cl_2N_3O_2$	342.22		0.1	180

续表

序号	类别	中文名	英文名	CAS号	化学式	相对分子质量	结构式	溶解度/(g/L)	沸点/℃
58	脲类	异丙隆	Isoproturon	34123-59-6	$C_{12}H_{18}N_2O$	206.28		0.06	345
59	脲类	敌草隆	Diuron	330-54-1	$C_9H_{10}Cl_2N_2O$	233.09		0.04	385
60	脲类	伏草隆	Fluometuron	2164-17-2	$C_{10}H_{11}F_3N_2O$	232.2		—	280

10.2　检测方法综述

针对水体农药类物质的检测,美国 EPA 和我国陆续颁布了多项国家标准方法和行业标准方法,详见表 10-2。

表 10-2　水体农药类物质检测标准方法

序号	方法名称	检测方法	前处理技术	适用水体	检测对象	检出限
1	《水质 有机磷农药的测定 气相色谱法》(GB/T 13192—1991)	气相色谱法(FPD 检测器)	液液萃取(三氯甲烷)	地面水、地下水及工业废水	有机磷类	0.06～0.54 μg/L
2	《生活饮用水标准检验方法 农药指标》(GB/T 5750.9—2006)	气相色谱法(ECD 检测器)	液液萃取(正己烷、二氯甲烷、石油醚)	生活饮用水、水源水	有机氯类、有机磷类、氨基甲酸酯类	0.05～2.5 μg/L
3	《生活饮用水标准检验方法 农药指标》(GB/T 5750.9—2006)	液相色谱法	液液萃取(二氯甲烷/石油醚、乙酸乙酯)	生活饮用水、水源水	氨基甲酸酯类、拟除虫菊酯类	0.2 μg/L～2.5 mg/L
4	《饮用水中 450 种农药及相关化学品残留量的测定 液相色谱-串联质谱法》(GB/T 23214—2008)	液相色谱-串联质谱法	液液萃取/固相萃取(Seppak Vac 柱,乙腈、甲苯洗脱)	生活饮用水	有机氯类、有机磷类、氨基甲酸酯类、三嗪类	0.010 μg/L～0.065 mg/L
5	《水质 氯苯类化合物的测定 气相色谱法》(HJ 621—2011)	气相色谱法(ECD 检测器)	液液萃取(二硫化碳)	地表水、地下水、生活饮用水、海水、工业废水和生活污水	有机氯类	0.003～12 μg/L
6	《水质 有机氯农药和氯苯类化合物的测定 气相色谱-质谱法》(HJ 699—2014)	气相色谱-质谱法	液液萃取(正己烷)或固相萃取(HLB 柱,乙酸乙酯、二氯甲烷、甲醇洗脱)	地表水、地下水、海水、工业废水和生活污水	有机氯类	0.025～0.06 μg/L
7	《水质 百菌清及拟除虫菊酯类农药的测定 气相色谱-质谱法》(HJ 753—2015)	气相色谱-质谱法	液液萃取(二氯甲烷)/固相萃取(HLB 柱,二氯甲烷/正己烷洗脱)	地表水、地下水、工业废水、生活污水	拟除虫菊酯类	0.005～0.05 μg/L

续表

序号	方法名称	检测方法	前处理技术	适用水体	检测对象	检出限
8	《水质 苯氧羧酸类除草剂的测定 液相色谱-串联质谱法》(HJ 770—2015)	液相色谱-串联质谱法	直接进样、固相萃取（HLB柱,甲醇洗脱）	地表水、地下水和废水	苯氧羧酸类	0.3～0.5 μg/L
9	《水质 氨基甲酸酯类农药的测定 超高效液相色谱-三重四极杆质谱法》(HJ 827—2017)	液相色谱-串联质谱法	直接进样、固相萃取（HLB柱,甲醇洗脱）	地表水、地下水、工业废水和生活污水	氨基甲酸酯类	0.1～2.0 μg/L
10	《水质 磺酰脲类农药的测定 高效液相色谱法》(HJ 1018—2019)	高效液相色谱法	直接进样、液液萃取（二氯甲烷)或固相萃取（C_{18} 萃取柱,甲醇洗脱）	地表水、地下水、工业废水和生活污水	磺酰脲类	0.05～0.09 μg/L
11	《水质 有机磷农药的测定 固相萃取-气相色谱法》(SL 739—2016)	气相色谱法（NPD检测器）	固相萃取（C_{18} 萃取柱,二氯甲烷洗脱）	地表水、地下水及生活饮用水	有机磷类	1.02～2.79 ng/L
12	《城镇供水水质标准检验方法》(CJ/T 141—2018)	气相色谱法（FPD检测器）	固相萃取(HLB柱,甲醇＋丙酮洗脱）	地表水、地下水及生活饮用水	有机氯类、有机磷类、拟除虫菊酯类	0.1～0.4 μg/L
13	《城镇供水水质标准检验方法》(CJ/T 141—2018)	液相色谱-串联质谱法	直接进样	生活饮用水及其水源水	有机氯类、有机磷类	0.13～2.1 μg/L
14	《液固萃取和气相色谱法测定杀虫剂、除草剂和有机氯化合物》(EPA 508.1—1995)	气相色谱法（ECD检测器）	液液萃取（甲基叔丁基醚、正戊烷）	生活饮用水,地下水	有机氯类	0.1～5.0 μg/L
15	《气相色谱法测定有机氯农药》(EPA 8081B—2007)	气相色谱法（ECD检测器）	液液萃取（二氯甲烷、正己烷、丙酮）	固体、液体基质	有机氯类	—
16	《气相色谱-质谱法测定半挥发性有机物》(EPA 8270E—2018)	气相色谱-质谱法	液液萃取（二氯甲烷、正己烷、丙酮)或固相萃取（C_{18} 萃取柱）	固体废物、土壤、空气采样介质和水样	有机氯类	—
17	《石墨化碳固相萃取和高效液相色谱/质谱法测定水中农药》(O-2060-01)	液相色谱-串联质谱法	固相萃取（石墨化碳固相萃取柱）	各类型环境水体	氨基甲酸酯类、苯氧羧酸类、杂环类	0.01～2.00 μg/L

　　水体农药类物质检测的主要方法有气相色谱法、气相色谱-质谱法、液相色谱法和液相色谱-串联质谱法,表 10-3 归纳了这些方法在水体农药类物质检测中的实际应用。

表 10-3　各类方法在水体农药类物质检测中的应用情况

序号	目标物	检测方法	前处理	水样类型	检出限	文献
1	莠去津、马拉硫磷、毒死蜱和丁草胺	气相色谱法（NPD 检测器）	固相萃取（C₁₈固相萃取柱,乙酸乙酯洗脱）	地表水、地下水	0.05～0.20 μg/L	任丽萍,2014
2	酰胺类、磺酰脲类	液相色谱-串联质谱法	固相萃取（HLB柱,乙腈洗脱）	地表水、海水、污水	0.05～0.71 ng/L	马洋帆,2018
3	磺酰脲类	液相色谱-串联质谱法	固相萃取（自合成聚合物材料,甲醇洗脱）	生活饮用水	0.74～0.81 μg/L	赵晓磊等,2014
4	有机氯、有机磷、氨基甲酸酯、拟除虫菊酯、三嗪类	气相色谱-质谱法	液液萃取（二氯甲烷）	地下水	3.1～12.5 ng/L	高冉,2014
5	苯氧羧酸类	气相色谱-质谱法	固相萃取（C₁₈固相萃取柱,二氯甲烷洗脱）	生活饮用水、地表水、污水	0.88～1.68 ng/L	杨童童,2016
6	氨基甲酸酯类和有机磷类	液相色谱-串联质谱法	直接进样	地表水	0.1～6.2 μg/L	杨敏娜等,2019
7	氨基甲酸酯类	液相色谱-串联质谱法	固相萃取（SSH2P 小柱,甲醇洗脱）	地表水	0.003～0.28 μg/L	杭莉等,2017
8	有机氯类、有机磷类、氨基甲酸酯类、酰胺类	气相色谱-质谱法	液液萃取（正己烷和二氯甲烷）	地表水、污水	0.012～0.14 μg/L	王正全等,2018
9	有机磷类、氨基甲酸酯类	液相色谱-串联质谱法	直接进样	生活饮用水、地表水	0.07～0.5 μg/L	向彩红等,2016
10	有机磷类、氨基甲酸酯类	液相色谱-串联质谱法	直接进样	地下水	0.01～0.05 μg/L	李永刚等,2016
11	拟除虫菊酯类	气相色谱-质谱法	分散液液微萃取（丙酮分散剂、正己烷萃取剂）	生活饮用水	0.02～0.04 μg/L	潘晓春,2018
12	有机磷类	高效液相色谱法	超声辅助分散液液微萃取（四氢呋喃分散剂、三氯甲烷萃取剂）	地表水	0.8～3.1 μg/L	滕瑞菊等,2017
13	有机磷、拟除虫菊酯类	气相色谱法（FID 检测器）	超声辅助分散液液微萃取（乙腈分散剂、四氯化碳萃取剂）	地表水	0.09～0.57 μg/L	崔淑敏,2013
14	有机氯类	气相色谱法（ECD 检测器）	顶空固相微萃取（PDMS、PDMS/DVB 萃取头）	生活饮用水、地表水	0.4～19 μg/L	李晓晶等,2009

10.2.1　前处理方法

目前,用于水体农药类物质检测的前处理技术主要包括液液萃取、固相萃取、液相微萃取和固相微萃取。

液液萃取是农药分析的经典前处理技术,常用的萃取剂有二氯甲烷、三氯甲烷、环己烷、石油醚、丙酮及乙酸乙酯等。该方法因具有简单、适用性强、应用范围广的优点,被很多标准方法所采用。方法的缺点主要是有机溶剂用量多,毒害性大,操作烦琐。

固相萃取由于操作简单、溶剂用量少、提取速度快、回收率高、可实现自动化批量处理等优点,已经成为农药检测不可或缺的前处理技术之一。多项标准方法都采用该前处理技术,检测对象为有机氯类、有机磷类、拟除虫菊酯类、氨基甲酸酯类、苯氧羧酸类和磺酰脲类等。常用的固相萃取柱有 HLB 和 C_{18} 固萃小柱。其中,HLB 柱是由二乙烯基苯和乙烯吡咯烷酮高分子共聚形成的吸附材料,具有较好的亲水性和亲脂性,能够适用较宽极性范围的农药富集。C_{18} 柱属于强疏水性硅胶基质柱,适用于非极性或弱极性的农药富集。固相萃取常用的洗脱剂有二氯甲烷、乙酸乙酯、正己烷、甲醇和乙腈等。

液相微萃取相比液液萃取,具有方法操作更简单、溶剂消耗量更少、成本更低的优点。其主要应用形式包括单滴微萃取、中空纤维膜液相微萃取、分散相液液微萃取等,其中,分散相液液微萃取和超声辅助液液微萃取较多地应用于水体农药的富集,常用的分散剂有丙酮、四氢呋喃、乙腈等,萃取剂通常有三氯甲烷、正己烷和四氯化碳。

固相微萃取是集萃取、浓缩、解吸、进样于一体的新型样品前处理技术,具有操作简单、分析时间短、样品用量小、无须萃取溶剂、灵敏度高、易于自动化的优点,已经广泛应用于水体农药的富集。目前,应用较多的商品化固相萃取纤维头主要有:聚二甲基硅氧烷(PDMS)、聚丙烯酸酯(PA)、聚二甲基硅氧烷/二乙烯基苯(PDMS/DVB)、聚乙二醇/模板树脂(CW/TPR)、聚乙二醇/二乙烯基苯(CW/DVB)、羧乙基/聚二甲基硅氧烷(CAR/PDMS)和二乙烯基苯/羧乙基/聚二甲基硅氧烷(DVB/CAR/PDMS)。最新推出的 SPME ARROW 箭型三相纤维萃取头,比传统的萃取纤维头具有更大的优势,其使用寿命更长,涂层量更多,吸附容量更大,富集倍数更高,可将灵敏度提高 2～10 倍,有巨大的应用潜力。

10.2.2　检测方法

目前,水体农药类物质的检测方法主要有气相色谱法、气相色谱-质谱法、液相色谱法和液相色谱-串联质谱法。

气相色谱法是一种经典的农药分析方法,针对不同类型的农药往往需要采用不同的检测器。氮磷检测器(NPD)主要测定含氮、磷的农药,如氨基甲酸酯类、三嗪类和有机磷类农药等;电子捕获检测器(ECD)对含有较强电负性元素的农药有较高灵敏度,如有机氯类农药;火焰光度检测器(FPD)主要测定含有硫、磷的农药,如有机磷农药等。氢火焰离子化检测器(FID)可适用于各类型的农药检测。气相色谱法的缺点是不适用于沸点高、热稳定性差、极性强的农药分析。气相色谱与质谱联用兼具了气相色谱的高效分离能力和质谱的精准鉴定和定量能力,可同时对多种农药进行定性、定量分析。而与串联质谱(MS/MS)联用,可具有更好的选择性和灵敏度,能够有效分析和确认农药的结构。

液相色谱法可弥补气相色谱法的不足,拓宽农药检测的范围,适用极性强、挥发性弱、热不稳定、分子量大的农药检测,如二嗪农、呋喃丹等。液相色谱与串联质谱(MS/MS)联用,具有分离速度快、灵敏度高、抗干扰能力强等优点,无须进行样品富集,可直接进样,能实现低浓度农药的快速定量。该方法还用于农药降解过程,包括降解原理、降解产物、降解路径等的研究,在未来水体农药类物质检测中的作用将越发凸显。

总体来看,高效液相色谱-串联质谱技术能同时检测多种物质,是未来水体农药类物质检测的重要手段。本研究团队利用超高效液相色谱-串联质谱技术的超高灵敏度,建立了水体多种农药同时检测的方法。通过选择不同的色谱柱和流动相,并优化色谱和质谱参数等获得最佳条件,可在 4 min 之内完成呋喃丹等 7 种农药的同时检测分析,并采用直接进样的方式,实现超痕量分析。该方法高效、准确、灵敏,并能减少有机溶剂的使用,绿色环保,优于标准方法。本研究团队整合我国和世界发达国家水质标准中出现较多的农药指标,建立了基于高效液相色谱-串联质谱技术的 4 个检测方法,主要包括了有机氯类、有机磷类、氨基甲酸酯类、拟除虫菊酯类、苯氧羧酸类、三嗪类和杂环类共 7 类农药物质合计 56 种农药指标。方法具体内容将在下文介绍。

10.3　超高效液相色谱-串联质谱法同时检测水中呋喃丹等 7 种农药

呋喃丹、甲萘威、溴氰菊酯、毒死蜱、莠去津、灭草松、2,4-滴等 7 种农药的检测通常采取单一指标分析,导致检测效率不高。本研究团队建立同时检测这 7 种农药的超高效液相色谱-串联质谱方法。水样经过滤后,以 0.1%(体积分数)甲酸+0.2 mmol/L 乙酸铵水溶液和甲醇为流动相,采用超高效液相色谱分离,多反应监测(MRM)方式进行定性定量检测。通过选择最佳色谱柱和流动相,优化溶剂介质的体积比,本方法可在 4 min 之内实现 7 种目标农药的定量,检测效率显著高于现有方法。方法检出限为 0.025~1.25 μg/L,生活饮用水和地表水的加标回收率为 73.5%~113%,相对标准偏差(RSD)为 1.8%~12.1%。

10.3.1　实验部分

1. 仪器与试剂

仪器:超高效液相色谱质谱联用仪(Waters ACQUITY UPLC TQD MS-MS)。
试剂:甲醇(色谱纯);乙酸铵(分析纯);甲酸(色谱纯);实验用水为超纯去离子水。
标准品:呋喃丹、甲萘威、莠去津、毒死蜱、溴氰菊酯、灭草松和 2,4-滴的有证标准溶液(100 mg/L,甲醇介质)均购于 Accustandard 公司。7 种农药的混合标准溶液配在甲醇介质中,并用 5:5(体积比)甲醇/水稀释配制标准曲线。

2. 样品采集与保存

用棕色玻璃瓶采集水样 100 mL,并在 4℃下保存,采样后 7 d 内完成测定。

3. 分析条件

1) 色谱条件

色谱柱:CSH 氟苯基色谱柱(1.7 μm,2.1 mm × 50 mm),BEH C$_{18}$ 柱(1.7 μm, 2.1 mm × 50 mm)和 HSS T3 柱(1.7 μm,2.1 mm × 50 mm)均购于美国 Waters 公司。 CSH 氟苯基色谱柱最终用于 7 种农药的分离,色谱条件为:流动相 A 为 0.1%(体积分数) 甲酸+0.2 mmol/L 乙酸铵水溶液,流动相 B 为甲醇;柱温 30℃;进样体积 10 μL;采用梯 度洗脱,洗脱流速 0.4 mL/min,洗脱程序为:0 min 80% A,1 min 40% A,2.5 min 20% A, 3.0 min 20% A,4.0 min,80% A。

2) 质谱条件

离子化方式:ESI+/−,毛细管电压 3.0 kV,离子源温度 120℃,脱溶剂温度 380℃,氮 气脱溶剂气流量为 800 L/h,锥孔反吹气流量为 20 L/h。多反应监测(MRM)方式,条件参 数详见表 10-4。

表 10-4　7 种目标物的检测参数

目标物	保留时间 /min	母离子	子离子	驻留时间 /s	锥孔电压 /V	碰撞电压 /V	ESI
呋喃丹	1.44	222.10*	123.03	0.025	25	22	+
			165.08*			12	
甲萘威	1.66	202.00*	127.04	0.025	20	25	+
			145.00*			10	
莠去津	1.72	216.00*	96.00	0.025	35	25	+
			174.00*			18	
毒死蜱	2.33	349.97*	96.98	0.025	30	32	+
			197.96*			18	
溴氰菊酯	2.82	505.94*	171.96	0.025	28	30	+
			280.90*			15	
灭草松	2.11	239.10*	132.19	0.025	45	24	—
			175.08*			18	
2,4-滴	2.25	219.00*	124.97	0.025	20	26	—
			160.96*			14	

注:标 * 的为定量离子对。

4. 测定方法

取约 2 mL 水样,用 0.22 μm 滤膜进行过滤处理,然后与甲醇配成 5∶5(体积比)溶液, 按上述分析条件进行上机检测。以各化合物的保留时间和离子对丰度比定性,采用外标法 定量。生活饮用水样品需要先加入抗坏血酸(最终浓度 20 mg/L)除余氯后,再按上述操作 进行分析。

在上述实验条件下,各目标物的提取离子流图如图 10-1 所示,分离效果良好。

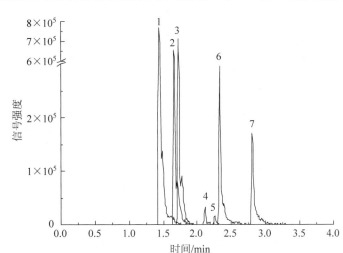

图 10-1　7 种农药的提取离子流图

1—呋喃丹,5.00 μg/L;2—甲萘威 5.00 μg/L;3—莠去津,5.00 μg/L;4—灭草松,20.0 μg/L;

5—2,4-D,20.0 μg/L;6—毒死蜱,20.0 μg/L;7—溴氰菊酯,100 μg/L。

10.3.2　结果与讨论

1. 色谱柱的选择

选取了 Waters 公司的 3 种色谱柱(CSH、BEH 和 HSS)进行试验。3 种色谱柱对呋喃丹等 6 种农药的保留效果均较好,但对溴氰菊酯的保留差异较大(图 10-2)。其中,CSH 柱对溴氰菊酯的保留效果较好,而 BEH 柱和 HSS 柱对溴氰菊酯的保留效果不好,峰展宽严重。因此,选取 CSH 柱对 7 种农药进行分离分析。

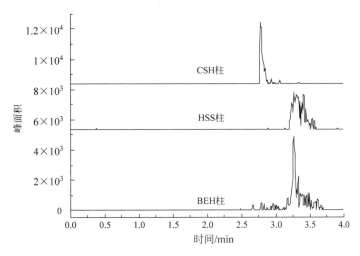

图 10-2　不同色谱柱对溴氰菊酯(40.0 μg/L)的保留情况

2. 溶剂介质体积比的优化

目标物所处的溶剂介质对于其在质谱中的响应有较大影响。考察了不同体积比（0∶10,1∶9,2∶8,3∶7,4∶6 和 5∶5）的甲醇/水作为溶剂介质时,7 种农药的质谱响应情况。从图 10-3 的结果可以看出,甲醇比例越高,7 种农药的质谱响应均有明显提升。最终选取了甲醇/水体积比为 5∶5 作为 7 种农药上机检测的溶剂介质。

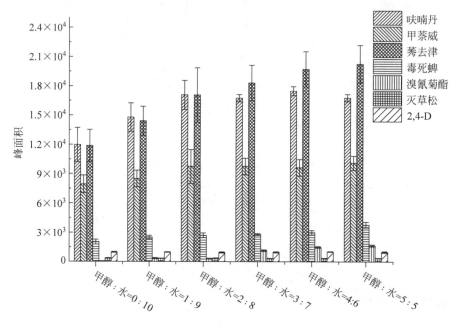

图 10-3　甲醇/水体积比优化结果

呋喃丹、甲萘威、莠去津浓度为 5.00 $\mu g/L$,毒死蜱、灭草松、2,4-滴浓度为 20.0 $\mu g/L$,溴氰菊酯浓度为 100 $\mu g/L$。

3. 流动相的选择

选择甲醇为有机相,考察了水相分别为甲酸及甲酸-乙酸铵体系,7 种目标物的分离及质谱响应情况,结果见图 10-4。在不同体积分数的甲酸（0.05% 和 0.1%）及不同浓度的乙酸铵（0.1 m mol/L,0.2 m mol/L 和 0.5 m mol/L）条件下,7 种农药均能够实现较好的分离,但其质谱响应有一定差异。随着乙酸铵浓度的增大,呋喃丹、甲萘威、莠去津和毒死蜱的灵敏度提高,但 2,4-滴的灵敏度降低。综合考虑 7 种农药的情况,最终选取 0.1%（体积分数）甲酸＋0.2 mmol/L 乙酸铵水溶液作为水相体系,用于 7 种目标物的分离。

4. 线性关系及检出限

以标准溶液系列浓度（$\mu g/L$）为横坐标,目标物的响应值（峰面积）比值为纵坐标,得到各化合物的标准曲线,结果见表 10-5。实验结果表明 7 种目标物在相应的浓度范围内呈良好的线性关系,相关系数（r）≥0.995。根据《环境监测分析方法标准制订技术导则》（HJ 168—2020）的要求,连续分析 7 个实验室空白加标样品,以测得浓度的标准偏差（SD）的 3.143 倍作为方法检出限,4 倍方法检出限作为测定下限。方法对呋喃丹等 7 种农药的检出限为 0.025~1.25 $\mu g/L$,测定下限为 0.10~5.00 $\mu g/L$。

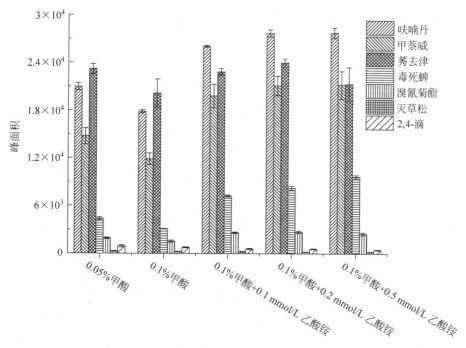

图 10-4　7 种农药在不同水相体系下的质谱响应情况

呋喃丹、甲萘威、莠去津浓度为 5.00 μg/L，毒死蜱、灭草松、2,4-滴浓度为 20.0 μg/L，溴氰菊酯浓度为 100 μg/L。

表 10-5　线性关系及检出限

目标物	线性方程	曲线范围 /(μg/L)	相关系数	检出限/(μg/L)	测定下限 /(μg/L)
呋喃丹	$y=6.50\times10^3 x-165$	0.10～5.00	0.999	0.025	0.10
甲萘威	$y=4.35\times10^3 x-74$	0.10～5.00	0.998	0.025	0.10
莠去津	$y=4.40\times10^3 x-36$	0.10～5.00	0.999	0.025	0.10
毒死蜱	$y=551x-59$	1.00～20.0	0.999	0.25	1.00
溴氰菊酯	$y=80x-49$	5.00～100	0.999	1.25	5.00
灭草松	$y=61x-3$	2.00～20.0	0.997	0.50	2.00
2,4-滴	$y=33x+6$	2.00～20.0	0.998	0.50	2.00

5. 方法的准确度与精密度

　　采用上述方法测定实际地表水及自来水中的 7 种农药，结果显示地表水和自来水中均未检出这 7 种目标物。水样分别加入低、中、高 3 个浓度水平的标准物质，每个浓度测定 7 个平行样品，计算相对标准偏差和平均加标回收率，结果见表 10-6。相对标准偏差（RSD）为 1.8%～12.1%，加标回收率为 73.5%～113%，说明方法的精密度和准确度均能满足实际样品的分析要求。

表 10-6　实际水样加标回收结果

目标物	自来水			地表水		
	加标浓度/(μg/L)	回收率/%	RSD/%	加标浓度/(μg/L)	回收率/%	RSD/%
呋喃丹	0.25	112	5.0	0.25	100	3.1
	2.50	107	2.2	2.50	102	1.9
	4.50	107	1.8	4.50	106	3.0
甲萘威	0.25	104	10.3	0.25	108	9.1
	2.50	108	4.6	2.50	103	5.7
	4.50	107	5.5	4.50	106	5.8
莠去津	0.25	100	11.3	0.25	108	9.6
	2.50	98.8	3.1	2.50	110	6.8
	4.50	99.8	2.8	4.50	112	8.6
毒死蜱	2.00	104	8.4	2.00	86.0	10.4
	10.0	105	3.9	10.0	103	3.9
	18.0	109	2.8	18.0	102	4.6
溴氰菊酯	5.00	113	11.0	5.00	106	8.5
	50.0	105	5.9	50.0	104	7.0
	90.0	103	4.3	90.0	98.9	2.2
灭草松	2.00	94.5	12.1	2.00	85.5	9.8
	10.0	99.4	7.0	10.0	106	6.9
	18.0	104	4.7	18.0	76.1	7.8
2,4-滴	2.00	87.5	10.6	2.00	73.5	10.6
	10.0	102	4.7	10.0	95.9	10.7
	18.0	103	6.4	18.0	99.4	7.5

10.4　超高效液相色谱-串联质谱法同时检测水中 6 种苯氧羧酸类农药

　　本研究团队建立了同时检测 MCPA、MCPP、2,4-DB、2,4-DP、2,4,5-T、2,4,5-TP 等 6 种苯氧羧酸类农药的超高效液相色谱-串联质谱法。通过选择 CSH 色谱柱,优化流动相 (乙酸水和乙腈)的梯度洗脱程序,采用直接进样的方式,即可在 4 min 内同时实现 6 种目标物的快速、准确、灵敏定量。方法检出限为 $0.025 \sim 0.05 \ \mu g/L$,相对标准偏差(RSD)为 $3.0\% \sim 9.4\%$,实际水样加标回收率为 $72.0\% \sim 107\%$。

10.4.1　实验部分

1. 仪器与试剂

仪器：超高效液相色谱质谱联用仪（Waters ACQUITY UPLC TQD MS-MS）。

试剂：乙腈（色谱纯）；乙酸（色谱纯）；实验用水为超纯去离子水。

标准品：2-甲基-4-氯苯氧乙酸（MCPA）、2-甲基-4-氯苯氧丙酸（MCPP）、2,4-滴丙酸（2,4-DP）、2,4-二氯苯氧丁酸（2,4-DB）、2,4,5-三氯苯氧乙酸（2,4,5-T）、2,4,5-涕丙酸（2,4,5-TP），浓度均为 100 mg/L，购置于环境保护部标准品研究所。以水为溶剂，将苯氧羧酸类农药配成混合标准使用液，置于棕色瓶，4℃保存。

2. 样品采集与保存

用棕色玻璃瓶采集水样 100 mL，并在 4℃下保存，采样后 7 d 内完成测定。

3. 分析条件

1）色谱条件

色谱柱：CSH 氟苯基色谱柱（1.7 μm，2.1 mm×50 mm）；进样体积：10 μL；柱温：30℃；流速：0.4 mL/min；流动相：0.05%（体积分数）乙酸水溶液（A 相）和乙腈（B 相）；梯度洗脱程序：0 min，90% A；4 min，20% A；5 min，90% A。

2）质谱条件

离子化方式：ESI－；毛细管电压：3.00 kV；离子源温度：120℃；脱溶剂气温度：380℃；脱溶剂气流量：800 L/h；多反应监测（MRM）方式，条件参数详见表 10-7。

表 10-7　6 种苯氧羧酸类农药的检测参数

目标物	保留时间/min	母离子	子离子	停留时间/s	锥孔电压/V	碰撞电压/V
MCPA	2.97	200.9*	142.99*	0.017	24	14
			156.98	0.017		9
MCPP	2.95	212.87*	70.95	0.017	26	12
			140.96*	0.017		12
2,4-DP	3.10	234.9*	127.32	0.017	26	26
			162.93*	0.017		12
2,4-DB	2.50	248.9*	127.39	0.017	16	28
			162.94*	0.017		12
2,4,5-T	3.38	254.84*	160.93	0.017	22	30
			196.93*	0.017		12
2,4,5-TP	3.35	268.9*	160.97	0.017	18	30
			196.97*	0.017		12

注：标 * 的为定量离子对。

4. 测定方法

取约 2 mL 水样,用 0.22 μm 滤膜进行过滤处理,按上述分析条件进行上机检测。以各化合物的保留时间和离子对丰度比定性,采用外标法定量。

在上述实验条件下,各目标物的提取离子流图如图 10-5 所示,分离效果良好。

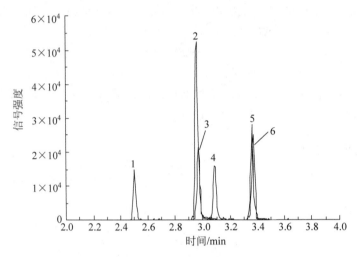

图 10-5　6 种苯氧羧酸的提取离子流图

1—2,4-DB;2—MCPP;3—MCPA;4—2,4-DP;5—2,4,5-TP;6—2,4,5-T;浓度均为 10.0 μg/L。

10.4.2　结果与讨论

1. 线性关系及检出限

以标准溶液系列浓度(μg/L)为横坐标,目标物的响应值(峰面积)比值为纵坐标,得到各化合物的标准曲线,结果见表 10-8。实验结果表明 6 种目标物在相应的浓度范围内呈良好的线性关系,相关系数(r)≥0.995。根据《环境监测分析方法标准制订技术导则》(HJ 168—2020)的要求,连续分析 7 个实验室空白加标样品,以测得浓度的标准偏差(SD)的 3.143 倍作为方法检出限,4 倍方法检出限作为测定下限。方法的检出限为 0.025~0.05 μg/L,测定下限为 0.10~0.20 μg/L。

表 10-8　方法线性关系及检出限

目标物	曲线方程	曲线范围 /(μg/L)	相关系数	检出限 /(μg/L)	测定下限 /(μg/L)
MCPA	$y = 203x - 32.7$	0.10~10.0	0.998	0.025	0.10
MCPP	$y = 754x + 62.9$	0.20~10.0	0.999	0.05	0.20
2,4-DP	$y = 256x - 38.6$	0.20~10.0	0.999	0.05	0.20
2,4-DB	$y = 64.3x - 7.70$	0.20~10.0	0.998	0.05	0.20
2,4,5-T	$y = 364x - 45.7$	0.10~10.0	0.999	0.025	0.10
2,4,5-TP	$y = 351x - 24.1$	0.10~10.0	0.999	0.025	0.10

2. 方法的精密度

分别对低、中两个浓度水平的空白加标样品中的目标物进行测定,结果见表10-9。方法的相对标准偏差(RSD)为 3.0%~9.4%,方法的精密度良好。

表 10-9　精密度结果

目标物	低浓度		中浓度	
	加标浓度/(μg/L)	RSD/%	加标浓度/(μg/L)	RSD/%
MCPA	0.50	6.8	5.00	5.3
MCPP	0.50	4.7	5.00	4.3
2,4-DP	0.50	9.4	5.00	4.9
2,4-DB	0.50	3.0	5.00	6.5
2,4,5-T	0.50	5.2	5.00	5.3
2,4,5-TP	0.50	5.4	5.00	4.4

3. 方法的准确度

采用上述方法测定实际地表水中的 6 种苯氧羧酸类农药,均未检出。并进行低、中两个浓度水平的加标实验,实验结果见表10-10。实际水样加标回收率为 72.0%~107%,方法的准确度良好。

表 10-10　准确度结果

目　标　物	加标浓度/(μg/L)	加标回收率/%
MCPA	0.50	96.0
	5.00	93.6
MCPP	0.50	76.0
	5.00	101
2,4-DP	0.50	72.0
	5.00	97.4
2,4-DB	0.50	82.0
	5.00	107
2,4,5-T	0.50	84.0
	5.00	95.4
2,4,5-TP	0.50	72.0
	5.00	102

10.5　超高效液相色谱-串联质谱法检测水中有机磷农药

本方法采用超高效液相色谱-串联质谱法检测水中典型有机磷农药。检测对象分两组共 14 种农药,其中第一组为我国生活饮用水标准中的甲基对硫磷、乐果、敌百虫、敌敌畏、内吸磷、马拉硫磷和对硫磷共 7 种农药,第二组为发达国家水质标准中的杀螟硫磷、乙酰甲胺磷、倍硫磷、保棉磷、二嗪磷、杀扑磷和克线磷共 7 种农药。本方法采用 CSH 柱进行分离,通过选择不同的流动相获得两组农药检测的最佳性能,其中第一组采用乙酸铵水溶液和甲醇作为流动相,第二组采用乙酸水溶液和甲醇作为流动相。方法对甲基对硫磷等 7 种农药的检出限为 0.04～0.48 μg/L,对杀螟硫磷等 7 种农药的检出限为 0.025～2.45 μg/L,相对标准偏差(RSD)为 1.7%～9.7%,实际水样加标回收率为 74.0%～130%。

10.5.1　实验部分

1. 仪器与试剂

仪器:超高效液相色谱质谱联用仪(Waters ACQUITY UPLC TQD MS-MS)。

试剂:甲醇(色谱纯);乙酸铵(分析纯);乙酸(色谱纯);实验用水为超纯去离子水。

标准品:第一组:甲基对硫磷、乐果、敌百虫、敌敌畏、内吸磷、马拉硫磷和对硫磷,7 种农药的浓度均为 100 mg/L;第二组:杀螟硫磷、乙酰甲胺磷、倍硫磷、保棉磷、二嗪磷、杀扑磷、克线磷,7 种农药的浓度均为 100 mg/L。均购置于环境保护部标准品研究所。以水为溶剂,将有机磷农药按组分别配成混合标准使用液,置于棕色瓶,4℃保存。

2. 样品采集与保存

用棕色玻璃瓶采集水样 100 mL,并在 4℃下保存,采样后 7 d 内完成测定。

3. 分析条件

1) 色谱条件

进样体积:25 μL;色谱柱:CSH 氟苯基色谱柱(1.7 μm,2.1 mm×50 mm);柱温:30℃;流速:0.4 mL/min。流动相及梯度洗脱程序:第一组流动相为 0.01 mol/L 乙酸铵水溶液(A 相)和甲醇(B 相),梯度洗脱程序:0 min 80% A,3 min 5% A,4.0 min 80% A,4.5 min 80% A;第二组流动相为 0.05%(体积分数)乙酸水溶液(A 相)和甲醇(B 相),梯度洗脱程序:0 min 85% A,2 min 5% A,3 min 5% A,4.0 min 85% A。

2) 质谱条件

离子化方式:ESI+;毛细管电压:4.00 kV;离子源温度:120℃;脱溶剂气温度:380℃;脱溶剂气流量:600 L/h;多反应监测(MRM)方式,条件参数详见表 10-11。

表 10-11　有机磷农药的检测参数

分组	目标物	保留时间/min	母离子	子离子	驻留时间/s	锥孔电压/V	碰撞电压/V
第一组	甲基对硫磷	1.43	263.97*	124.91*	0.095	30.0	22.0
				231.99			16.0
	乐果	1.75	229.90*	124.92	0.029	16.0	22.0
				198.91*			10.0
	敌百虫	1.75	256.83*	108.89*	0.029	24.0	18.0
				220.93			10.0
	敌敌畏	2.33	220.85*	108.95*	0.050	30.0	18.0
				145.00			12.0
	内吸磷	2.89	258.96*	60.93	0.025	10.0	32.0
				88.88*			10.0
	马拉硫磷	3.03	330.94*	98.90	0.025	18.0	24.0
				127.01*			12.0
	对硫磷	3.26	292.00*	235.98*	0.060	24.0	16.0
				263.98			10.0
第二组	杀螟硫磷	2.86	278.00*	108.95	0.016	30.0	18.0
				124.91*			24.0
				246.00			18.0
	乙酰甲胺磷	0.73	183.91*	95.00	0.016	14.0	22.0
				142.95*			8.0
	倍硫磷	2.94	278.97*	168.93*	0.016	26.0	20.0
				247.01			14.0
	保棉磷	2.74	317.94*	131.99	0.016	14.0	16.0
				159.79*			8.0
	二嗪磷	2.93	305.10*	153.04	0.016	32.0	20.0
				169.06*			20.0
	杀扑磷	2.60	302.97*	84.97	0.016	14.0	22.0
				144.97*			10.0
	克线磷	2.85	304.05*	216.98*	0.016	30.0	24.0
				234.04			16.0

注：标 * 的为定量离子对。

4. 测定方法

取约 2 mL 水样，用 0.22 μm 滤膜进行过滤处理，按上述分析条件进行上机检测。以各化合物的保留时间和离子对丰度比定性，采用外标法定量。

在上述实验条件下，各目标物的提取离子流图如图 10-6 和图 10-7 所示，分离效果良好。

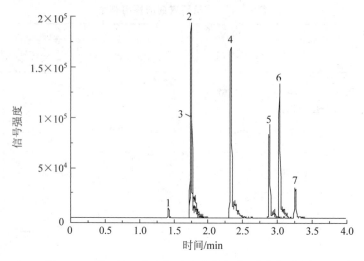

图 10-6　第一组 7 种有机磷农药的色谱-质谱离子流图

1—甲基对硫磷,5.00 μg/L;2—乐果,0.50 μg/L;3—敌百虫,1.00 μg/L;4—敌敌畏,0.50 μg/L;
5—内吸磷,2.00 μg/L;6—马拉硫磷,0.50 μg/L;7—对硫磷,3.00 μg/L。

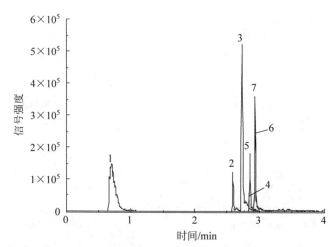

图 10-7　第二组 7 种有机磷农药的色谱-质谱离子流图

1—乙酰甲胺磷,10.0 μg/L;2—杀扑磷,1.00 μg/L;3—保棉磷,10.0 μg/L;4—杀螟硫磷,
100 μg/L;5—克线磷,1.00 μg/L;6—倍硫磷,10.0 μg/L;7—二嗪磷,1.00 μg/L。

10.5.2　结果与讨论

1. 线性关系及检出限

以标准溶液系列浓度(μg/L)为横坐标,目标物的响应值(峰面积)比值为纵坐标,得到各化合物的标准曲线,结果见表 10-12。实验结果表明目标物在相应的浓度范围内呈良好的线性关系,相关系数(r)≥0.995。根据《环境监测分析方法标准制订技术导则》(HJ 168—2020)的要求,连续分析 7 个实验室空白加标样品,以测得浓度的标准偏差(SD)的 3.143 倍作为方法检出限,4 倍方法检出限作为测定下限。方法的检出限为 0.025~2.45 μg/L,测定下限为 0.10~9.80 μg/L。

表 10-12 方法线性关系及检出限

分组	目标物	曲线方程	曲线范围 /(μg/L)	相关系数	检出限 /(μg/L)	测定下限 /(μg/L)
第一组	甲基对硫磷	$y=38.3x-2.76$	0.50~5.00	0.998	0.12	0.48
	乐果	$y=1.04\times10^4x-58.9$	0.05~0.50	0.998	0.01	0.04
	敌百虫	$y=3.67\times10^3x-40.8$	0.10~1.00	0.998	0.02	0.08
	敌敌畏	$y=6.86\times10^3x-10.6$	0.05~5.00	0.997	0.01	0.04
	内吸磷	$y=1.03\times10^3x+14.7$	0.20~2.00	0.998	0.05	0.20
	马拉硫磷	$y=7.15\times10^3x-24.1$	0.05~0.50	0.998	0.01	0.04
	对硫磷	$y=234x-4.90$	0.30~3.00	0.998	0.06	0.24
第二组	杀螟硫磷	$y=9.98x-44.7$	10.0~100	0.999	2.45	9.80
	乙酰甲胺磷	$y=1.49\times10^3x-150$	1.00~10.0	0.999	0.22	0.88
	倍硫磷	$y=504x+6.01$	1.00~10.0	0.998	0.22	0.88
	保棉磷	$y=1.24\times10^3x-29.2$	1.00~10.0	0.999	0.19	0.76
	二嗪磷	$y=7.90\times10^3x-35.3$	0.10~1.00	0.999	0.025	0.10
	杀扑磷	$y=2.33\times10^3x-37.9$	0.10~1.00	0.998	0.025	0.10
	克线磷	$y=3.42\times10^3x-85.0$	0.10~1.00	0.998	0.025	0.10

2. 精密度结果

分别对低、中、高 3 个浓度水平的空白加标样品进行测定,结果见表 10-13。方法的相对标准偏差(RSD)为 1.7%~9.7%,方法的精密度良好。

表 10-13 精密度结果

分组	目标物	低浓度		中浓度		高浓度	
		加标浓度 /(μg/L)	RSD/%	加标浓度 /(μg/L)	RSD/%	加标浓度 /(μg/L)	RSD/%
第一组	甲基对硫磷	0.50	7.6	2.50	4.0	4.50	3.2
	乐果	0.05	8.0	0.25	2.4	0.45	2.7
	敌百虫	0.10	4.0	0.50	2.4	0.90	2.2
	敌敌畏	0.05	8.0	0.25	5.8	0.45	4.0
	内吸磷	0.20	2.1	1.00	2.9	1.80	2.2
	马拉硫磷	0.05	8.0	0.25	2.1	0.45	2.6
	对硫磷	0.30	3.7	1.50	4.2	3.00	6.9
第二组	杀螟硫磷	10.0	5.6	50.0	6.5	90.0	2.7
	乙酰甲胺磷	1.00	4.1	5.00	3.7	9.00	2.1
	倍硫磷	1.00	8.5	5.00	6.0	9.00	1.7
	保棉磷	1.00	9.7	5.00	7.1	9.00	3.6
	二嗪磷	0.10	8.1	0.50	4.5	0.90	4.1
	杀扑磷	0.10	5.2	0.50	4.6	0.90	2.3
	克线磷	0.10	8.1	0.50	6.7	0.90	3.0

3. 准确度结果

采用上述方法测定实际地表水中的有机磷农药,均未检出。并进行低、中两个浓度水平的加标实验,实验结果见表 10-14。实际水样加标回收率为 74.0%～130%,方法的准确度良好。

表 10-14 准确度结果

分　　组	目　标　物	加标浓度/(μg/L)	加标回收率/%
第一组	甲基对硫磷	1.00	98.0
		2.50	91.2
	乐果	0.10	110
		0.25	100
	敌百虫	0.20	80.0
		0.50	74.0
	敌敌畏	0.10	130
		0.25	128
	内吸磷	0.40	76.0
		1.00	105
	马拉硫磷	0.10	90.0
		0.25	88.0
	对硫磷	0.60	90.0
		1.50	103
第二组	杀螟硫磷	10.0	114
		50.0	104
	乙酰甲胺磷	1.00	108
		5.00	100
	倍硫磷	1.00	109
		5.00	104
	保棉磷	1.00	96.0
		5.00	97.6
	二嗪磷	0.10	110
		0.50	102
	杀扑磷	0.10	110
		0.50	102
	克线磷	0.10	110
		0.50	102

10.6　超高效液相色谱-串联质谱法检测水中的杀虫剂和除草剂

本方法将 29 种常见杀虫剂和除草剂分为 3 组分别进行检测,通过选择不同色谱柱和流动相获得了最佳性能。第一组包括禾草敌等 8 种农药,采用 BEH C$_{18}$ 柱,以 0.01%(体积分数)甲酸水溶液和乙腈为流动相,方法检出限为 0.02~0.75 μg/L;第二组包括灭多威等8 种农药,采用 CSH 柱,以 0.01%(体积分数)甲酸水溶液和乙腈为流动相,方法检出限为0.19~2.23 μg/L;第三组包括涕灭威砜等 13 种农药,采用 CSH 柱,以 0.01 m mol/L 乙酸铵水溶液和甲醇为流动相,方法检出限为 0.02~0.47 μg/L。实际水样分析的精密度和准确度良好,相对标准偏差(RSD)为 0.2%~16.3%,加标回收率为 80.0%~120%。

10.6.1　实验部分

1. 仪器与试剂

仪器:超高效液相色谱质谱联用仪(Waters ACQUITY UPLC TQD MS-MS)。

试剂:甲醇(色谱纯);乙腈(色谱纯);乙酸铵(分析纯);甲酸(色谱纯);实验用水为超纯去离子水。

标准品:购置于环境保护部标准品研究所。第一组:禾草敌、西玛津、特丁津、氰草津、绿麦隆、异丙隆、甲草胺、涕灭威,8 种农药的浓度均为 100 mg/L;第二组:灭多威、赛克嗪、敌草隆、乙拌磷、特丁硫磷、毒莠定、茅草枯和百草敌,8 种农药的浓度均为 100 mg/L;第三组:涕灭威砜、除草定、特草定、伏草隆、溴苯腈、萎锈灵、异丙威、毒草胺、莠灭净、扑灭津、丙环唑、萘丙胺、禾草丹,13 种农药的浓度均为 100 mg/L。以水为溶剂,各组分别配成混合标准使用液,置于棕色瓶,4℃保存。

2. 样品采集与保存

用棕色玻璃瓶采集水样 100 mL,并在 4℃下保存,采样后 7 d 内完成测定。

3. 分析条件

1) 色谱条件

第一组:进样体积:10 μL;色谱柱:BEH C$_{18}$ 柱(1.7 μm,2.1 mm×50 mm);柱温:30℃;流速:0.4 mL/min;流动相为 0.1%(体积分数)甲酸水溶液(A 相)和乙腈(B 相);梯度洗脱程序:0 min 80% A,3.5 min 5%A,4.5 min 80% A。

第二组:进样体积:10 μL;色谱柱:CSH 氟苯基色谱柱(1.7 μm,2.1 mm×50 mm);柱温:30℃;流速:0.4 mL/min;流动相为 0.1%(体积分数)甲酸水溶液(A 相)和乙腈(B 相);梯度洗脱程序:0 min 85% A,2 min 5% A,3 min 5% A,4 min 85% A。

第三组:进样体积:10 μL;色谱柱:CSH 氟苯基色谱柱(1.7 μm,2.1 mm×50 mm);柱温:30℃;流速:0.4 mL/min;流动相为 0.01 m mol/L 乙酸铵水溶液(A 相)和甲醇(B 相);梯度洗脱程序:0 min 95% A,4 min 5% A,4.5 min 95% A,5 min 95% A。

2)质谱条件

离子化方式:ESI+/-;毛细管电压:3.00 kV;离子源温度:120℃;脱溶剂气温度:380℃;脱溶剂气流量:800 L/h;多反应监测(MRM)方式,条件参数详见表 10-15。

表 10-15　目标物的检测参数

分组	目标物	保留时间/min	母离子	子离子	驻留时间/s	锥孔电压/V	碰撞电压/V	ESI
第一组	禾草敌	2.26	188.06*	54.99	0.025	28.0	24.0	＋
				126.04*			14.0	
	西玛津	1.36	202.09*	96.08	0.025	38.0	22.0	＋
				124.14*			18.0	
	特丁津	2.10	230.06*	96.01	0.025	30.0	28.0	＋
				174.01*			16.0	
	氰草津	1.38	241.03*	96.07	0.025	36.0	26.0	＋
				214.16*			18.0	
	绿麦隆	1.65	213.03*	72.05*	0.025	30.0	18.0	＋
				140.03			24.0	
	异丙隆	1.75	207.10*	71.98*	0.025	28.0	18.0	＋
				165.09			14.0	
	甲草胺	2.49	270.09*	162.15	0.025	24.0	20.0	＋
				238.17*			12.0	
	涕灭威	1.25	213.03*	88.98*	0.025	30.0	16.0	＋
				97.97			10.0	
第二组	灭多威	1.07	162.98*	87.91*	0.015	20.0	8.0	＋
				105.98			10.0	
	赛克嗪	1.54	214.94*	130.92	0.015	42.0	18.0	＋
				186.87*			18.0	
	敌草隆	1.97	232.85*	46.10	0.015	38.0	18.0	＋
				72.00*			18.0	
	乙拌磷	2.17	275.00*	88.94*	0.015	16.0	11.0	＋
	特丁硫磷	2.28	288.89*	102.99*	0.015	15.0	8.0	＋
				232.76			6.0	
	毒莠定	2.39	240.81*	167.80	0.015	44.0	28.0	＋
				222.80*			14.0	
	茅草枯	2.34	140.80*	96.89*	0.015	25.0	7.0	－
				104.90			6.0	
	百草敌	2.39	218.81*	144.90	0.015	16.0	10.0	－
				174.93*			6.0	

续表

分组	目标物	保留时间/min	母离子	子离子	驻留时间/s	锥孔电压/V	碰撞电压/V	ESI
第三组	涕灭威砜	1.45	222.97*	85.90*	0.028	24.0	16.0	+
				147.80			10.0	
	除草定	2.32	261.05*	187.85	0.045	20.0	30.0	+
				204.98*			14.0	
	特草定	2.37	215.03*	42.01	0.045	34.0	24.0	+
				158.97*			16.0	
	伏草隆	2.66	233.05*	46.05	0.022	28.0	18.0	+
				72.04*			18.0	
	溴苯腈	2.69	273.89*	78.88*	0.022	40.0	26.0	+
				167.00			25.0	
	萎锈灵	2.71	236.03*	86.95	0.005	26.0	26.0	+
				142.96*			16.0	
	异丙威	2.83	194.08*	94.98*	0.011	20.0	14.0	+
				137.06			20.0	8.0	
	毒草胺	2.88	212.04*	106.03	0.005	26.0	24.0	+
				170.10*			15.0	
	莠灭净	2.89	228.09*	95.96	0.005	34.0	26.0	+
				186.10*			20.0	
	扑灭津	3.00	230.08*	145.97*	0.005	34.0	22.0	+
				188.10			18.0	
	丙环唑	3.48	342.10*	69.11*	0.011	34.0	20.0	+
				158.99			28.0	
	萘丙胺	3.49	292.09*	120.04	0.011	24.0	24.0	+
				171.03*			14.0	
	禾草丹	3.78	258.10*	99.99	0.011	22.0	12.0	+
				124.99*			18.0	

注：标 * 的为定量离子对。

4. 测定方法

取约 2 mL 水样，用 0.22 μm 滤膜进行过滤处理，按上述分析条件进行上机检测。以各化合物的保留时间和离子对丰度比定性，采用外标法定量。

在上述实验条件下，各目标物的提取离子流图如图 10-8～图 10-10 所示，分离效果良好。

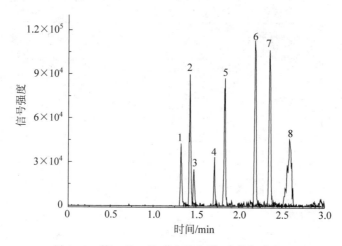

图 10-8　第一组 8 种农药的色谱-质谱离子流图

1—涕灭威,20.0 μg/L；2—西玛津,2.00 μg/L；3—氰草津,2.00 μg/L；4—绿麦隆,2.00 μg/L；
5—异丙隆,2.00 μg/L；6—特丁津,2.00 μg/L；7—禾草敌,10.0 μg/L；8—甲草胺,10.0 μg/L。

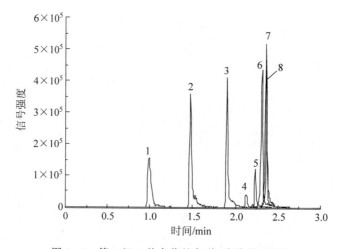

图 10-9　第二组 8 种农药的色谱-质谱离子流图

1—灭多威,10.0 μg/L；2—赛克嗪,10.0 μg/L；3—敌草隆,10.0 μg/L；4—乙拌磷,10.0 μg/L；
5—特丁硫磷,10.0 μg/L；6—茅草枯,100 μg/L；7—毒莠定,100 μg/L；8—百草敌,100 μg/L。

10.6.2　结果与讨论

1. 线性关系及检出限

以标准溶液系列浓度(μg/L)为横坐标,目标物的响应值(峰面积)比值为纵坐标,得到各化合物的标准曲线,结果见表 10-16。实验结果表明目标物在相应的浓度范围内呈良好的线性关系,相关系数(r)≥0.995。根据《环境监测分析方法标准制订技术导则》(HJ 168—2020)的要求,连续分析 7 个实验室空白加标样品,以测得浓度的标准偏差(SD)的 3.143 倍作

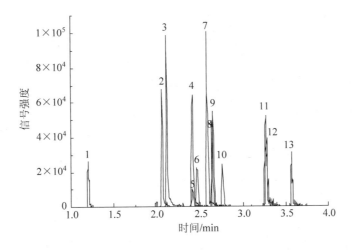

图 10-10　第三组 13 种农药的色谱-质谱离子流图

1—涕灭威砜,2.00 μg/L;2—除草定,20.0 μg/L;3—特草定,5.00 μg/L;4—伏草隆,2.00 μg/L;5-溴苯腈,
5.00 μg/L;6—萎锈灵,2.00 μg/L;7—异丙威,5.00 μg/L;8—毒草胺,2.00 μg/L;9—莠灭净,1.00 μg/L;
10—扑灭津,1.00 μg/L;11—丙环唑,5.00 μg/L;12—萘丙胺,20.0 μg/L;13—禾草丹,20.0 μg/L.

为方法检出限,4 倍方法检出限作为测定下限。方法的检出限为 0.02～2.23 μg/L,测定下限为 0.08～8.92 μg/L。

表 10-16　方法线性关系及检出限

分组	目标物	曲线方程	曲线范围 /(μg/L)	相关系数	检出限 /(μg/L)	测定下限 /(μg/L)
第一组	禾草敌	$y=233x+64.0$	0.50～10.0	0.999	0.12	0.50
	西玛津	$y=662x+5.29$	0.10～2.00	0.998	0.02	0.10
	特丁津	$y=2.62\times10^3x+221$	0.10～2.00	0.996	0.02	0.10
	氰草津	$y=358x-61.3$	0.20～2.00	0.997	0.05	0.20
	绿麦隆	$y=589x+4.74$	0.20～2.00	0.999	0.05	0.20
	异丙隆	$y=1.06\times10^3x+160$	0.20～2.00	0.999	0.05	0.20
	甲草胺	$y=142x+91.0$	0.50～10.0	0.998	0.12	0.50
	涕灭威	$y=190x+153$	3.00～20.0	0.997	0.75	3.00
第二组	灭多威	$y=389x-55.9$	1.00～10.0	0.998	0.20	0.80
	赛克嗪	$y=304x-4.48$	1.00～10.0	0.998	0.19	0.76
	敌草隆	$y=258x-41.4$	1.00～10.0	0.997	0.22	0.88
	乙拌磷	$y=66.4x-7.68$	1.00～10.0	0.995	0.23	0.92
	特丁硫磷	$y=87.2x-4.33$	1.00～10.0	0.997	0.20	0.80
	毒莠定	$y=20.0x+32.9$	10.0～100	0.998	2.23	8.92
	茅草枯	$y=23.4x-4.64$	10.0～100	0.998	1.85	7.40
	百草敌	$y=16.3x+13.1$	10.0～100	0.997	1.84	7.36

分组	目标物	曲线方程	曲线范围/(μg/L)	相关系数	检出限/(μg/L)	测定下限/(μg/L)
第三组	涕灭威砜	$y=3.26\times10^3 x+5.69$	0.10~2.00	0.999	0.02	0.08
	除草定	$y=50.3x+0.37$	2.00~20.0	0.998	0.38	1.52
	特草定	$y=1.32\times10^3 x-5.01$	0.50~5.00	0.999	0.09	0.36
	伏草隆	$y=1.60\times10^3 x-14.7$	0.25~2.00	0.995	0.05	0.20
	溴苯腈	$y=306x-6.47$	0.50~5.00	0.997	0.11	0.44
	萎锈灵	$y=3.77\times10^3 x+13.7$	0.20~2.00	0.997	0.03	0.12
	异丙威	$y=341\times x-4.81$	0.50~5.00	0.996	0.12	0.48
	毒草胺	$y=1.82\times10^3 x+6.27$	0.20~2.00	0.999	0.05	0.20
	莠灭净	$y=1.22\times10^4 x-1.24$	0.10~1.00	0.999	0.02	0.08
	扑灭津	$y=7.12\times10^3 x-26.4$	0.10~1.00	0.999	0.02	0.08
	丙环唑	$y=1.35x-21.5$	0.25~5.00	0.999	0.05	0.20
	萘丙胺	$y=9.11x-6.82$	2.00~20.0	0.998	0.41	1.64
	禾草丹	$y=21.6x-4.27$	2.00~20.0	0.995	0.47	1.88

2. 方法精密度

分别对低、中两个浓度水平的空白加标样品中的目标物进行测定,结果见表 10-17。方法的相对标准偏差(RSD)为 0.2%~16.3%,方法的精密度良好。

表 10-17　精密度结果

分组	目标物	低浓度		中浓度	
		加标浓度/(μg/L)	RSD/%	加标浓度/(μg/L)	RSD/%
第一组	禾草敌	0.50	10.5	2.00	7.3
	西玛津	0.10	12.0	0.40	11.1
	特丁津	0.10	13.5	0.40	8.5
	氰草津	0.20	11.3	0.80	6.5
	绿麦隆	0.20	4.0	0.80	3.2
	异丙隆	0.20	10.1	0.80	4.9
	甲草胺	0.50	10.3	2.00	6.8
	涕灭威	4.00	7.3	8.00	3.7
第二组	灭多威	1.00	3.3	4.00	1.8
	赛克嗪	1.00	3.9	4.00	4.9
	敌草隆	1.00	7.2	4.00	2.3
	乙拌磷	1.00	5.3	4.00	5.2
	特丁硫磷	1.00	8.2	4.00	14.4
	毒莠定	10.0	2.3	40.0	3.0
	茅草枯	10.0	7.9	40.0	3.5
	百草敌	10.0	2.6	40.0	4.6

续表

分组	目标物	低浓度		中浓度	
		加标浓度/(μg/L)	RSD/%	加标浓度/(μg/L)	RSD/%
第三组	涕灭威砜	0.20	5.7	0.80	3.7
	除草定	2.00	0.2	11.2	7.7
	特草定	0.50	4.9	2.00	10.5
	伏草隆	0.20	16.3	0.80	10.7
	溴苯腈	0.50	9.0	2.00	11.8
	萎锈灵	0.20	12.8	0.80	4.9
	异丙威	0.50	10.5	2.00	13.3
	毒草胺	0.20	13.5	0.80	11.6
	莠灭净	0.10	4.0	0.40	3.1
	扑灭津	0.10	4.0	0.40	3.4
	丙环唑	0.50	10.8	2.00	3.5
	萘丙胺	2.00	12.2	8.00	5.3
	禾草丹	2.00	10.3	8.00	4.8

3. 方法准确度

采用上述方法测定实际地表水中的杀虫剂和除草剂,均未检出。并进行加标实验,实验结果见表10-18。实际水样加标回收率为80.0%~120%,方法的准确度良好。

表 10-18　准确度结果

分组	目标物	加标浓度/(μg/L)	加标回收率/%
第一组	禾草敌	1.00	100
	西玛津	0.20	90.0
	特丁津	0.20	100
	氰草津	0.20	100
	绿麦隆	0.20	120
	异丙隆	0.20	100
	甲草胺	1.00	106
	涕灭威	4.00	110
第二组	灭多威	4.00	97.8
	赛克嗪	4.00	96.2
	敌草隆	4.00	95.2
	乙拌磷	4.00	82.8
	特丁硫磷	4.00	98.2
	毒莠定	40.0	97.8
	茅草枯	40.0	98.2
	百草敌	40.0	92.8

分　　组	目　标　物	加标浓度/(μg/L)	加标回收率/%
第三组	涕灭威砜	0.20	80.0
	除草定	2.00	108
	特草定	0.50	80.0
	伏草隆	0.20	95.0
	溴苯腈	0.50	86.0
	萎锈灵	0.20	85.0
	异丙威	0.50	96.0
	毒草胺	0.20	90.0
	莠灭净	0.10	100
	扑灭津	0.10	90.0
	丙环唑	0.50	110
	萘丙胺	2.00	96.5
	禾草丹	2.00	111

新兴污染物综合评价
指标检测技术

11.1　新兴污染物综合评价指标

　　新兴污染物综合评价指标是把水体中存在的如饮用水消毒副产物(DBPs)、药物和个人护理品(PPCPs)、内分泌干扰物(EDCs)、持久性有机污染物(POPs)及其他有毒物质等新兴污染物对生物体产生的综合毒性效应,以及促进微生物再生长的潜在污染物质进行评价分析的指标,具体包括急性毒性指标、慢性毒性指标和生物稳定性指标。随着检测技术的发展,新兴污染物综合评价指标的检测方法已得到不断的改进与完善。

11.2　检测方法综述

　　新兴污染物综合评价指标的检测方法主要是生物监测法。目前,应用于水质监测的生物监测法可分为模式生物技术、基因工程技术和微生物接种培养技术,表 11-1 归纳了国内外相关的标准检测方法。

表 11-1　水质检测领域生物监测标准检测方法

序号	标准名称	检测方法	适用水体	检测对象
1	《水质　急性毒性的测定　发光细菌法》(GB/T 15441—1995)	模式生物技术	工业废水、纳污水体及实验室条件下可溶性化学物质水体	急性毒性
2	《水质　水样对弧菌类光发射抑制影响的测定　费氏弧菌冻干细菌法》(ISO 11348—3-2007)	模式生物技术	工业废水、地表水、地下水、海水	急性毒性

续表

序号	标准名称	检测方法	适用水体	检测对象
3	《水质　急性毒性的测定　斑马鱼卵法》（HJ 1069—2019）	模式生物技术	地表水、地下水、生活污水、工业废水	急性毒性
4	《水质　致突变性的鉴别　蚕豆根尖微核试验法》（HJ 1016—2019）	模式生物技术	地表水、地下水、生活污水、工业废水	致突变物
5	《城镇供水水质标准检验方法》（CJ/T 141—2018）	微生物接种培养技术	城镇供水及其源水	致突变物
6	《水和废水标准检验法》（美国第22版9217）	微生物接种培养技术	生活饮用水	生物可同化有机碳（AOC）

表 11-2 归纳了生物监测法在水环境领域方面的应用情况。

表 11-2　水环境领域生物监测法的应用情况

序号	检测对象	检测方法	参考文献
1	环境雌激素	基因工程技术	陈浩等,2006
2	环境雌激素	基因工程技术	Takeshi Hano 等,2007
3	环境雌激素	基因工程技术	Zhiqiang Zeng 等,2005
4	生物可降解溶解性有机碳（BDOC）	微生物接种培养技术	李欣等,2005
5	生物可降解溶解性有机碳（BDOC）	微生物接种培养技术	刘文君等,1999
6	生物可同化有机碳（AOC）	微生物接种培养技术	顾正领等,2015
7	生物可同化有机碳（AOC）	微生物接种培养技术	Escobal I C 等,2001
8	生物可同化有机碳（AOC）	微生物接种培养技术	刘文君等,2000

11.2.1　模式生物技术

模式生物技术通常选用特定的模式生物（如斑马鱼、拟南芥、大肠杆菌、小鼠等）暴露于一定浓度的污染物中,通过观察模式生物的生理或行为特征的变化来判断污染物的存在,主要有发光细菌法和斑马鱼模式生物法。

发光细菌法从 20 世纪 70 年代开始发展,是一种快速、灵敏的生物监测方法,目前该方法已应用于饮用水安全、食品质量安全、工业废水水质等方面的监测。发光细菌法通常使用明亮发光杆菌和费氏弧菌来检测水体的急性毒性。随着检测技术的进步,发光细菌法有了以下的改进:①采用毒性较小的锌离子 $ZnSO_4 \cdot 7H_2O$ 代替高毒性汞离子 $HgCl_2$ 作为参比;②采用 Sigmoidal 函数进行数据处理,比国标一元一次方程的线性拟合函数结果偏差更小,同时更符合剂量-效应关系的数据描述;③酶标仪作为检测仪器,使用多道移液器配合酶标板能实现样品的批量添加,节省实验时间,并且检测数据与标准法相比无显著性差异。

斑马鱼模式生物法利用斑马鱼接触有毒水体后会发生游动轨迹的改变,从而通过斑马鱼实时的轨迹变化可以判断水体存在一定剂量的急性毒性。目前,该方法也应用于水质在线生物毒性预警。

上述的两种模式生物技术各有其优劣,发光细菌法操作简便,使用的细菌易获取且保存简单,但复苏后的菌株有效测试时间短,并且每批次菌株有可能存在发光强度差异大的现象。斑马鱼模式生物法使用斑马鱼或斑马鱼卵进行实验,由于斑马鱼与人类基因有87%的高度相似性,因此毒性测试结果大多数情况下都适用于人体,能较好地反映出急性毒性对人体的毒性效应,但在斑马鱼的生长周期中需定期进行饲养,管理难度大,并且实验操作比较复杂。

11.2.2　基因工程技术

基因工程技术以遗传学为理论基础,利用分子生物学和微生物学的方法手段,将来源不同的外源基因通过重组后导入受体细胞,使外源基因在受体细胞内通过复制、转录和翻译从而表现出特定性状的过程。随着技术的逐渐成熟,基因工程技术在水质检测领域已得到应用和推广。

有研究利用构建的转基因鲭鳉鱼来判断原水中雌激素活性物质,在环境雌激素诱导下,雄鱼或幼鱼能从无到有地表达卵黄蛋白原(vtg),且 vtg 的表达水平与雌激素含量呈正相关关系。当原水中存在雌激素活性物质时,这些物质会与鲭鳉鱼肝脏上的雌激素受体结合,进而与 vtg 启动子结合,从而启动受 vtg 启动子调控的绿色荧光蛋白(EGFP)的表达,利用荧光显微镜可观测到鲭鳉鱼肝脏出现绿色荧光,而原水不存在雌激素活性物质时,没有荧光出现,从而可对原水中雌激素活性物质进行检测。检测方法使用经典的分子生物学检测流程,对目的基因 vtg 启动子基因设计引物,以鲭鳉鱼的基因组 DNA 为模板进行 PCR 扩增,经过变性、退火和延伸等步骤后得到 vtg 启动子的 PCR 产物,把 PCR 产物经 HindⅢ和 BamH Ⅰ双酶切后与 pEGFP 质粒连接构建重组质粒,重组质粒转化感受态细菌 DH5α,挑选阳性克隆,经酶切鉴定后提取重组质粒以显微注射手段注射进鲭鳉鱼胚胎中,把注射后的鲭鳉鱼胚胎暴露于一定浓度的雌激素中,定期使用荧光显微镜观测荧光现象。

使用转基因鲭鳉鱼可在活体水平上来检测原水中的雌激素活性物质,能表征雌激素的活性浓度,然而,该浓度表示的是总量浓度,而无法筛选出雌激素种类及相应的准确浓度。针对原水存在的不同污染物使用基因工程技术建立生物筛查体系,将会成为研究者今后研究的热点方向。

11.2.3　微生物接种培养技术

微生物接种培养技术利用微生物需要营养物才能生长的特性,把微生物接种到水体中进行培养,当水体存在营养物质时细菌会出现生长。针对上述微生物的生长现象,可将微生物接种培养技术应用于管网水生物稳定性的评价。生物稳定性是指管网水中含有的某些有机物能成为微生物繁殖的培养基,导致水中残存的细菌可能会再度繁殖和生长,造成管网水的二次污染。目前,国内外普遍采用生物可降解溶解性有机碳(BDOC)和生物可同化有机碳(AOC)来评价管网水的生物稳定性。

BDOC 分为静态培养法和动态培养法,以静态培养法为主要检测方法。依据接种物的不同,静态培养法又可进一步分成以土著细菌作为接种物的悬浮培养法和以附着生物膜的石英砂为接种物的生物砂培养法。悬浮培养法使用原水作为接种液,需要在 (20.0 ± 0.5)℃ 培养 28 d;生物砂培养法使用给水处理厂的生物砂作为接种物,在 (20.0 ± 0.5)℃ 条件下仅需培养 10 d。这两种检测方法中,生物砂培养法由于接种的细菌量较多,对有机碳的消耗速率快,到达细菌生长平台期的时间短,使得检测时间大大缩短,但使用生物砂作为接种物,在培养过程中有机碳的溶出往往会使检测结果比真实值要高。悬浮培养法接种的细菌量比生物砂要少,而使检测时间长达 28 d,但接入的少量接种液不会引入大量的外源有机碳,能准确地反映细菌在培养过程中对水样有机碳的消耗,并且使用的原水接种液与待测水样采集于相同的水源环境,能够保证细菌对有机碳的利用在相同的培养环境下进行,从而减少实验误差。

悬浮培养法虽然检测准确度较高,但长达 28 d 的检测时间不能及时反映水质状况。有研究指出 BDOC 满足一级反应的动力学方程,培养 3 d 的 BDOC 约占培养 28 d 的 BDOC 总量的 40%。可以通过 3 d 的检测结果换算出 28 d 的检测值,从而提高检测效率。

微生物对有机碳的代谢包括分解代谢和合成代谢,BDOC 表示微生物可降解的有机碳的浓度,同时包含了分解代谢和合成代谢的过程。其中合成代谢是有机碳转化为细菌生长量的代谢过程,能直接反映出有机碳对微生物生长的贡献程度,可用 AOC 来表征。

AOC 检测方法最初使用单一细菌荧光假单胞菌 P17 作为测试菌,P17 能利用水体大部分的有机物,但不能利用草酸、乙醛等有机物,因此利用单一 P17 菌种来检测 AOC 不能完全反映管网水中 AOC 的总量。后来发现水螺菌 NOX 能利用草酸、乙醛等有机物,因此对原有方法进行改进,在待测水样中同时接种 P17 和 NOX,NOX 能补充利用 P17 不能利用的有机物,从而能更准确地反映出总 AOC 的浓度水平。

改进后的 AOC 检测方法使用 2 种测试菌进行检测,根据 2 种细菌的接种与培养方式的差异可分为 3 种方法。

第一种方法为分别接种法。该方法操作简便,检测时间较短,约为 3 d,但所需的实验器皿较多,工作量大,P17 和 NOX 存在共同的营养基质,分别培养的计数结果有可能重复计算共同的营养基质部分,使得最终结果会比真实值偏高。

第二种方法为同时接种法。该方法所需器皿较少,所需的器皿仅为方法一的一半,检测时间与方法一相同,约为 3 d,测定过程符合管网细菌混合生长的实际情况,能更接近于真实值。但由于 P17 生长速率比 NOX 要快,在同一平板上进行计数有可能出现 NOX 菌落被 P17 菌落覆盖的现象,造成计数上的困难,从而影响结果的准确性。

第三种方法为先后接种法。该方法更符合 NOX 补充利用 P17 不能利用的营养基质的规律,通过滤膜过滤去除 P17 后对 NOX 进行计数,能避免方法二中出现菌落覆盖造成的计数困难。所需器皿同样仅为方法一的一半。在 3 种方法中方法三的结果准确性最高,但检测时间较长,约为 5 d,步骤较为烦琐,并且采用尼龙膜过滤水样有可能会增加 AOC 的值。有研究提出改进的方法:使用巴氏灭菌法 $(60$℃$,30\ \text{min}$ 水浴$)$ 对 P17 进行去除,再接种 NOX。改进后的方法能有效避免滤膜过滤带来检测结果的误差,目前 AOC 检测较多采用此方法。

本研究团队利用 BDOC 和 AOC 指标用于评价管网水的生物稳定性,并作为评估管网水是否存在微生物二次污染的依据。通过试验数据的比对及验证,其结果:BDOC 指标的检测采用悬浮培养法,根据培养至第 3 d 的 BDOC 的比例关系可换算出培养 28 d BDOC 的结果,检测结果能高效准确地反映细菌在培养过程中对管网水有机碳的消耗,满足管网水 BDOC 的检测;AOC 指标的检测采用接种 P17 和 NOX 两种测试菌的先后接种法,其 P17 细菌经巴氏灭菌法处理后接种 NOX 细菌,使检测结果的准确性高,能适用于管网水 AOC 的检测。两项指标的具体检测方法在下文详细介绍。

11.3　悬浮培养法测定水中生物可降解溶解性有机碳

采集不同水厂的管网水作为待测水样。检测结果表明,不同水样培养至第 3 d 的 $BDOC_3$ 占培养至第 28 d 的 $BDOC_{28}$ 的比例分别为 39%、36% 和 38%,平均值为 38%,与文献方法提到的 40% 结果相近,根据比例关系可用第 3 d 的培养结果换算出第 28 d 的结果,缩短检测时间。

培养前期是微生物生长的对数期,土著细菌在培养前期对有机物的消耗较快,分析比较不同水样培养至第 t d 的 $BDOC_t$ 占比 28 d 的 $BDOC_{28}$ 约 50% 所需的培养时间,1♯管网水和 2♯管网水均在培养至第 8 d 达到约 50%,3♯管网水培养 3~4 d 达到约 50%,说明 3♯管网水的土著细菌对有机碳的消耗速率较快,在更短的时间内达到生长对数期,在所有水样中 $BDOC_{28}$ 也最高,综合判断 3♯管网水在 3 组管网水样中的细菌二次污染的风险最高。有研究指出 BDOC<0.25 mg/L 时饮用水潜在生物性污染风险较低,3 组水样的 BDOC 检测范围在 0.14~0.24 mg/L,表明 3 组管网水均属于生物稳定的饮用水。

实验结果表明 BDOC 的线性关系良好,相关系数(r)=0.999,检出限为 0.05 mg/L,平行样品的相对标准偏差为 0.8%~8.5%,方法灵敏度高,重现性良好,用于接种的土著细菌易获取,且仪器设备简单,能满足管网水中 BDOC 的检测。

11.3.1　实验部分

1. 仪器与试剂

仪器:BF51894JC-1 马弗炉(美国热电公司);GHP-9160 隔水式培养箱(上海一恒科技有限公司);OI1030 TOC 分析仪(美国 OI 公司);GM-1.0A 真空泵(天津津腾实验设备有限公司)。

试剂:过硫酸钠溶液(10%,质量分数):称量 100 g 过硫酸钠溶解于去离子水中,定容至 1000 mL。

磷酸溶液(6%,质量分数):量取 60 mL 磷酸用去离子水定容至 1000 mL。

2. 实验前处理

(1) 500 mL 三角瓶、1000 mL 玻璃瓶、10 mL 移液管。使用前先用重铬酸钾洗液浸泡

4 h,然后用自来水冲洗干净,最后用去离子水冲洗 3 遍,晾干后在马弗炉中 550℃ 干燥 1 h。

(2) 20 mL 具塞玻璃瓶。在 550℃ 温度下干燥 1 h。

(3) 0.45 μm 和 2 μm 滤膜,使用去离子水煮沸 3 次,每次 30 min。

3. 样品采集与保存

将待测水样采集 1000 mL 于玻璃瓶内,于 4℃ 下密封保存,采样后 8 h 内完成检测。水样中含有余氯时,需在玻璃瓶中加入适量的硫代硫酸钠溶液以中和余氯(为余氯当量的 1.2 倍)。

将与待测水样同源且细菌含量较高的水域采集原水 1000 mL 于玻璃瓶内,于 4℃ 下密封保存,该水样作为接种液使用。

4. 测定方法

1)水样过滤

使用 0.45 μm 滤膜进行水样过滤。过滤去离子水 500 mL 进行冲洗,然后过滤待测水样,先过滤 200 mL 待测水样弃之不用,接着过滤 600 mL 水样,取其中 500 mL 的滤液装入 500 mL 三角瓶中,并同时检测水样 TOC,此值为初始 DOC,记为 DOC_0。

2)接种土著细菌

使用 2 μm 滤膜过滤 1000 mL 接种液,取滤液 5 mL 加入 500 mL 上述的待测水样中,摇匀。

3)土著细菌培养

将加好接种液的水样放入恒温培养箱中,于 20℃ 暗室条件下振荡培养 28 d。

4)TOC 测定

每隔一段时间将待测水样经过 0.45 μm 滤膜过滤后测定 TOC,此值即为 DOC_t(第 t 天的 DOC 值),BDOC 的计算公式为 $BDOC_t = DOC_0 - DOC_t$。

11.3.2 结果与讨论

使用浓度为 1000 mg/L 的有机碳标准储备溶液配成 6 个浓度梯度的标准溶液,以标准系列浓度(mg/L)为横坐标,对应的峰面积为纵坐标,制成标准曲线,见表 11-3。实验结果表明在相应的浓度范围内呈良好的线性关系,相关系数(r)为 0.999。以测得浓度的标准偏差(SD)的 3.143 倍作为方法检出限,4 倍方法检出限作为测定下限。结果显示,该方法检出限为 0.05 mg/L,测定下限为 0.20 mg/L。

表 11-3 标准工作曲线、检出限及测定下限

检测物质	线性回归方程	线性范围/(mg/L)	相关系数	检出限/(mg/L)	测定下限/(mg/L)
DOC	$y = 1.81 \times 10^4 x + 3.63 \times 10^3$	1.00~5.00	0.999	0.05	0.20

采集不同来源的管网水样,每个水样做 2 个平行。结果见表 11-4。

表 11-4　28d 培养测定的 $BDOC_t$ 变化值　　　　　单位：mg/L

样品名称	$BDOC_2$	$BDOC_3$	$BDOC_4$	$BDOC_8$	$BDOC_{10}$	$BDOC_{12}$
1♯管网水	0.02	0.09	0.11	0.12	0.19	0.22
2♯管网水	0.03	0.05	0.06	0.07	0.10	0.08
3♯管网水	0.01	0.09	0.16	0.23	0.22	0.20
样品名称	$BDOC_{14}$	$BDOC_{18}$	$BDOC_{20}$	$BDOC_{22}$	$BDOC_{28}$	RSD/%
1♯管网水	0.21	0.22	0.24	0.24	0.23	0.8~6.6
2♯管网水	0.09	0.11	0.11	0.13	0.14	0.9~8.5
3♯管网水	0.20	0.25	0.23	0.24	0.24	1.1~5.6

注：RSD 为 2 个平行样的相对标准偏差。

11.4　先后接种法测定水中生物可同化有机碳

采集不同水厂的管网水作为待测水样。检测结果表明，产率系数比 Van Der Kooij 提供的 AOC_{P17} 4.10×10^6 CFU/μg 乙酸碳，AOC_{NOX} 1.20×10^7 CFU/μg 乙酸碳的结果偏低，可能由于操作过程中环境条件的差异对产率系数造成影响，环境条件的不同会影响细菌对有机物的消耗速度。产率系数参与 AOC 的计算过程，因此在检测不同批次的样品时均需进行产率系数的测定。

有研究提到在加氯的管网水中 AOC 浓度为 50~100 μg（乙酸碳）/L 时被认为是水质稳定，实验采集的 6 组管网水中，管网水 AOC 在 52~74 μg（乙酸碳）/L，均属于生物稳定的饮用水。

本方法使用的实验设备和耗材简单，P17 和 NOX 菌种易获得，细菌的培养计数操作简易，能满足管网水中 AOC 的检测。

11.4.1　实验部分

1. 仪器与试剂

仪器：GHP-9160 隔水式培养箱（上海一恒科技有限公司）；HH-8 水浴锅（常州朗越仪器制造有限公司）；BF51894JC-1 马弗炉（美国热电公司）；SN310C 立式压力蒸汽灭菌器（日本雅马拓科技有限公司）。

试剂：LLA 培养基：蛋白胨 5.0 g，酵母膏 3.0 g，氯化钠 5.0 g，琼脂 15.0 g，充分溶解于 1000 mL 去离子水中，立式压力蒸汽灭菌器中 121℃灭菌 20 min，倒置于直径 9 cm 的培养皿中制作平皿培养基，同时倒置于试管内制作斜面培养基，冷却凝固于 4℃冰箱待用，培养基的有效期为 7 d。

磷酸盐缓冲液：磷酸氢二钠 7.0 mg，磷酸二氢钠 3.0 mg，硫酸镁 0.1 mg，硫酸铵 1.0 mg，氯化钠 0.1 mg，硫酸亚铁 0.001 mg，溶解于 1000 mL 去离子水中，调节 pH 为 7.2，121℃立式压力蒸汽灭菌器中灭菌 20 min。

无机盐溶液：磷酸氢二钾 17.1 mg，硝酸钾 144.0 mg，氯化铵 76.4 mg，溶解于 1000 mL

去离子水中,121℃立式压力蒸汽灭菌器中灭菌 20 min。

乙酸碳溶液:无水乙酸钠 6.83 mg,定容于 500 mL 上述磷酸盐缓冲液中,121℃立式压力蒸汽灭菌器中灭菌 20 min。

无碳水:使用去离子水在 121℃立式压力蒸汽灭菌器中灭菌 20 min。

菌种:荧光假单胞菌 P17(编号 ATCC 49642),水螺菌 NOX(编号 ATCC 49643),复苏后划线接种于 LLA 斜面中,并于 4℃冰箱中保存。

2. 实验前处理

(1) 200 mL 玻璃瓶、50 mL 三角瓶、10 mL 移液管。使用前先用重铬酸钾洗液浸泡 4 h,然后用自来水冲洗干净,最后用去离子水冲洗 3 遍。晾干后在马弗炉中 550℃干燥 1 h。

(2) 0.22 μm 滤膜,使用去离子水煮沸 3 次,每次 30 min。

3. 样品采集与保存

将待测水样采集 200 mL 于玻璃瓶内,于 4℃下密封保存,采样后 8 h 内完成检测。水样中含有余氯时,需在玻璃瓶中加入适量的硫代硫酸钠溶液以中和余氯(为余氯当量的 1.2 倍)。实验前把采集的水样 40 mL 加入三角瓶中,在恒温水浴锅中进行巴氏灭菌(60℃,30 min)。

4. 测定方法

1) 储备接种液的制备

从斜面分别取 P17 和 NOX 菌种一环接种于经 0.22 μm 滤膜过滤的 40 mL 低碳水当中,并在恒温培养箱 25℃培养 7 d。此步骤使 P17 和 NOX 适应低营养盐的生长条件,并逐步恢复天然代谢状态。

将培养结束后的菌液分别取 100 μL 转移至 40 mL 无菌乙酸钠溶液(浓度为 4 mg 乙酸碳/L)中,25℃培养 3 d。培养结束后,取 1 mL 培养液使用无机盐溶液进行 10 倍梯度稀释,分别取 100 μL 稀释后的培养液涂布 LLA 平板进行菌落计数,计数结果即为储备接种液的浓度,此步骤用于确定加入到待测水样中的接种液的体积。储备接种液可在 4℃冰箱中保存 1 个月,每次使用前均需进行平板计数。接种至待测水样的接种液体积计算公式为

接种液体积=[(40 mL)×(10^4 CFU/mL)]/储备接种液浓度(CFU/mL)

2) P17 细菌的接种

在经过巴氏灭菌的待测水样中加入 P17 细菌,接种的体积根据步骤 1 计算。同时往 40 mL 无碳水和 40 mL 乙酸钠溶液(浓度为 100 μg 乙酸碳/L)中接种同样体积的 P17 细菌,作为空白对照和产率对照,空白对照和产率对照需加入与待测水样等量的硫代硫酸钠溶液,同时需加入 100 μL 稀释了 10 倍的无机盐溶液,以消除无机盐对 P17 和 NOX 生长的限制作用。所有样品均置于培养箱中 25℃培养 48 h。

3) P17 菌落计数

将培养结束后的培养液取 1 mL 使用无机盐溶液进行 10 倍梯度稀释,分别取 100 μL 涂布于 LLA 平板,置于 25℃培养箱培养 48 h 后计数 P17 菌落数。P17 为直径 3~4 mm 的淡黄色菌落。

4) NOX 细菌的接种

将待测样品再次进行巴氏灭菌,往水样中接入 NOX 菌种,接种体积按步骤 1 公式计

算。同时做相应的空白对照和产率对照,方法同步骤 2。所有样品均置于培养箱中 25℃ 培养 72 h。

5) NOX 菌落计数

方法同步骤 3,25℃ 培养箱培养 72 h 后计数 NOX 菌落数。NOX 为直径 1～2 mm 的乳白色菌落。

6) 结果表示

产率系数表示细菌利用单位数量标准物中的有机碳能产生的最大细胞数。按照以下公式计算出 P17 和 NOX 各自的产率系数:

P17 产率系数(CFU/μg)＝[P17 产率对照(CFU/mL)－P17 空白对照(CFU/mL)]×1000 mL/L/100 μg(乙酸碳)/L

NOX 产率系数(CFU/μg)＝[NOX 产率对照(CFU/mL)－NOX 空白对照(CFU/mL)]×1000 mL/L/100 μg(乙酸碳)/L

最终 AOC 的计算方式为

AOC(μg 乙酸碳/L)＝[待测水样 P17(CFU/mL)－空白对照 P17(CFU/mL)]×10^3/P17 产率系数＋[待测水样 NOX(CFU/mL)－空白对照 NOX(CFU/mL)]×10^3/NOX 产率系数

11.4.2 结果与讨论

实验分别进行 6 组培养基环境空白和无机盐稀释液空白实验,结果显示,空白试验中的菌落均为未检出,表明实验试剂和操作过程中未受到外源细菌的污染。细菌稀释后无碳水空白对照菌落数和产率对照菌落数见表 11-5。P17 的产率系数为 3.10×10^6 CFU/μg(乙酸碳),NOX 的产率系数为 8.70×10^6 CFU/μg(乙酸碳)。取 6 组管网水作为待测水样,检测结果见表 11-6。两种细菌的接种稀释倍数均为 1000 倍。

表 11-5 无碳水对照和产率对照菌落数检测结果

菌种名称	无碳水空白对照菌落数 /(CFU/100 μL)	产率对照菌落数 /(CFU/100 μL)	产率系数 /[CFU/μg(乙酸碳)]
P17	20	51	3.10×10^6
NOX	80	167	8.70×10^6

表 11-6 待测水样 AOC 检测结果

样品名称	P17 平均菌落数 /(CFU/100 μL)	NOX 平均菌落数 /(CFU/100 μL)	AOC$_{P17}$ /[μg(乙酸碳)/L]	AOC$_{NOX}$ /[μg(乙酸碳)/L]	总 AOC /[μg(乙酸碳)/L]
1♯管网水	35	96	48	18	66
2♯管网水	38	91	58	13	71
3♯管网水	40	88	65	9	74
4♯管网水	30	97	32	20	52
5♯管网水	33	90	42	11	53
6♯管网水	34	93	45	15	60

注:每组水样均进行 3 组平行实验。

参 考 文 献

[1] Albanis T A, Lambropoulou D A, Sakkas V A, et al. Monitoring of priority pesticides using SPME (solid phase microextraction) in river water from Greece[J]. Water Science & Technology Water Supply, 2003, 3: 335-342.

[2] Belisle J, Hagen D F. Method for the determination of perfluo-rooctanoic acid in blood and other biological samples[J]. Analytical Biochemistry, 1980, 101(2): 369-376.

[3] Carter R A A, Liew D S, West N, et al. Simultaneous analysis of haloacetonitriles, haloacetamides and halonitromethanes in chlorinated waters by gas chromatography-mass spectrometry[J]. Chemosphere, 2019, 220: 314-323.

[4] Djurovic R, Markovic M, Markovic D. Headspace solid phase microextraction in the analysis of pesticide residues: Kinetics and quantification prior to the attainment of partition equilibrium[J]. Journal of the Serbian Chemical Society, 2007, 72: 879-887.

[5] Edward T, Cahill, Mark R. Burkhardt, et al. Deter mination of pharmaceutical compounds in surface- and ground-water samples by solid-phase extraction and high-performance liquid chromatography-electrospray ionization mass spectrometry[J]. Journal of Chromatography A, 2004, 1041: 171-180.

[6] Escobal I C, Randall A A. Assimilable organic carbon(AOC) and biodegradable dissolved organic carbon(BDOC): complementary measurements[J]. Water Research, 2001, 35(18): 4444-4454.

[7] Hori H, Hayakawa E, Yamashita N, et al. High-performance liquid chromatography with conductimetric detection of perfluorocarboxylic acids and perfluorosulfonates[J]. Chemosphere, 2004, 57(4): 273-282.

[8] Ingrid L, Urs B, Zdenek Z, et al. Mass spectral studies of perfluorooctane sulfonate derivatives separated by high-resolution gas chromatography[J]. Rapid Communications in Mass Spectrometry, 2007, 21(22): 3547-3553.

[9] Khiari D. Sensory gas chromatography for evaluation of taste and odor events indrinking water[J]. Water Science and Technology, 1992, 25(2): 97-104.

[10] Liu R, Zhou J L, Wilding A. Simultaneous determination of endocrine disrupting phenolic compounds and steroids in water by solid-phase extraction-gas chromatography-mass spectrometry[J]. Journal of Chromatography A, 2004, 1022(1/2): 179-189.

[11] Rashash D M C, Dietrich A M, Hoehn R C. FPA of selected odorous compounds[J]. JAWWA, 1997, 89(2): 131-140.

[12] Takeshi H, Yuji O, Masato K, et al. Quantitative bioimaging analysis of gonads in olvas-GFP/ST-II YI medaka (transgenic *Oryzias latipes*) exposed to ethinylestradiol[J]. Environmental Science&technology, 2007, 41(4): 1473-1479.

[13] Yan Z. Identification of odorous compounds in reclaimed water using FPA combined with sensory GC-MS[J]. Journal of Environmental Sciences-China, 2011, 23(10): 1600-1604.

[14] Zeng Z Q, Shan T, Tong Y, et al. Development of estrogen-responsive transgenic medaka for environmental monitoring of endocrine disrupters[J]. Environmental Science&technology, 2005, 39(22): 9001-9008.

[15] 白云娟,李来俊,勾松涛,等. 吹扫捕集/气相色谱法测定 19 种挥发性卤代烃[J]. 中国给水排水,

2012,28(12):97-100.

[16] 曹小云,陈树干,曾楚莹,等.QuEChERS-分散液液微萃取/气相色谱-串联质谱法高通量快速检测蔬果中152种农药残留[J].分析测试学报,2019,8:920-930.

[17] 常爱敏,宗栋良,梁栋.气相色谱法测定水中31种农药类环境激素[J].中国给水排水,2009,18:82-86.

[18] 程小艳.全氟辛酸测定方法及其水环境行为研究[D].成都:四川大学,2006.

[19] 程燕,谭丽超,王蕾,等.国外环境激素类农药优先名录筛选研究[J].农药科学与管理,2014,35:22-28.

[20] 陈国荣,李少梅.吹扫捕集-气相色谱-质谱联用法测定生活饮用水中25种挥发性有机物[J].中国卫生检验杂志,2015,25(12):1900-1902,1906.

[21] 陈浩,杨健,王跃祥,等.卵黄蛋白原1(vtg1)启动子调控绿色荧光蛋白表达的转基因斑马鱼的构建[J].生物化学与生物物理进展,2006,33(10):965-970.

[22] 陈际,周永芳,杜双双,等.超高效液相色谱-串联质谱法检测饮用水中二氯乙酸和三氯乙酸[J].净水技术,2018,37(4):66-70.

[23] 崔淑敏.分散液液微萃取-气相色谱联用在有机物残留分析中的应用研究[D].杭州:浙江师范大学,2013.

[24] 董新凤.色谱与质谱联用技术用于除草剂多残留检测及莠去津降解规律的研究[D].保定:河北大学,2015.

[25] 范苓,秦宏兵.顶空固相微萃取-气相色谱/质谱法同时测定富营养化水体中9种异味物质[J].江南大学学报(自然科学版),2014,13(3):355-359.

[26] 方菲菲,于建伟,杨敏,等.顶空固相微萃取法用于测定水中二甲基三硫醚[J].中国给水排水,2009,25(6):86-89.

[27] 方琪,马彦博,张思远,等.农药内分泌干扰效应研究进展[J].生态毒理学报,2017,1:98-110.

[28] 冯桂学,刘莉,顿咪娜,等.固相萃取-气相色谱/质谱法测定水中10种嗅味物质的含量[J].理化检验-化学分册,2017,53(5):502-506.

[29] 冯丽丽,胡晓芳.顶空固相微萃取/气相色谱-三重四极杆串联质谱法测定地表水与饮用水中的挥发性有机物[J].分析测试学报,2019,38(11):1294-1300.

[30] 付慧,张海婧,胡小键.水中呋喃丹及5种有机磷农药的超高效液相色谱串联质谱测定法[J].环境与健康杂志,2015,3:243-246.

[31] 高杰.水中常见药物和个人护理品的分析方法改进研究[D].北京:清华大学,2015.

[32] 高冉.气相色谱-质谱法快速筛查地下水中94种农药多残留[D].北京:中国地质科学院,2014.

[33] 顾正领,岳宇明,孙杰,等.不同净水处理工艺出水水质指标AOC、TOC、HPC的变化比较[J].净水技术,2015,34(5):44-48.

[34] 杭莉,杨华梅.超高效液相色谱——串联质谱法同时测定地表水中13种氨基甲酸酯类农药残留[J].江苏预防医学,2017,1:25-28.

[35] 胡飞飞.东江上游高风险支流水体农药类新兴污染物特征研究[D].兰州:兰州交通大学,2016.

[36] 黄斌.类固醇雌激素分析方法研究进展[J].安全与环境学报,2015,15(3):367-373.

[37] 黄春,赵淑军,孟丽萍,等.超高效液相色谱/质谱联用仪分析消毒副产物——卤乙酸[J].环境学,2009,28(3):462-463.

[38] 江阳,王艳,魏红,等.高效液相色谱-串联质谱法同时测定饮用水中的13种农药残留[J].中国卫生检验杂志,2016,2:184-188.

[39] 景二丹,许小燕,张荣.顶空-毛细管气相色谱法测定水中二氯乙腈[J].中国给水排水,2018,34(12):115-117.

[40] 康娜,王正萍,王红.顶空-固相微萃取-气质联用测定终端水异味物质[J].工业水处理,2019,39(4):89-92.

[41] 雷颖,八十岛诚,王凌云,等.液相色谱-串联质谱法同时检测自来水中 9 种卤乙酸[J].中国给水排水,2013,29(20):124-129.

[42] 李贵洪.环境样品中典型类固醇激素分析方法研究及应用[D].贵阳:贵州大学,2017.

[43] 李建平.水中雌激素类内分泌干扰物检测技术研究进展[J].职业与健康,2018,34(17):2440-2444.

[44] 李丽,王建宇,王蕴平,等.在线固相萃取-超高效液相色谱-三重四极杆串联质谱法检测水中痕量有机磷农药和五氯酚[J].环境化学,2019,38(9):2166-2169.

[45] 李淑红,赵仕沛,李迎芳.直接进样超高效液相色谱-串联质谱法测定水中五氯酚[J].河南科学,2014,32(2):169-171.

[46] 李晓晶,黄聪,于鸿,等.水中有机氯农药和氯苯类化合物的顶空固相微萃取-气相色谱测定法[J].环境与健康杂志,2009,7:626-629.

[47] 李欣,马建薇.生物可降解溶解性有机碳(BDOC)降解动力学研究[J].哈尔滨工业大学学报,2005,37(9):1183-1185.

[48] 李英堂.双酚类和烷基酚类物质的检测方法研究[D].昆明:昆明理工大学,2014.

[49] 李永刚,张瑞,陈子亮.液相色谱-串联质谱法直接测定水中 27 种农药残留[J].公共卫生与预防医学,2016,5:99-101.

[50] 李玉博.绿色环保的新型分散液液微萃取技术在农药残留分析中的应用[D].北京:中国农业大学,2015.

[51] 李钟瑜.UPLC-MS/MS 法同时测定地表水中多种药物及个人护理品[J].环境监测管理与技术,2019,31(2):54-57.

[52] 李宗来,何琴.超高效液相色谱串联质谱法检测饮用水中卤乙酸[J].环境化学,2011,30(2):574-576.

[53] 廉鹏.用于定量分析类固醇雌激素内分泌干扰物的样品预处理方法[J].化工文摘,2009,6:54-57.

[54] 林蔚斓.感官性技术分析饮用水中嗅味化合物的进展[J].能源与环境,2017,5:63-67.

[55] 刘超,李添宝.吹扫捕集-气相色谱联用法快速测定水中 20 种挥发性有机物[J].湖南师范大学自然科学学报,2015,38(4):52-56.

[56] 刘苗,甘平胜,王大虎,等.吹扫捕集-气相色谱串联质谱测定出厂水中多种 N-亚硝胺物质[J].医学动物防制,2020,36(6):571-574.

[57] 刘文君,王亚娟,张丽萍,等.饮用水中可同化有机碳(AOC)的测定方法研究[J].中国给水排水,2000,26(11):1-5.

[58] 刘文君,吴红伟,王占生,等.饮用水中 BDOC 测定动力学研究[J].环境科学,1999,20(4):20-23.

[59] 刘小华,叶英,袁宁,等.吹扫捕集法结合三重四极杆气质联用仪测定水中 5 种臭味物质含量[J].环境化学,2014,33(6):1056-1058.

[60] 马洋帆.基于 SPE-LC-MS/MS 同时检测水体中 24 种农药残留的研究[D].大连:大连理工大学,2018.

[61] 潘晓春.液液微萃取-气相色谱质谱法测定生活饮用水中的 5 种菊酯类农药[J].中国测试,2018,11:45-49.

[62] 裴赛峰,金成龙,张昀.固相微萃取气质联用同时测定饮用水中的卤乙腈,卤代硝基甲烷及含碘三卤甲烷消毒副产物[J].中国卫生检验杂志,2019,29(11):1295-1299.

[63] 彭洁,王娅南,黄合田,等.超高效液相色谱-串联质谱法同时测定喀斯特地区地表水中 10 种全氟及多氟化合物[J].现代预防医学,2018,45(16):2997-3001.

[64] 彭敏,范洪波.环境水体中致嗅物质甲硫醚和二甲基三硫醚的吹扫-捕集-气相色谱-质谱测定法[J].环境与健康杂志,2012,3:260-261.

[65] 祁彦洁.地下水中抗生素污染检测分析研究进展[J].岩矿测试,2014,33(1):1-11.

[66] 秦无双.顶空气相色谱法测定自来水中 6 种卤代烃类消毒副产物残留[J].分析仪器,2020(2):35-39.

[67] 任洁芳,姜振邦,王瑾,等.离子色谱串联四极杆质谱联用法快速检测饮用水中 9 种卤代乙酸[J].分析仪器,2020(4):25-29.

[68] 任丽萍.四种农药在环境水体中降解研究[D].北京:中国农业大学,2004.

[69] 帅丹蒙,邓述波,余刚,等.去除水中全氟辛基磺酸的纳米吸附剂的制备及性能表征[J].环境污染与防治,2007,29(8):588-594.

[70] 沈朝烨,蔡宏铨,裴赛峰,等.水中 9 种亚硝胺类化合物的固相萃取-气相色谱质谱联用测定方法[J].环境与职业医学,2019,36(11):1060-1065.

[71] 沈丽娟.水体异味来源及致嗅物质检测技术概述[J].环境研究与监测,2019,32:23-27.

[72] 沈璐.固相萃取-超高效液相色谱-串联质谱法测定饮用水中 18 种典型药物和个人护理品[J].理化检验-化学分册,2020,56(6):641-649.

[73] 施择,黄云,张榆霞,等.气相色谱串联质谱法测定水中痕量有机磷农药和甲萘威[J].环境监测管理与技术,2014,26:48-50.

[74] 孙静,王锐,尹大强.顶空固相微萃取-气质联用法同时测定城市水源水中的九种嗅味物质[J].环境化学,2016,35(2):280-286.

[75] 孙静,徐雄,李春梅.固相萃取-超高效液相色谱-串联质谱法同时检测地表水中的 35 种农药及降解产物[J].分析化学,2015,8:1145-1153.

[76] 孙肖瑜,王静,金永堂.我国水环境农药污染现状及健康影响研究进展[J].环境与健康杂志,2009,26:649-652.

[77] 孙玉玉,孙浩,董振霖,等.QuEChERS-GC-MSMS 法测定大米中 20 种农药残留[J].食品研究与开发,2015,3:121-125.

[78] 谭丽超.南京市地表水中 18 种类固醇激素的检测分析[J].环境化学,2014,33(2):298-305.

[79] 唐敏康,贺玲,黎雷,等.顶空萃取-气相色谱/质谱联用检测饮用水源 5 种典型嗅味物质[J].有色金属科学与工程,2015,6(5):114-118.

[80] 滕瑞菊,王欢,王雪梅,等.超声辅助分散液液微萃取-高效液相色谱法快速测定水样中的 6 种农药[J].分析化学,2017,2:275-281.

[81] 童俊,方敏,臧道德,等.离子色谱法测定水中典型的消毒副产物和溴离子[J].净水技术,2010,29(5):50-52.

[82] 王超,吕怡兵,陈海君,等.固相萃取-液相色谱-串联质谱法同时测定水中 14 种短链和长链全氟化合物[J].色谱,2014,32(9):919-925.

[83] 王樊,杨创涛,彭鹭,等.PT/GC/Q-Q-Q 联用法测定水中 7 种有机溶剂[J].供水技术,2020,14(1):35-37.

[84] 王红雨,赵露.吹扫捕集/气相色谱-质谱联用测定水中三氯乙醛[J].中国给水排水,2008,24(18):89-91.

[85] 王丽娟.水环境中有机磷农药对水生动物和人类的影响及其检测[J].福建水产,2015,37:338-344.

[86] 王玲.环境中类固醇类内分泌干扰物的检测技术及其降解行为研究[D].济南:山东大学,2007.

[87] 王琦.有机磷、有机氯农药分析方法及甲状腺内分泌干扰效应的研究[D].昆明:昆明理工大学,2015.

[88] 王芹,宋鑫,王露.水和食品中有机磷农药残留检测的研究进展[J].理化试验,2018,6:739-744.

[89] 王群利,陈晓红.同位素内标稀释-分散固相萃取-液相色谱串联质谱测定环境水中五氯酚[J].中国卫生检验杂志,2020,30(7):775-778,782.

[90] 王莹莹.液相微萃取技术与气相色谱联用技术在农药残留分析中的应用[D].保定:河北农业大学,2011.

[91] 王帅,姚常浩,贾立明,等.固相萃取-液相色谱/串联质谱测定水中亚硝胺化合物[J].环境化学,2020,39(6):1729-1732.

[92] 王正全,崔云,陈力,等.气相色谱质谱大体积进样法检测环境水和饮用水中 37 种农药和环境激素

的残留[J].环境化学,2018,37：1362-1375.

[93] 温馨,吕佳,陈永艳,等.固相萃取-超高效液相色谱-串联质谱法测定生活饮用水中 11 种全氟化合物[J].卫生研究,2020,49(2)：272-279.

[94] 吴斌.顶空固相微萃取-气相色谱-串联三重四极杆质谱法测定水中 7 种嗅味物质[J].水质分析与监测,2020,3：68-76.

[95] 吴惠勤.安全风险物质高通量质谱检测技术[M].广州：华南理工大学出版社,2019.

[96] 吴秋华.液相微萃取前处理结合高效液相色谱法在农药残留分析中的应用[D].保定：河北农业大学,2011.

[97] 吴维.天津市供水系统中抗生素检测与控制方法的研究[D].天津：天津大学,2012.

[98] 夏雪,陈倩茹,王川,等.顶空固相微萃取-气相色谱-质谱联用测定黑臭水体中的 4 种主要异味物质[J].环境化学,2019,38(12)：2789-2796.

[99] 夏勇,王海燕,陈美芳.UPLC-MS/MS 法同时测定水中甲萘威、呋喃丹和阿特拉津[J].环境监测管理与技术,2015,27：46-49.

[100] 肖敏如.饮用水中药物与个人护理品的检测及其与余氯作用分析[D].天津：天津大学,2014.

[101] 向彩红,刘序铭,董玉莲,等.液相色谱-串联质谱法测定生活饮用水及水源水中 14 种农药残留[J].城镇供水,2016,2：51-54.

[102] 谢洪学,何丽君,吴秀玲,等.分散液液微萃取-气相色谱法测定水样中甲拌磷农药[J].分析化学,2008,11：1543-1546.

[103] 熊小萍.环境内分泌干扰物的痕量分析研究及其在水环境监测中的应用[D].广州：广州大学,2019.

[104] 熊玉宝,张勇,廖春华.液相微萃取在农药残留物检测中的应用[J].现代农药,2011,3：12-16.

[105] 徐维海.典型抗生素类药物在珠江三角洲水环境中的分布、行为与归宿[D].北京：中国科学院研究生院,2007.

[106] 徐小森.饮用水中 10 种挥发性卤代烃同时测定的自动顶空-气相色谱法[J].职业与健康,2018,34(20)：2782-2784.

[107] 许欣欣,陈慧玲,毛丽莎,等.超高效液相色谱-串联质谱联用法测定水中 10 种农药[J].海峡预防医学杂志,2016,3：65-68.

[108] 徐振秋,张晓赟,徐恒省.顶空固相微萃取-气相色谱/质谱法测定饮用水中 9 种嗅味物质[J].化学分析计量,2017,26(2)：48-51.

[109] 薛南冬,赵淑莉,李炳文.固相萃取-气相色谱法测定水中多种农药类内分泌干扰物[J].中国环境监测,2007,3：1-6.

[110] 闫慧敏,韩正双,白雪娟,等.顶空固相微萃取-气相色谱质谱法测定 8 种嗅味物质[J].环境化学,2014,33(6)：1056-1058.

[111] 姚远,宋维涛,张洋,等.顶空固相微萃取-气相色谱法测定水中氯酚类化合物[J].环境监控与预警,2015,7(6)：22-25.

[112] 阳春,胡碧波,郑怀礼.雌酮、17β-雌二醇与 17α-乙炔基雌二醇在污水样中的稳定性研究[J].化学研究与应用,2008,20(8)：967-971.

[113] 杨敏娜,高翔云,汤志云,等.UPLC-串联质谱法快速测定地表水中多种农药残留[J].环境监测管理与技术,2019,31：54-57.

[114] 杨童童.固相萃取-气相色谱质谱法测定水质中的氯代苯氧羧酸类除草剂[D].泰安：山东农业大学,2016.

[115] 杨毅,李成乐,李跃.成都市饮用水源地典型内分泌干扰物时空迁移转化规律研究[J].中国农村水利水电,2017,5：118-124.

[116] 于建伟,郭召海,杨敏,等.嗅味层次分析法对饮用水中嗅味的识别[J].中国给水排水,2007,23(8)：79-83.

[117] 俞文清,陈泉源.水中84种VOCs的检测方法及其应用[J].净水技术,2014,33(6)：80-88.

[118] 俞发荣,李登楼.有机磷农药对人类健康的影响及农药残留检测方法研究进展[J].生态科学, 2008,34：197-203.

[119] 员晓燕,杨玉义,李庆孝.中国淡水环境中典型持久性有机污染物(POPs)的污染现状与分布特征[J].环境化学,2013,11：2072-2081.

[120] 贠海燕.顶空气相色谱法测定饮用水中消毒副产物——三氯乙醛[J].山西化工,2017,37(4)：39-42,54.

[121] 曾小磊,蔡云龙,陈国光,等.臭味感官分析法在饮用水测定中的应用[J].给水排水,2011,37(3)：14-18.

[122] 张红,赖永忠.顶空固相微萃取-气相色谱-质谱法同时测定饮用水源水中24种VOCs[J].化学分析计量,2012,21(5)：54-57.

[123] 张力群,吴平,金铨,等.吹扫捕集-气相色谱-质谱联用法测定水中7种典型嗅味物质[J].中国卫生检验杂志,2016,26(1)：20-25.

[124] 张练.供水管网中新型污染物PPCPs的检测方法及分布规律研究[D].天津：天津大学,2014.

[125] 张明.UPLC-MS/MS法同时测定地表水中6种双酚类化合物残留[J].质谱学报,2017,38(6)：690-698.

[126] 张琴,包丽颖,刘伟江,等.我国饮用水水源内分泌干扰物的污染现状分析[J].环境科学与管理,2011,34：91-96.

[127] 张锡辉,伍婧娉,王治军,等.HS-SPME-GC法测定水中典型嗅味物质[J].中国给水排水,2007,23(2)：78-82.

[128] 张秀蓝.固相萃取/液相色谱-串联质谱法检测医院废水中21种抗生素药物残留[J].分析测试学报,2012,31(4)：453-458.

[129] 张振伟,韩嘉艺,赵慧琴,等.饮用水中9种卤代烃的吹扫捕集-气相色谱-质谱联用测定法[J].环境与健康杂志,2015,32(3)：240-242.

[130] 张振伟,应波,鄂学礼.水中2-甲基异莰醇等3种致嗅物质的顶空固相微萃取-气相色谱-质谱测定法[J].环境与健康杂志,2012,29(5)：453-455.

[131] 赵腾辉.东江上游水环境典型新兴污染物污染特征分析及风险评价[D].上海：上海交通大学,2017.

[132] 赵晓磊,王成忠,李龙飞,等.固相萃取-高效液相色谱联用检测饮用水中的磺酰脲类除草剂[J].现代食品科技,2014,2：264-268.

[133] 赵宇,杨潘青,孟君丽,等.超高效液相色谱/串联质谱同步测定水中多种亚硝胺类物质[J].净水技术,2019,38(4)：21-27.

[134] 朱峰,霍宗利,吉文亮,等.固相萃取-超高效液相色谱-串联质谱法测定水体中4种解热镇痛类药物[J].色谱,2020,38(12)：1465-1471.

[135] 朱帅,贾静,饶竹,等.吹扫捕集-气相色谱/质谱法联用测定水中典型的嗅味物质[J].化学分析计量,2016,35(10)：2127-2133.